U0168642

# 复杂环境下语音信号处理的深度学习方法

张晓雷　著

清華大學出版社
北　京

## 内 容 简 介

语音降噪处理是信号处理的重要分支领域。近年来，该领域在人工智能与深度学习技术的驱动下取得了突破性进展。本书系统总结语音降噪处理的深度学习方法，尽可能涵盖该方法的前沿进展。全书共分 8 章。第 1 章是绪论；第 2 章介绍深度学习的基础知识和常见的深度网络模型；第 3~6 章集中介绍基于深度学习的语音降噪处理前端算法，其中，第 3 章介绍语音检测，第 4 章介绍单通道语音增强，第 5 章介绍多通道语音增强，第 6 章介绍多说话人语音分离；第 7 章和第 8 章分别介绍基于深度学习的语音降噪处理在声纹识别和语音识别方面的应用，其中着重介绍基于深度学习的现代声纹识别、语音识别基础和前沿进展。

本书专业性较强，主要面向具备一定语音信号处理和机器学习基础、致力于从事智能语音处理相关工作的高年级本科生、研究生和专业技术人员。



**图书在版编目(CIP)数据**

复杂环境下语音信号处理的深度学习方法/张晓雷著.—北京：清华大学出版社，2022.1（2022.11 重印）
ISBN 978-7-302-59000-2

Ⅰ.①复…  Ⅱ.①张…  Ⅲ.①语声信号处理  Ⅳ.①TN912.3

中国版本图书馆 CIP 数据核字(2021)第 176414 号

**责任编辑：**刘向威　常晓敏
**封面设计：**文　静
**责任校对：**焦丽丽
**责任印制：**沈　露

**出版发行：**清华大学出版社
**网　　址：**http://www.tup.com.cn, http://www.wqbook.com
**地　　址：**北京清华大学学研大厦 A 座　　**邮　　编：**100084
**社 总 机：**010-83470000　　**邮　　购：**010-62786544
**投稿与读者服务：**010-62776969, c-service@tup.tsinghua.edu.cn
**质量反馈：**010-62772015, zhiliang@tup.tsinghua.edu.cn
**课件下载：**http://www.tup.com.cn, 010-83470236
**印 装 者：**北京博海升彩色印刷有限公司
**经　　销：**全国新华书店
**开　　本：**170mm×230mm　　**印　张：**16　　**字　数：**296 千字
**版　　次：**2022 年 1 月第 1 版　　**印　次：**2022 年 11 月第 3 次印刷
**印　　数：**1001~1500
**定　　价：**168.00 元

产品编号：092744-01

**张晓雷**

西北工业大学教授，博士生导师。清华大学博士，美国俄亥俄州立大学博士后。入选国家与省部级青年人才计划。主要从事语音信号处理、机器学习、人工智能的研究工作。在*Neural Networks*、*IEEE TPAMI*、*IEEE TASLP*、*IEEE TCYB*、*Computer Speech and Language*等国际期刊和会议发表论文六十余篇。出版专著和译著各一部。主持国家和省部级项目十余项。获授权发明专利十余项。曾获国际神经网络学会与*Neural Networks*期刊2020年度最佳论文奖、亚太信号与信息处理学会杰出讲者、北京市科学技术一等奖等奖项。研究成果成功应用于国内三大电信运营商和金融、交通、保险等行业的二十余家主流企业。担任*Neural Networks*、*IEEE TASLP*、*EURASIP Journal on Audio, Speech, and Music Processing*等国际期刊的编委，IEEE信号处理学会语音与语言技术委员会委员，中国人工智能学会模式识别专业委员会委员，中国计算机学会语音对话与听觉专业委员会委员。

# 前　言

自 2012 年美国俄亥俄州立大学汪德亮教授等提出基于深度学习的鲁棒语音处理以来，语音降噪处理的深度学习方法迅速成为鲁棒语音处理的主流方法之一，在学术界和工业界的共同努力下，得到了快速发展。语音降噪处理的深度学习方法从最开始只能在匹配的噪声、匹配的信噪比环境下取得一个研究点上的突破，发展到能够在复杂的现实噪声场景和极低信噪比环境下获取惊人的性能；从最开始需要深度置信网络进行分层预训练才能训练成功，发展到今天可以没有难度地训练任意深度的深层网络；从最开始算法时延高达数十毫秒，发展到今天在没有性能显著损失的条件下能够满足实时通信的需求；从最开始的单通道（单麦克风）信号处理，发展到今天可以对由任意多个麦克风组成的自组织网络信号进行联合处理；等等。基于深度学习的鲁棒语音处理技术也在快速步入实际使用，并在智能家居、智能车载、智能语音客服、会议记录等应用方面创造了巨大的产业价值。

尽管该技术发展迅速，但是相关的中文书籍匮乏。对此，本书将以中文首次全面介绍基于深度学习的鲁棒语音处理的发展，具体内容包括语音检测、语音增强、语音去混响、多说话人语音分离、鲁棒声纹识别与鲁棒语音识别。本书侧重对历史的回顾，帮助读者梳理该方向的技术发展脉络和趋势；并着重介绍在实际使用中性能突出的代表性方法，帮助读者快速熟悉该方向的主要技术。

全书共分 8 章。第 1 章是绪论；第 2 章介绍深度学习的基础知识和常见的深度网络模型；第 3 ～ 6 章集中介绍基于深度学习的语音降噪处理前端算法，其中，第 3 章介绍语音检测，第 4 章介绍单通道语音增强，第 5 章介绍多通道语音增强，第 6 章介绍多说话人语音分离；第 7 章和第 8 章分别介绍基于深度学习的语音降噪处理在声纹识别和语音识别方面的应用，其中着重介绍基于深度学习的现代声纹识别、语音识别基础知识和前沿技术。

本书是一部专业性较强的著作，主要面向具备一定语音信号处理和机器学习基础、致力于从事智能语音处理相关工作的高年级本科生、研究生和专业技术人员。

作者在编写本书时参考和引用了一些学者的研究成果、著作和论文，具体出处见参考文献。在此，作者向这些文献的著作者表示感谢。在本书的编写过程中得到了西北工业大学一批优秀研究生的协助，他们分别是官善政、李盛强、王谋、白仲鑫、王瑞、王建宇、杨子叶、刘书培、徐梦龙、李梦真、朱文博、梁成栋、谭旭、唐林瑞泽、陈俊淇、龚亦骏、姚嘉迪、陈益江、王杰、陈星（排名不分先后）。

本书获西北工业大学精品学术著作培育项目资助(项目号为 21GH030801)。

基于深度学习的鲁棒语音处理是一个理论性强、实用面广、内容新、难度大的研究方向，同时这个方向又处于快速发展中，尽管作者在编写过程中力求涵盖最前沿的技术，通过简明、通俗的语言将这门技术介绍给读者，但因作者水平有限，不妥之处在所难免，敬请广大读者批评指正。

张晓雷

2021 年 4 月

# 目　　录

# 第1章　绪　　论

语音是人类之间传递信息、情感交流的最重要、最方便以及最常见的方式。随着社会的进步、科技的发展，人们通过语音进行交流的方式从人与人之间面对面交流的方式变得越来越多样化。电话语音通信、语音留言等早已融入人们的日常生活。近年来，让机器能听会说的人机语音交互也逐渐兴起。例如，智能语音客服、语音助手、智能音箱等，为人们的生产生活提供了极大的便利。

但是，语音信号处理是一项极其困难的任务。首先，语音信号的能量随着传播距离的增加而迅速衰减，使得当前的语音技术大部分局限于近距离拾音。语音也易受环境的干扰，常见的干扰噪声如下。

（1）加性噪声：其他物体发出的噪声与语音产生叠加。

（2）混响：语音在传播过程中碰到障碍物后发生反射，与直达声产生叠加。

（3）人类噪声：其他说话人发出的声音与目标说话人的语音产生叠加。

语音信号在通过麦克风变成电信号以后，还会受到电信道各个环节带来的噪声影响。例如，电信道的噪声问题、电子元件的非线性干扰问题、互联网传输的丢帧问题等。当空气信道与电信道构成回路时，有可能会进一步出现回声、啸叫等现象，严重影响语音通信质量和语音交互体验。此外，语音的质量和可懂度还受到说话人自身的年龄、语种、情绪、健康状况等因素的严重影响。可以说，语音信号在信息的产生、传输、存储、应用这一全链条上都不可避免地会受到各种噪声和干扰因素的影响。因此，无论从技术角度还是从社会发展角度看，研究鲁棒语音信号处理都具有十分重要的意义。

从 20 世纪 40 年代语音处理技术步入快速发展以来，如何应对噪声和复杂场景始终是语音技术发展的主旋律。相关技术大致上可以分为四类，分别是语音特征法、统计信号处理方法、阵列信号处理方法、机器学习方法。语音特征法是历史最久的鲁棒语音处理方法。早在 20 世纪 40 年代，Potter 等就提出了可视语音（visible speech）的思想，通过语谱图描述语音信号的结构信息，形成了最早的语音特征。随后，人们发现在短时（帧长为 20~30ms）平稳假设条件下，可以针对不同的语音处理任务抽取不同的统计特征。例如，语音检测中的短时能量、短时过零率、短时自相关系数等。随着傅里叶变换等时频域变换技术的发展，人们开始通过各种时频域变换将分帧后的时域信号转换到频域，典型的时频域变换包括短时傅里叶变换、梅尔倒谱系数、伽马通滤波器组等。这些时频域变换不仅可以清晰地呈现语音的结构信息，而且部分变换还具备滤除部分噪声的功能。它们为语音处理技术的快速发展奠定了基础。目前，大部分的语音降噪和识别算法都建立在这些语音特征上。

语音信号是一种长时非平稳的随机信号。为了挖掘语音信号中隐藏的规律，有必要为信号建立统计模型。统计信号处理方法属于这类方法。它通常首先假设数据服从某种形式的概率分布，如高斯分布、拉普拉斯分布、伽马分布等；或假设数据中蕴含某些自然规律，如低秩特性等；然后通过一定时间内的历史数据估计概率分布的统计参数，如均值、方差等，并对当前时刻的语音事件的发生概率进行预测。统计信号处理的分支众多，既包括以自适应滤波、自适应谱估计与参数估计、自适应阵列处理与波束形成等为主要内容的自适应信号处理方法，又包括独立成分分析、非负矩阵分解等为代表的盲源信号分离方法。

阵列信号处理是由一定数目的麦克风组成的，对声场的空间特性进行采样并处理的一类方法。它的研究核心是麦克风阵列的阵型及其波束图的设计。目前，阵列的设计方法主要有两种，即加性麦克风阵列和差分麦克风阵列。加性麦克风阵列直接对空间声压场进行采样和滤波处理。差分波束形成阵列则是对声压场空间的导数进行测量和处理，具有空间尺寸小、指向性强等优点。麦克风阵列在鲁棒语音处理中发挥着至关重要的作用，可以通过设计不同的麦克风阵列及其滤波算法解决很多声学问题，如声源定位、去混响、语音增强、盲源分离等。

模式识别和机器学习方法旨在对历史语音数据建模，通过模型对测试语音数据进行预测。早期的模式识别方法主要是模板匹配法，这种方法难以捕捉语音信号的时间序列信息且泛化能力较弱。之后，以高斯混合模型（Gaussian mixture model, GMM）和隐马尔可夫模型（hidden Markov model, HMM）为代表的模式识别方法占据了语音信号处理的主流。围绕着 GMM-HMM 框架诞生了一批鲁棒语音处理算法和训练策略。它们主要应用于场景比较明确的数据或模型自适应任务。例如，在房间 A 中训练的模型如何应用于房间 B、在说话人 A 上训练的模型如何应用于说话人 B。具有代表性的方法包括基于最大似然线性回归（maximum likelihood linear regression, MLLR）的模型自适应算法、基于概率线性判别分析（probabilistic linear discriminant analysis, PLDA）的无监督域自适应方法、面向小数据的迁移学习和多任务学习策略等。

虽然也有一些学者尝试用机器学习方法对不确定的噪声环境直接建模，例如，基于支持向量机的语音检测、基于 HMM 和 $k$ 均值聚类的盲源分离、基于谱聚类的语音增强等，但是这些方法大多受制于算法自身的时间和空间复杂度而无法处理各种复杂的现实噪声环境，导致其难以步入实际使用。幸运的是，深度神经网络是一种空间复杂度与训练数据量无关的机器学习方法。理论上，它的泛化能力可以随着数量分布密度的增加而不断提高，使其具备处理任意复杂的声学环境的潜力。近年来，随着计算机计算能力的快速提高和数据量的爆炸式增长，深度神经网络的潜力得以释放，并引发了以深度学习为核心的人工智能浪潮。

2012 年，深度神经网络首次被直接应用于复杂场景下的语音检测与增强问题。这种通过人工标注的大量历史数据训练的深度神经网络，突破了传统统计信号处理和模式识别方法在极低信噪比和复杂场景下的性能瓶颈问题，大幅提高了语音检测和增强的性能。此后，在学术界和工业界的共同努力下，基于深度学习的鲁棒语音处理经历了近 10 年的高速发展，取得了大量的技术积累，在语音通信、智能家居、车载智能语音交互等方面获得了广泛的实际应用。但是，“天下没有免费的午餐”，这种技术对计算能力和有标注数据的要求较高。并且，当测试场景与训练场景存在严重不匹配时，其性能与同在匹配测试环境中的性能相比，会出现一定程度的下降。但是，瑕不掩瑜，无论如何，它实现了在困难声学环境下从 0 到 1 的突破，使语音通信、智能语音交互更大范围应用成为可能。本书将回顾近 10 年来基于深度神经网络的鲁棒语音处理的发展，重点介绍开创性的算法和实际应用中性能突出的代表性算法。

本书包括 8 章内容。第 1 章简要介绍鲁棒语音处理的重要性和发展史。第 2 章介绍深度学习的基本概念、组成要素，以及在语音处理中常用的循环神经网络、卷积神经网络。第 3 章从深度神经网络架构、噪声鲁棒特征、优化目标三方面介绍语音检测技术。第 4 章首先介绍单通道（单麦克风拾音）语音增强和去混响技术的基本概念与评价指标、优化目标；然后介绍单通道语音增强技术的 3 个技术发展，包括基于分类损失的频域语音增强、基于回归损失的频域语音增强、时域语音增强。第 5 章介绍多通道（麦克风阵列拾音）语音增强的 3 个代表性技术，分别是空间特征法、基于深度学习的波束形成法、面向自组织麦克风阵列的多通道深度学习方法。第 6 章介绍多说话人语音分离技术，具体包括与说话人相关（speaker-dependent）的语音分离技术和与说话人无关（speaker-independent）的语音分离技术。第 7 章首先介绍声纹识别的基本概念和前沿技术；然后介绍鲁棒声纹识别，具体包括声纹识别的降噪前端和自适应技术。第 8 章首先介绍语音识别的基本概念和端到端语音识别的前沿技术；然后介绍鲁棒语音识别，具体包括语音识别的降噪前端和自适应技术。

# 第2章　深度学习基础

深度学习是含有多个非线性隐藏层机器学习方法的统称，主要包括各种神经网络模型。神经网络是由具有适应性的简单单元组成的广泛并行互联网络，是现代语音技术跨越式发展的驱动力之一。本章将介绍神经网络的基本概念和一些代表当前技术发展水平的神经网络结构和算法，为本书其他章节所使用的神经网络模型提供共性基础。

## 2.1　有监督学习

有监督学习（supervised learning）旨在通过有人工标注的训练数据学习从数据特征到人工标注的映射函数，使得该映射函数可以对没有标注的测试数据做出预测。

有监督学习的核心是映射函数（或称作“模型”）在新样本上的预测准确性，即模型的泛化（generalization）能力。它不仅与模型在训练数据上的准确性有关，还与模型的复杂度有关。一种常见的有监督学习思想是通过增加模型的复杂度来提升模型在训练数据上的准确度。但是，当模型的复杂度超过某种程度时，即使模型在训练数据上的准确度继续提升，也不会改善模型的泛化能力，甚至可能造成泛化能力的下降。这种现象称为过拟合（overfitting）现象。所以，用有监督学习方法训练模型时，需要遵从以下原则：① 在模型的复杂度和训练精度之间平衡，这通常通过划分训练集中的一部分数据作为模型的开发集（development set）来实现，通过选择在开发集上预测精度最高的模型来避免过拟合问题；② 当多个模型在训练集或开发集上取得相似的精度时，选择复杂度较小的模型，该原则被称为“奥卡姆剃刀”（Occam's razor）准则。

本书中的大部分深度学习算法都是有监督学习方法。具体地，给定 $N$ 个有标记的训练数据组成的训练集 $\mathcal{X}_{\text{train}} = \{(\boldsymbol{x}_1, \boldsymbol{y}_1), (\boldsymbol{x}_2, \boldsymbol{y}_2), \cdots, (\boldsymbol{x}_N, \boldsymbol{y}_N)\}$ 和

任意的测试数据 $\boldsymbol{x}_{\text{test}}$，其中 $(\boldsymbol{x}_n, \boldsymbol{y}_n)$ 分别表示第 $n$ 个训练数据的特征和人工标注。有监督深度学习旨在将语音处理问题转化为分类或回归问题加以解决，它通过一个包含多个非线性隐藏层的模型 $\boldsymbol{y} = f(\boldsymbol{x})$，使得 $f(\boldsymbol{x}_{\text{test}})$ 的预测精度尽可能高。

分类任务的预测目标是离散值，如 one-hot 编码。给定一个 $C$ 类分类问题，one-hot 编码 $\boldsymbol{y} = [y_1, y_2, \cdots, y_C]^{\mathrm{T}}$ 是一个 $C$ 维的向量，它的其中一维是 1，表示 $\boldsymbol{x}$ 所属的类别，其他维度都是 0。分类任务最常见的训练目标是最小化交叉熵（minimum cross entropy）：

$$\min -\frac{1}{N}\sum_{n=1}^{N}\sum_{c=1}^{C} y_{n,c}\log([f(\boldsymbol{x}_n)]_c)^{①} \tag{2.1}$$

其中，$[f(\boldsymbol{x}_n)]_c$ 是模型的输出 $f(\boldsymbol{x}_n)$ 的第 $c$ 维，它表示 $\boldsymbol{x}_n$ 属于第 $c$ 类的概率。

回归任务的预测目标通常是连续值。假设目标是 $L$ 维向量 $\boldsymbol{y} = [y_1, y_2, \cdots, y_L]^{\mathrm{T}}$，则常见的训练损失函数是最小均方误差（minimum mean squared error）：

$$\min \frac{1}{N}\sum_{n=1}^{N}\|\boldsymbol{y}_n - f(\boldsymbol{x}_n)\|_2^2 = \min \frac{1}{N}\sum_{n=1}^{N}\sum_{l=1}^{L}|y_{n,l} - [f(\boldsymbol{x}_n)]_l|^2 \tag{2.2}$$

其中，$y_{n,l}$ 表示 $\boldsymbol{y}$ 的第 $l$ 维；$[f(\boldsymbol{x}_n)]_l$ 表示模型的输出 $f(\boldsymbol{x}_n)$ 的第 $l$ 维。

本章其余部分将集中介绍神经网络模型 $f(\cdot)$ 的组成成分、典型结构、优化算法等。

## 2.2 单层神经网络

### 2.2.1 基本模型

神经网络最基本的成分是如图 2.1(a) 所示的神经元模型。它通常包括权重矩阵、偏置（bias）和非线性激活函数三部分。神经元收到来自其他神经元传递来的输入信号 $\boldsymbol{x} = [x_1, x_2, \cdots, x_D]^{\mathrm{T}}$，通过权重 $\boldsymbol{w} = [w_1, w_2, \cdots, w_D]^{\mathrm{T}}$ 对这些信号进行放缩 $\boldsymbol{w}^{\mathrm{T}}\boldsymbol{x}$，再通过神经元内部的偏置 $b$ 相应增加或降低激活函数的网络输入，最后通过激活函数 $\phi(\cdot)$ 产生神经元的输出 $h = \phi(\boldsymbol{w}^{\mathrm{T}}\boldsymbol{x} + b)$。通常，激活函数是一个非线性函数。

① 本书出现的对数，如果没有底数，则默认底数为 e。

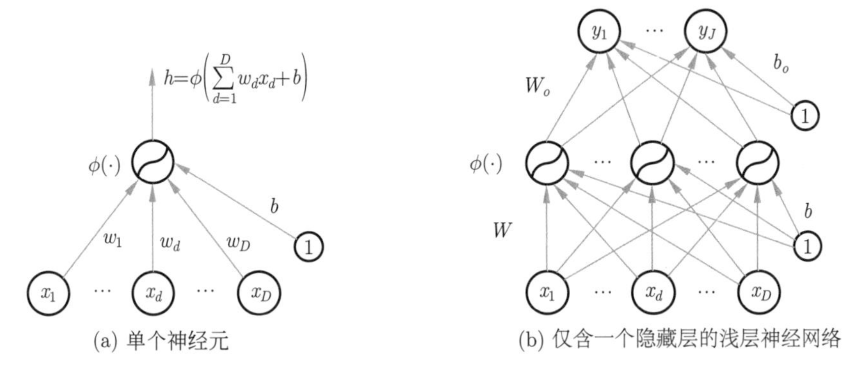


图 2.1 神经网络的基本单元

如图 2.1(b) 所示，给定输入 $\boldsymbol{x}$ 和 $J$ 维的输出 $\boldsymbol{y} = [y_1, y_2, \cdots, y_J]^{\mathrm{T}}$，一个标准的单层神经网络旨在构造从 $\boldsymbol{x}$ 到 $\boldsymbol{y}$ 的非线性映射函数。它由输入层、隐藏层、输出层组成。假设隐藏层包含 $V$ 个神经元，则这一组神经元的网络参数可以写成一个权重矩阵：

$$\boldsymbol{W} = \begin{bmatrix} \boldsymbol{w}_1^{\mathrm{T}} \\ \boldsymbol{w}_2^{\mathrm{T}} \\ \vdots \\ \boldsymbol{w}_V^{\mathrm{T}} \end{bmatrix} \tag{2.3}$$

和一个偏置向量 $\boldsymbol{b} = [b_1, b_2, \cdots, b_V]^{\mathrm{T}}$，其中，$\boldsymbol{w}_i$ 和 $b_i$ 分别表示第 $i$ 个神经元的权重和偏置，$\forall i = 1, 2, \cdots, V$。给定隐藏层的输出为 $\boldsymbol{h} = \phi(\boldsymbol{W}\boldsymbol{x} + \boldsymbol{b})$。输出层通常是线性变换层 $\boldsymbol{W}_{\mathrm{o}}$，用于得到网络的最终输出 $\boldsymbol{y} = \boldsymbol{W}_{\mathrm{o}}\boldsymbol{h}$。

### 2.2.2 激活函数

激活函数 $\phi(\cdot)$ 实现了神经网络的非线性变换功能。本节介绍 7 种常见的激活函数。

#### 1. 单位阶跃函数

$$\phi(x) = \begin{cases} 1, & x \geqslant 0 \\ 0, & x < 0 \end{cases} \tag{2.4}$$

单位阶跃函数如图 2.2(a) 所示。它描述了神经元模型的皆有或者皆无特性（all-or-none property）。这种激活函数因在 0 位置处不可导，所以常用于理论分析，在实际中较少使用。

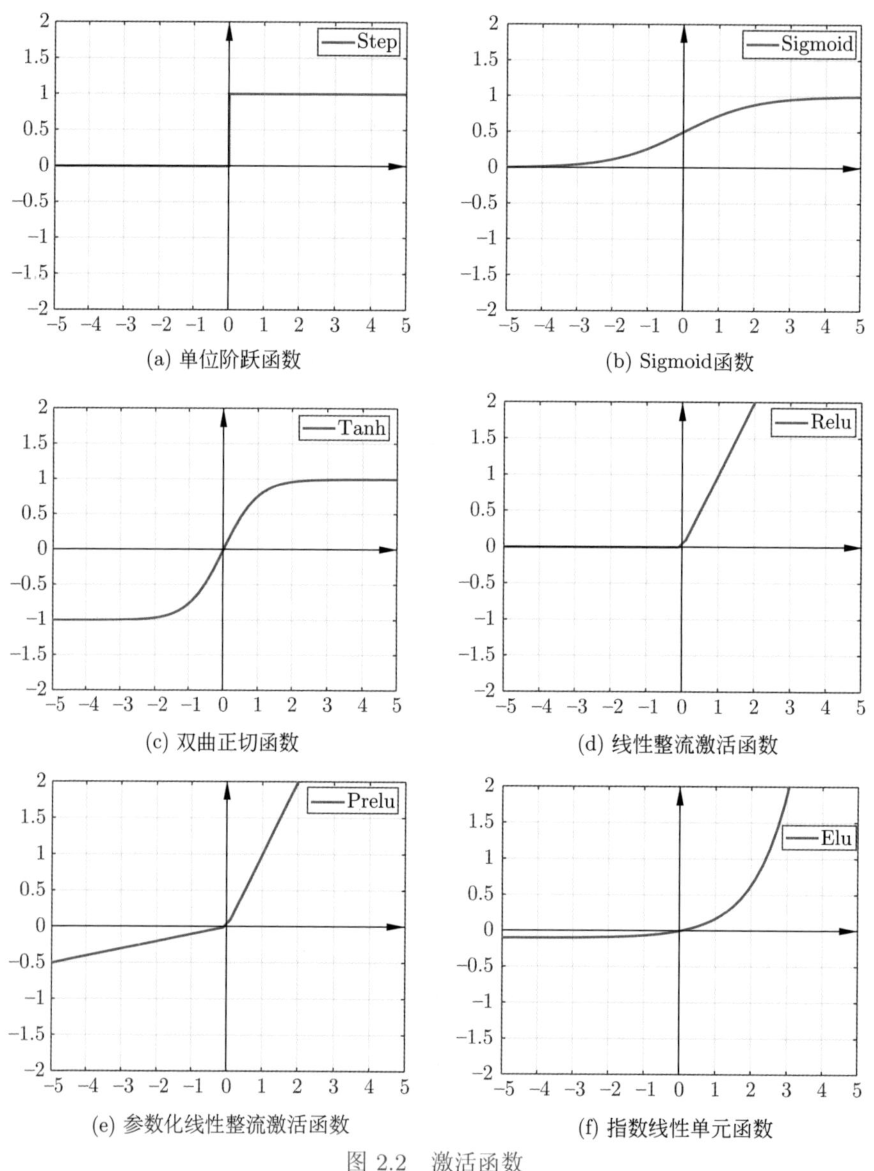


(a) 单位阶跃函数　(b) Sigmoid函数

(c) 双曲正切函数　(d) 线性整流激活函数

(e) 参数化线性整流激活函数　(f) 指数线性单元函数

图 2.2　激活函数

### 2. Sigmoid 函数

$$\phi(x) = \sigma(x) = \frac{1}{1+\mathrm{e}^{-x}} \tag{2.5}$$

Sigmoid 函数（sigmoid function）如图 2.2(b) 所示。它是严格的递增函数，将连续输入变换为 0 至 1 区间内的值，在线性和非线性行为之间显现出较好的平衡。

### 3. 双曲正切函数

双曲正切函数（hyperbolic tangent function，tanh function）等于双曲正弦与双曲余弦的比值，即

$$\phi(x) = \tanh(x) = \frac{\sinh(x)}{\cosh(x)} = \frac{\exp(x) - \exp(-x)}{\exp(x) + \exp(-x)} \tag{2.6}$$

双曲正切函数如图 2.2(c) 所示。与 Sigmoid 函数相比，双曲正切函数具有水平方向压缩、垂直方向扩展的形状，在 0 附近与单位阶跃函数近似。需要注意的是，双曲正切函数的导函数极值为 1，有助于解决梯度消失问题。

### 4. 线性整流激活函数

$$\phi(x) = \max(0, x) \tag{2.7}$$

线性整流激活函数（rectified linear unit，ReLU）如图 2.2(d) 所示。它并不是全区间可导的，但可以求得次梯度（sub-gradient），且解决了正区间内梯度消失问题，计算速度与收敛速度快。

### 5. 参数化线性整流激活函数

参数化线性整流激活函数（parametric ReLU，PReLU）是将所有的负值都设为零，即

$$\phi(x) = \begin{cases} x, & x \geqslant 0 \\ \alpha x, & x < 0 \end{cases} \tag{2.8}$$

参数化线性整流激活函数如图 2.2(e) 所示。在 PReLU 中，负值部分的斜率 $\alpha$ 是从数据中学习得到的，而非预先定义的。

### 6. 指数线性单元函数

指数线性单元（exponential linear unit，ELU）函数结合了 Sigmoid 函数

和 ReLU 函数的特点，其特点为左侧软饱和、右侧无饱和，函数公式为

$$\phi(x)=\begin{cases}x, & x\geqslant 0\\ \alpha[\exp(x)-1], & x<0\end{cases} \tag{2.9}$$

指数线性单元激活函数如图 2.2(f) 所示。它试图将激活函数的平均值接近零，从而加快学习的速度。同时，它还能通过正值的标识来避免梯度消失的问题。

#### 7. Softmax 函数

Softmax 函数将多个神经元的输出分别映射到 $(0,1)$ 内，它们的输出值的和为 1：

$$\phi(x_i)=\frac{\exp(x_i)}{\sum\limits_j \exp(x_j)} \tag{2.10}$$

Softmax 函数通常用于分类问题，其每个输出节点对应一个类，相应的输出值可以看成是输入数据属于该类的概率。该函数仅用于神经网络的输出层。

## 2.3 前馈深度神经网络

前馈深度神经网络（feedforward deep neural network）也称多层感知机，是最基础的深度学习模型，它的基本结构如图 2.3 所示。由图 2.3 可知，前馈深度神经网络与本书 2.2.1节介绍的单层神经网络的不同之处仅在于它包括多

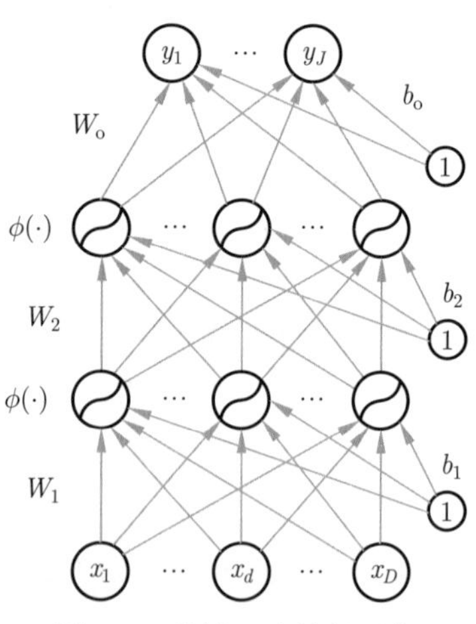


图 2.3 前馈深度神经网络

个非线性隐藏层。本节将介绍前馈神经网络的优化方法 ——反向传播，以及为了克服反向传播的缺点而提出的正则化和归一化两项基本技术。

### 2.3.1 反向传播算法

反向传播（backpropagation，BP）是深度神经网络最常用的优化方法。给定某个数据点 $\boldsymbol{x}_i \in \mathbb{R}^D$ 及其标签 $\boldsymbol{y}_i \in \mathbb{R}^J$，其中 $i = 1, 2, \cdots, n$，$n$ 为样本点个数。输入 $\boldsymbol{x}_i$ 可以是一个目标、一张图片或者一段语音的特征向量。输出 $\boldsymbol{y}_i$ 可以是实值向量或标量，如一个目标的类别表征。

希望通过输入数据 $\boldsymbol{x}_i$ 预测 $\boldsymbol{y}_i$，因此要学习一个映射函数使得每个 $\boldsymbol{x}_i$ 对应一个输出 $\boldsymbol{y}_i$。为了更好地逼近这个映射，这里采用含有 $L$ 个非线性隐藏层的深度神经网络模型 $f_\theta : \mathbb{R}^D \to \mathbb{R}^J$。一个标准的全连接深度神经网络表示为

$$\hat{\boldsymbol{y}} = f_\theta(\boldsymbol{x}) = \boldsymbol{W}_\mathrm{o}\phi(\boldsymbol{W}_L \cdots \phi(\boldsymbol{W}_2\phi(\boldsymbol{W}_1\boldsymbol{x} + \boldsymbol{b}_1) + \boldsymbol{b}_2) + \boldsymbol{b}_L) + \boldsymbol{b}_\mathrm{o} \tag{2.11}$$

其中，$\phi(\cdot)$ 表示同一层的非线性神经元激活函数；$\boldsymbol{W}_l$ 表示一个 $d_l \times d_{l-1}$ 维度的权重矩阵；$\boldsymbol{b}_l$ 表示一个 $d_l$ 维的偏置向量，其中 $d_l$ 表示第 $l$ 个隐藏层的维度。式(2.11)还可以用下列递归式表示：

$$\boldsymbol{h}_0 = \boldsymbol{x} \tag{2.12}$$

$$\boldsymbol{h}_l = \phi(\boldsymbol{W}_l\boldsymbol{h}_{l-1} + \boldsymbol{b}_l), \quad \forall l = 1, 2, \cdots, L \tag{2.13}$$

$$\hat{\boldsymbol{y}} = \boldsymbol{W}_\mathrm{o}\boldsymbol{h}_L + \boldsymbol{b}_\mathrm{o} \tag{2.14}$$

期望合适的神经网络参数可以预测出更为准确的输出 $\boldsymbol{y}_i$，因此，深度神经网络寻找网络最优参数的过程可以总结为：在某个给定的距离度量 $l(\cdot,\cdot)$ 条件下，最小化真实输出 $\boldsymbol{y}_i$ 和预测输出 $\hat{\boldsymbol{y}}_i$ 之间的距离损失 $F(\theta)$：

$$\min_\theta F(\theta) = \frac{1}{n}\sum_{i=1}^{n} l(\boldsymbol{y}_i, f_\theta(\boldsymbol{x}_i)) \tag{2.15}$$

式 (2.15) 由梯度下降法进行优化，它的最基本形式为

$$\theta_{t+1} = \theta_t - \eta_t \nabla F(\theta_t) \tag{2.16}$$

其中，$\eta_t$ 步长（学习率）；$\nabla F(\theta_t)$ 表示第 $t$ 次迭代过程中损失函数的梯度。

因为式(2.16)中的每个样本对梯度的贡献是相互独立的，所以下面以第 $i$ 个样本的误差梯度为例，观察误差梯度在整个神经网络自顶向下的传播过程，

即反向传播算法。

$$\theta_{t+1} = \theta_t - \eta_t \nabla F_i(\theta_t) \tag{2.17}$$

其中，$F_i(\theta) = l(y_i, f_\theta(x_i))$。

为了说明反向传播的工作原理，假设损失函数 $l(\boldsymbol{y}, \boldsymbol{z})$ 是二次函数 $l(\boldsymbol{y}, \boldsymbol{z}) = \|\boldsymbol{y} - \boldsymbol{z}\|^2$。为了简化数学表示，这里忽略下标 $i$，而使用 $\boldsymbol{x}$ 和 $\boldsymbol{y}$。为了区分每个样本的损失和总损失 $F(\theta)$，用 $F_0(\theta)$ 表示每个样本对应的损失函数：

$$F_0(\theta) = \|\boldsymbol{y} - \boldsymbol{W}_\text{o}\phi(\boldsymbol{W}_L \cdots \boldsymbol{W}_2\phi(\boldsymbol{W}_1\boldsymbol{x}))\|_2 \tag{2.18}$$

其中，为了数学描述上的清晰，忽略了偏移量 $\boldsymbol{b}$。这是因为可以通过将 $\boldsymbol{x}$ 扩展为 $[\boldsymbol{x}^\text{T}, 1]^\text{T}$，从而将 $\boldsymbol{b}$ 吸收进 $\boldsymbol{W}$ 中。

为了表达方便，下面定义一组重要的中间变量：

$$\begin{cases} \boldsymbol{h}_0 = \boldsymbol{x}, \quad \boldsymbol{a}_1 = \boldsymbol{W}_1\boldsymbol{h}_0 \\ \boldsymbol{h}_1 = \phi(\boldsymbol{a}_1), \quad \boldsymbol{a}_2 = \boldsymbol{W}_2\boldsymbol{h}_1 \\ \quad\vdots \qquad\qquad \vdots \\ \boldsymbol{h}_L = \phi(\boldsymbol{a}_L), \quad \boldsymbol{a}_L = \boldsymbol{W}_\text{o}\boldsymbol{h}_L \end{cases} \tag{2.19}$$

其中，$\boldsymbol{a}_l = [a_{l,1}, a_{l,2}, \cdots, a_{l,d_l}]^\text{T}$ 是非线性神经元的输入，通常被称为预激活；$\boldsymbol{h}_l$ 是神经元的输出，通常被称为后激活。

下面进一步定义 $\boldsymbol{D}_l = \text{diag}(\phi'(a_{l,1}), \phi'(a_{l,2}), \cdots, \phi'(a_{l,d_l}))$，这是一个对角矩阵，其中第 $t$ 个对角项 $\phi'(a_{l,t})$ 是激活函数在第 $t$ 个激活处对 $a_{l,t}$ 的导数。因为误差向量的梯度为 $e = 2(\boldsymbol{a}^L - \boldsymbol{y})$，所以权重矩阵 $\boldsymbol{W}_l$ 的梯度为

$$\frac{\partial F_0}{\partial \boldsymbol{W}_l} = \left((\boldsymbol{W}_\text{o}\boldsymbol{D}_L\boldsymbol{W}_L\boldsymbol{D}_{L-1}\cdots\boldsymbol{W}_{l+2}\boldsymbol{D}_{l+1}\boldsymbol{W}_{l+1}\boldsymbol{D}_l)^\text{T}e\right)(\boldsymbol{h}_{l-1})^\text{T}, \quad l=1,2,\cdots,L \tag{2.20}$$

为了能更清晰地反映上式的结构，下面将误差的反向传播序列定义为

$$\begin{cases} e_{L+1} = e \\ e_L = (\boldsymbol{D}_L\boldsymbol{W}_\text{o})^\text{T}e_{L+1} \\ e_{L-1} = (\boldsymbol{D}_{L-1}\boldsymbol{W}_L)^\text{T}e_L \\ \quad\vdots \\ e_1 = (\boldsymbol{D}_1\boldsymbol{W}_2)^\text{T}e_2 \end{cases} \tag{2.21}$$

那么，局部的梯度可以写为

$$\frac{\partial F_0}{\partial \boldsymbol{W}_l} = e_l(\boldsymbol{h}_{l-1})^{\mathrm{T}}, \quad l = 1, 2, \cdots, L \tag{2.22}$$

将式(2.17)中的 $\theta_t$ 换为 $\boldsymbol{W}_l$，则可以得到神经网络权重的反向传播更新公式。模型中其他变量可按照相同方式推出反向传播算法的优化公式。

上述过程是标准的反向传播算法，下面介绍反向传播算法的 4 种改进形式。

### 1. 随机梯度下降法

实际使用反向传播算法优化神经网络时，为了加速运算，通常在反向传播的每次循环中随机抽取 $m$ 个小批量（独立同分布的）样本，通过计算它们梯度的均值得到梯度的无偏估计，这种算法称作随机梯度下降法（stochastic gradient descent，SGD），详见算法 1。实际使用时，通常加入被称作动量（momentum）的策略以加速网络的收敛，详见算法 2。

**算法 1** 随机梯度下降（SGD）算法。

**Require:** 全局学习率 $\mu$; 初始参数 $\theta$

1: **while** 没有达到停止准则 **do**
2: 从训练集中随机抽取 $m$ 个样本 $\{(\boldsymbol{x}_i, \boldsymbol{y}_i)\}_{i=1}^m$ 组成一个小批量（mini batch）
3: 计算梯度估计：$\boldsymbol{g} \leftarrow \frac{1}{m}\nabla_\theta \sum_i L(f(\boldsymbol{x}_i;\theta), \boldsymbol{y}_i)$
4: 应用更新：$\theta \leftarrow \theta - \mu\boldsymbol{g}$
5: **end while**

**算法 2** 随机梯度下降（SGD）算法——动量法。

**Require:** 全局学习率 $\mu$; 动量参数 $\alpha$; 初始参数 $\theta$; 初始速度 $\boldsymbol{v}$

1: **while** 没有达到停止准则 **do**
2: 从训练集中随机抽取 $m$ 个样本 $\{(\boldsymbol{x}_i, \boldsymbol{y}_i)\}_{i=1}^m$ 组成一个小批量
3: 计算梯度估计：$\boldsymbol{g} \leftarrow \frac{1}{m}\nabla_\theta \sum_i L(f(\boldsymbol{x}_i;\theta), \boldsymbol{y}_i)$
4: 计算速度更新：$\boldsymbol{v} \leftarrow \alpha\boldsymbol{v} - \mu\boldsymbol{g}$
5: 应用更新：$\theta \leftarrow \theta + \boldsymbol{v}$
6: **end while**

### 2. 自适应梯度算法

自适应梯度（adaptive gradient，AdaGrad）算法详见算法 3，其中 $\odot$ 表

示点乘。它对模型的每个参数自适应地计算学习率。自适应学习率是通过缩放每个参数反比于其所有梯度历史平方值总和的平方根得到的。这种计算方法使得损失偏导最大的参数的学习率能够快速下降，而具有较小偏导的模型参数在学习率上有相对较小的下降，最终使得在参数空间中更平缓的梯度方向会取得更大的优化进展。

**算法 3** 自适应梯度（AdaGrad）算法[1]。

**Require:** 全局学习率 $\mu$; 初始参数 $\theta$; 常数 $\delta = 10^{-7}$; 初始化梯度累计变量 $\boldsymbol{r} = \boldsymbol{0}$
1: **while** 没有达到停止准则 **do**
2: 从训练集中随机抽取 $m$ 个样本 $\{(\boldsymbol{x}_i, \boldsymbol{y}_i)\}_{i=1}^{m}$ 组成一个小批量
3: 计算梯度：$\boldsymbol{g} \leftarrow \frac{1}{m}\nabla_\theta \sum_i L(f(\boldsymbol{x}_i;\theta), \boldsymbol{y}_i)$
4: 累计平方梯度：$\boldsymbol{r} \leftarrow \boldsymbol{r} + \boldsymbol{g} \odot \boldsymbol{g}$
5: 计算更新：$\Delta\theta \leftarrow -\frac{\mu}{\delta+\sqrt{\boldsymbol{r}}} \odot \boldsymbol{g}$
6: 应用更新：$\theta \leftarrow \theta + \Delta\theta$
7: **end while**

AdaGrad 旨在求解凸问题时能快速收敛。当应用于训练神经网络这一非凸函数时，学习轨迹可能穿过了很多不同的结构，最终到达一个局部是凸碗（convex bowl）的区域。AdaGrad 计算梯度时依据了平方梯度的整个历史收缩学习率，可能使得学习率在达到这样的凸碗结构前就变得很小了，不利于神经网络的快速训练。

### 3. 均方根传播算法

均方根传播（root mean square propagation，RMSProp）算法详见算法 4。它是 AdaGrad 的一种改进。它改变梯度积累方式为指数加权移动平均，使得优化算法在非凸优化问题上效果更好。RMSProp 使用指数衰减平均以丢弃遥远过去的历史，使其能够在找到凸碗状结构后快速收敛。它就像一个初始化于该碗状结构的 AdaGrad 算法。

### 4. 自适应动量估计算法

自适应动量估计（adaptive moment estimation，Adam）算法详见算法 5。首先，Adam 算法在 RMSProp 算法基础上对小批量的随机梯度也做了指数加权移动平均；其次，Adam 包括偏置修正，修正从原点初始化的一阶矩（动量项）和（非中心的）二阶矩的估计。Adam 算法通常被认为对超参数的选择相当鲁棒，尽管有时需要修改默认的学习率。

**算法 4** 均方根传播（RMSProp）算法。

**Require:** 全局学习率 $\mu$; 衰减速率 $\rho$; 初始参数 $\theta$; 常数 $\delta = 10^{-6}$; 初始化梯度累计变量 $\boldsymbol{r} = \mathbf{0}$

1: **while** 没有达到停止准则 **do**
2: 从训练集中随机抽取 $m$ 个样本 $\{(\boldsymbol{x}_i, \boldsymbol{y}_i)\}_{i=1}^{m}$ 组成一个小批量
3: 计算梯度：$\boldsymbol{g} \leftarrow \frac{1}{m}\nabla_\theta \sum_i L(f(\boldsymbol{x}_i;\theta), \boldsymbol{y}_i)$
4: 累计平方梯度：$\boldsymbol{r} \leftarrow \rho \boldsymbol{r} + (1-\rho)\boldsymbol{g} \odot \boldsymbol{g}$
5: 计算更新：$\triangle\theta \leftarrow -\frac{\mu}{\delta+\sqrt{\boldsymbol{r}}} \odot \boldsymbol{g}$
6: 应用更新：$\theta \leftarrow \theta + \triangle\theta$
7: **end while**

**算法 5** 自适应动量估计算法。

**Require:** 步长 $\epsilon$; 矩估计的指数衰减速率 $\rho_1$ 和 $\rho_2$; 初始参数 $\theta$; 常数 $\delta = 10^{-8}$; 初始化一阶变量 $\boldsymbol{s} = \mathbf{0}$ 和二阶矩变量 $\boldsymbol{r} = \mathbf{0}$; 初始化时间步 $t = 0$

1: **while** 没有达到停止准则 **do**
2: 从训练集中随机抽取 $m$ 个样本 $\{(\boldsymbol{x}_i, \boldsymbol{y}_i)\}_{i=1}^{m}$ 组成一个小批量
3: 计算梯度：$\boldsymbol{g} \leftarrow \frac{1}{m}\nabla_\theta \sum_i L(f(\boldsymbol{x}_i;\theta), \boldsymbol{y}_i)$
4: $t \leftarrow t + 1$
5: 更新有偏一阶矩估计：$\boldsymbol{s} \leftarrow \rho_1 \boldsymbol{s} + (1-\rho_1)\boldsymbol{g}$
6: 更新有偏二阶矩估计：$\boldsymbol{r} \leftarrow \rho_2 \boldsymbol{r} + (1-\rho_2)\boldsymbol{g} \odot \boldsymbol{g}$
7: 修正一阶矩的偏差：$\hat{\boldsymbol{s}} \leftarrow \frac{\boldsymbol{s}}{1-\rho_1^t}$
8: 修正二阶矩的偏差：$\hat{\boldsymbol{r}} \leftarrow \frac{\boldsymbol{r}}{1-\rho_2^t}$
9: 计算更新：$\Delta\theta \leftarrow -\epsilon\frac{\hat{\boldsymbol{s}}}{\sqrt{\hat{\boldsymbol{r}}}+\delta}$
10: 应用更新：$\theta \leftarrow \theta + \Delta\theta$
11: **end while**

### 2.3.2 正则化

随着深度神经网络层数的加深，网络不仅可能会出现过拟合问题，还伴随有梯度消失、梯度爆炸等模型难训练的问题。复杂的模型在优化过程中也可能遇到局部极小值的问题。对此，各类正则化、归一化方法以及优化算法得以被提出。

正则化（regularization）在深度学习出现前就已经被广泛使用。在深度学习中，正则化起着不可或缺的作用。一般来说，正则化是对学习算法的解空间的约束，它旨在减少泛化误差而不是训练误差。在实际的深度学习场景中，几乎总是发现最好的模型是一个适当正则化的大型模型。目前，常用的正则化方

法有两种：① 损失函数的正则项法；② 网络参数的随机加噪法。

### 1. 损失函数的正则项法

本章仅介绍最常见的 $L_2$ 正则项法。它在损失函数中加入 $L_2$ 正则项 $\Omega(\theta)=\frac{1}{2}\|\theta\|_2^2$。为清晰地观察该正则项如何影响网络权重的优化过程，仅观察正则项在输出层的某个输出单元上的目标函数，即最小化式 (2.23)：

$$\hat{F}(\boldsymbol{w};\boldsymbol{X},\boldsymbol{y})=\frac{\lambda}{2}\boldsymbol{w}^T\boldsymbol{w}+F(\boldsymbol{w};\boldsymbol{X},\boldsymbol{y}) \tag{2.23}$$

其中，$\boldsymbol{w}$ 表示该输出单元包含的网络参数（即 $\theta=\boldsymbol{w}$）；$\boldsymbol{X}=[\boldsymbol{x}_1,\boldsymbol{x}_2,\cdots,\boldsymbol{x}_N]$ 表示训练集在最顶层隐藏层的输出特征；$\boldsymbol{y}=[\boldsymbol{y}_1,\boldsymbol{y}_2,\cdots,\boldsymbol{y}_N]$ 表示训练集在该输出单元上的标签；$F(\boldsymbol{w};\boldsymbol{X},\boldsymbol{y})$ 是损失函数；$\hat{F}(\boldsymbol{w};\boldsymbol{X},\boldsymbol{y})$ 表示包含了正则项的损失函数；$\lambda$ 是可人工调节的超参数。

对式(2.23)求梯度可得

$$\nabla_w\hat{F}(\boldsymbol{w};\boldsymbol{X},\boldsymbol{y})=\lambda\boldsymbol{w}+\nabla_w F(\boldsymbol{w};\boldsymbol{X},\boldsymbol{y}) \tag{2.24}$$

相应的权重 $\boldsymbol{w}$ 更新公式为

$$\boldsymbol{w}\leftarrow\boldsymbol{w}-\eta(\lambda\boldsymbol{w}+\nabla_w F(\boldsymbol{w};\boldsymbol{X},\boldsymbol{y})) \tag{2.25}$$

其等效于：

$$\boldsymbol{w}\leftarrow(1-\eta\lambda)\boldsymbol{w}-\eta\nabla_w F(\boldsymbol{w};\boldsymbol{X},\boldsymbol{y}) \tag{2.26}$$

对比式 (2.26) 与式(2.16)可知，加入 $L_2$ 正则项后会引起梯度更新之前先收缩权重向量（将权重向量乘以一个常数因子），使得网络权重逐渐接近 0 但不等于 0，从而减小网络的复杂度。这种使权重逐渐减小的正则项法也被称作权重衰减（weight decay）法。

### 2. 网络参数的随机加噪法

在网络中注入随机噪声是另一种防止网络过拟合的常见方法，主要包括以下两种方式。

（1）Dropout：在网络的输入层或隐藏层随机丢掉一些神经元。换句话说，它将某些神经元的输出始终置零。这种方法是最常用的随机加噪法。

（2）Droplink：随机将一些网络权重置零。

注意：上述随机置零的过程完成于网络训练的初始化阶段，并且置零的部分在整个网络的训练和测试过程中保持不变。

## 2.4 循环神经网络

在语音识别、机器翻译等任务中，输入数据通常是时间序列 $\boldsymbol{X}=\{\boldsymbol{x}^{(t)}\in\mathbb{R}^{n_i}|t=1,2,\cdots,T\}$，其中 $T$ 是序列长度。假设使用标准的神经网络对上述时间序列建模，那么模型需要对每个时间步 (time step) 的输入数据 $\boldsymbol{x}^{(t)}$ 都分配相应的参数，这种做法会产生如下 3 个问题：① 对于长时数据，模型所需参数量过大；② 模型不具备应对输入输出序列长度变化的泛化能力；③ 没有考虑不同时间步数据之间的相互联系。针对上述问题，循环神经网络（recurrent neural network, RNN）[①]应运而生。RNN 采用了共享参数的思想，每个时间步都使用相同的网络参数，以相同的规律得到输出，从而模型参数量不受长度影响；同时，RNN 每个时间步的隐藏状态间存在连接，从而使得模型具备记忆功能。这些特性使得 RNN 具备强大的时序建模能力。

### 2.4.1 循环神经网络基础

#### 1. 基本结构

标准的 RNN 包括输入层、输出层和隐藏层。图 2.4左侧给出了只有一个

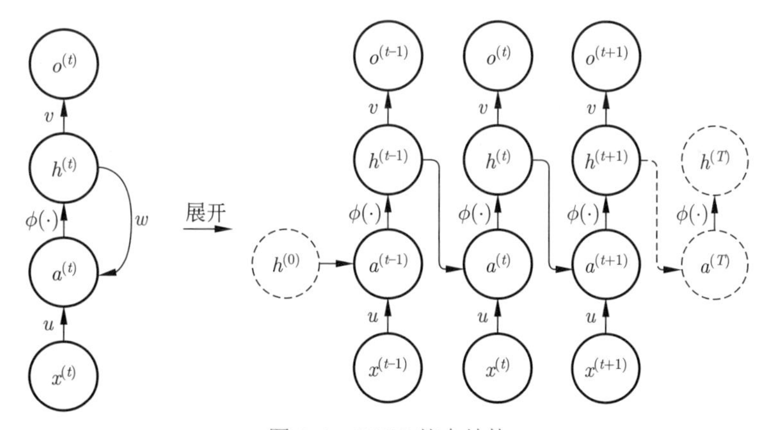


图 2.4 RNN 基本结构

① 递归神经网络（recursive neural network）的英文缩写也是 RNN，读者应避免混淆，后面内容中的 RNN 都指代循环神经网络。

输入节点、一个隐藏层节点和一个输出节点的 RNN 结构。

可以看出，与标准神经网络相比，RNN 在不同时间步的隐藏层之间存在连接。通常，将 RNN 隐藏层的输出 $h^{(t)}$ 称为隐藏状态（hidden state），其中上标 $t$ 表示 $h^{(t)}$ 位于时间步 $t$。图 2.4右边的展开结构更清晰地展示了 RNN 的整体结构。针对展开结构，可以将 RNN 理解为：只有一个 RNN 单元，当输入长度为 $T$ 时，只需要将这个 RNN 单元复制 $T$ 次，并将隐藏状态连接即可。

由此，可以推广到每个时间步存在多个节点的情况，其具体运算规则如式(2.27) ~ 式(2.29)所示。

$$\boldsymbol{a}^{(t)} = \boldsymbol{b}_0 + \boldsymbol{W}\boldsymbol{h}^{(t-1)} + \boldsymbol{U}\boldsymbol{x}^{(t)} \tag{2.27}$$

$$\boldsymbol{h}^{(t)} = \phi\left(\boldsymbol{a}^{(t)}\right) \tag{2.28}$$

$$\boldsymbol{o}^{(t)} = \boldsymbol{b}_1 + \boldsymbol{V}\boldsymbol{h}^{(t)} \tag{2.29}$$

其中，$\boldsymbol{h}^{(t)} = (h_1^{(t)}, h_2^{(t)}, \cdots, h_{n_h}^{(t)})^{\mathrm{T}}$ 是一个 $n_h$ 维实向量，下标 $n_h$ 表示位于第 $n_h$ 个节点的实值；$\boldsymbol{a}^{(t)}$、$\boldsymbol{x}^{(t)}$ 和 $\boldsymbol{o}^{(t)}$ 分别是 $n_h$ 维、$n_i$ 维和 $n_o$ 维实向量，$n_i$ 和 $n_o$ 分别对应输入和目标输出的维度，$n_h$ 是一个超参数，对应于隐藏节点的个数；$\boldsymbol{W}$、$\boldsymbol{U}$、$\boldsymbol{V}$、$\boldsymbol{b}_0$ 和 $\boldsymbol{b}_1$ 是模型可训练的模型参数；$\phi(\cdot)$ 是激活函数。

2. 时间反向传播

由于 RNN 的网络结构存在时间上的连接，因此也存在时间上的梯度传播。RNN 的反向传播通常采用基于时间的反向传播算法[2]（back-propagation through time，BPTT）。其基本原理与 BP 算法是一样的，因此只关注隐藏状态的时间梯度传播。由本书 2.3.1节可知，反向传播首先计算每个神经元处的误差项，然后对误差项求偏导得到每个参数的梯度。假设现在有一个长度为 $T$ 的输入序列, 并已经得到 $\boldsymbol{\delta}^{(T)} = \partial F/\partial \boldsymbol{a}^{(T)}$。其中，$F$ 是总误差；$\boldsymbol{a}^{(T)}$ 是第 $T$ 个时间步即最后一个时间步未经过激活函数的隐藏层输出；$\boldsymbol{\delta}^{(T)}$ 就是反向传播到该隐藏层上的误差。

由式(2.30)获得 $T-1$ 时间步隐藏层的误差：

$$\begin{aligned}\boldsymbol{\delta}^{(T-1)} &= \boldsymbol{\delta}^{(T)} \frac{\partial \boldsymbol{a}^{(T)}}{\partial \boldsymbol{a}^{(T-1)}} \\ &= \boldsymbol{\delta}^{(T)} \frac{\partial \boldsymbol{a}^{(T)}}{\partial \boldsymbol{h}^{(T-1)}} \frac{\partial \boldsymbol{h}^{(T-1)}}{\partial \boldsymbol{a}^{(T-1)}}\end{aligned} \tag{2.30}$$

其中，上述两个偏导数的计算如式(2.31)和式(2.32)所示：

$$\frac{\partial \boldsymbol{a}^{(T)}}{\partial \boldsymbol{h}^{(T-1)}} = \boldsymbol{W} \tag{2.31}$$

$$\frac{\partial \boldsymbol{h}^{(T-1)}}{\partial \boldsymbol{a}^{(T-1)}} = \text{diag}(\phi'(\boldsymbol{a}^{(T-1)})) \tag{2.32}$$

其中，$\text{diag}(\cdot)$ 代表对角阵，第 $i$ 个对角线元素为 $\phi'(a_i^{(T-1)})$。从而将式(2.30)转化为式(2.33)：

$$\boldsymbol{\delta}^{(T-1)} = \boldsymbol{\delta}^{(T)} \boldsymbol{W} \text{diag}(\phi'(\boldsymbol{a}^{(T-1)})) \tag{2.33}$$

下面可以递推出任意一个时间步的误差：

$$\boldsymbol{\delta}^{(t)} = \boldsymbol{\delta}^{(T)} \frac{\partial \boldsymbol{a}^{T}}{\partial \boldsymbol{a}^{T-1}} \frac{\partial \boldsymbol{a}^{T-1}}{\partial \boldsymbol{a}^{T-2}} \cdots \frac{\partial \boldsymbol{a}^{t+1}}{\partial \boldsymbol{a}^{t}} = \boldsymbol{\delta}^{(T)} \prod_{i=t}^{T-1} \boldsymbol{W} \text{diag}(\phi'(\boldsymbol{a}^{(i)})) \tag{2.34}$$

### 3. RNN 的梯度消失和爆炸

尽管 RNN 是处理时序数据的有力工具，但不幸的是，RNN 存在训练困难的问题[3]。其主要原因就是容易出现梯度消失（vanishing gradients）和梯度爆炸（exploding gradients）现象，本节将简单分析出现这种现象的原因以及解决办法。

由式(2.34)可知梯度的取值主要取决于 $\left\|\frac{\partial \boldsymbol{a}^{t+1}}{\partial \boldsymbol{a}^{t}}\right\|$，根据范数的性质，有如下不等式：

$$\left\|\frac{\partial \boldsymbol{a}^{t+1}}{\partial \boldsymbol{a}^{t}}\right\| \leqslant \|\boldsymbol{W}\| \left\|\text{diag}(\phi'(\boldsymbol{a}^{(t)}))\right\| \tag{2.35}$$

在这里不做证明地给出结论，对于特定的激活函数，$\|\text{diag}(\phi'(\boldsymbol{a}^{(t)}))\|$ 存在上界 $\gamma$。

因此，对于 $\|\boldsymbol{W}\|$ 有：

$$\exists \|\boldsymbol{W}\| > \frac{1}{\gamma} \implies \left\|\frac{\partial \boldsymbol{a}^{t+1}}{\partial \boldsymbol{a}^{t}}\right\| > 1, \quad \forall t \tag{2.36}$$

从而在时间步的累积下出现梯度爆炸问题。同样地，

$$\exists \|\boldsymbol{W}\| < \frac{1}{\gamma} \implies \left\|\frac{\partial \boldsymbol{a}^{t+1}}{\partial \boldsymbol{a}^{t}}\right\| < 1, \quad \forall t \tag{2.37}$$

从而在时间步的累积下出现梯度消失的问题。

对于梯度爆炸问题，相对容易解决，可以设置一个阈值，在反向传播阶段检测异常的梯度，当梯度超过该阈值时截断梯度[4]。

对于梯度消失问题通常较难检测与解决，而梯度消失问题又是影响 RNN 性能的决定性因素。因为距离当前时间步 $t$ 越远的时间步 $t-n$ 越容易出现梯度消失，表现为越远的时间步对该时间步贡献越小，导致 RNN 无法捕捉到长时信息。通常有以下 3 种做法缓解梯度消失。

（1）合理初始化权重值，避开梯度消失的区域。

（2）改变激活函数。文献 [5] 指出，对于 tanh 函数，上界 $\gamma=1$；而对于 Sigmoid 函数，上界 $\gamma=1/4$。因此，选择 tanh 函数更能缓解梯度消失。

（3）改进 RNN 的结构。本章将在 2.4.2节和 2.4.3节介绍两种典型的 RNN 改进结构。

### 2.4.2 长短时记忆网络

由本书 2.4.1 节得知，尽管 RNN 可以有效处理时序数据，但面对序列较长的数据时，由于梯度在时间上累积，很容易导致梯度消失和梯度爆炸的问题，这类问题也称为 RNN 的长时依赖问题。尽管 2.4.1 节提出的合理初始化权值和选择适合的激活函数也可以缓解梯度消失，但更有效的方法是在 RNN 的模型结构上作改进。长短时记忆网络[6]（long short-term memory，LSTM）引入自循环的思想，使用细胞状态 $\boldsymbol{c}^{(t)}$ 代替原来的隐藏状态 $\boldsymbol{h}^{(t)}$ 在时间上进行信息传递，使得梯度可以长时间流动。目前，许多基于 RNN 模型的任务也都采用 LSTM 结构。LSTM 的具体结构如图 2.5 所示。

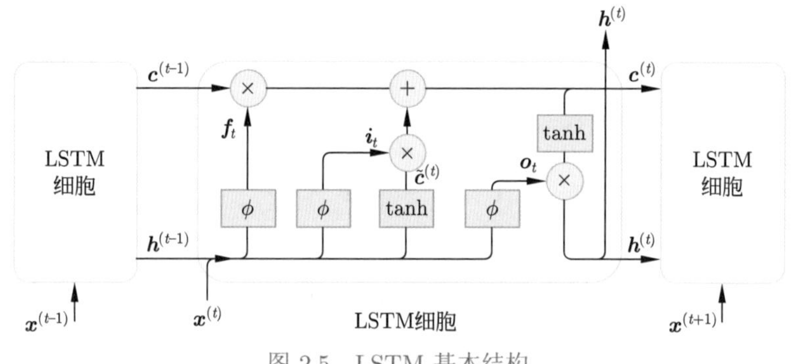


图 2.5 LSTM 基本结构

为了实现细胞状态 $\boldsymbol{c}^{(t)}$ 的长久传递，LSTM 加入了许多门控结构，如图 2.5 所示，LSTM 有 3 个门控结构，分别称为遗忘门 (forget gate)、输入门 (input gate) 和输出门 (output gate)。

### 1. 遗忘门

遗忘门 $\boldsymbol{f}_t$ 控制上一时刻细胞状态 $\boldsymbol{c}^{(t-1)}$ 的流入，其计算公式为

$$\boldsymbol{f}_t = \phi(\boldsymbol{W}_f[\boldsymbol{h}^{(t-1)}, \boldsymbol{x}^{(t)}] + \boldsymbol{b}_f) \tag{2.38}$$

其中，$\boldsymbol{h}^{(t-1)}$ 和 $\boldsymbol{x}^{(t)}$ 分别是 LSTM 上一时刻隐藏状态和当前时刻的输入；$[,]$ 表示按列拼接元素，经过 Sigmoid 激活函数 $\phi(\cdot)$ 后，遗忘门的输出取值范围为 $[0,1]$，取值为 1 表示完全保存上一时刻细胞状态，取值为 0 表示完全清除，通过让遗忘门取值接近 1，LSTM 可以保存任意长时间的信息。

### 2. 输入门

输入门 $\boldsymbol{i}_t$ 控制当前时间步更新的新信息 $\widetilde{\boldsymbol{c}}^{(t)}$，其计算公式为

$$\boldsymbol{i}_t = \phi(\boldsymbol{W}_i[\boldsymbol{h}^{(t-1)}, \boldsymbol{x}^{(t)}] + \boldsymbol{b}_i) \tag{2.39}$$

$$\widetilde{\boldsymbol{c}}^{(t)} = \tanh(\boldsymbol{W}_c[\boldsymbol{h}^{(t-1)}, \boldsymbol{x}^{(t)}] + \boldsymbol{b}_c) \tag{2.40}$$

与遗忘门相同，由 LSTM 上一时刻的隐藏状态 $\boldsymbol{h}^{(t-1)}$ 和当前时刻的输入 $\boldsymbol{x}^{(t)}$ 得到 $\boldsymbol{i}_t$（$\boldsymbol{i}_t \in [0,1]$）以及候选向量 $\widetilde{\boldsymbol{c}}^{(t)}$，最终当前时间步的细胞状态由遗忘门和输入门同时决定，其公式表达为

$$\boldsymbol{c}^{(t)} = \boldsymbol{f}_t \odot \boldsymbol{c}^{(t-1)} + \boldsymbol{i}_t \odot \widetilde{\boldsymbol{c}}^{(t)} \tag{2.41}$$

### 3. 输出门

输出门控制当前时间步的隐藏状态输出 $\boldsymbol{h}^{(t)}$，其计算公式为

$$\boldsymbol{o}_t = \phi(\boldsymbol{W}_o[\boldsymbol{h}^{(t-1)}, \boldsymbol{x}^{(t)}] + \boldsymbol{b}_o) \tag{2.42}$$

$$\boldsymbol{h}^{(t)} = \boldsymbol{o}_t \odot \tanh(\boldsymbol{c}^{(t)}) \tag{2.43}$$

其中，输出门 $\boldsymbol{o}_t \in [0,1]$, 并与当前时间步的细胞状态 $\boldsymbol{c}^{(t)}$ 逐元素相乘获得当前时间步隐藏状态 $\boldsymbol{h}^{(t)}$。

由上可知，LSTM 细胞状态 $\boldsymbol{c}^{(t)}$ 的更新路径只有数乘和相加操作，因此该路径上的梯度传播会更稳定；LSTM 的输出仍由隐藏状态 $\boldsymbol{h}^{(t)}$ 决定；细胞状态 $\boldsymbol{c}^{(t)}$ 仅在 LSTM 时间步中传递，因此又称为自循环。并且，LSTM 多次使用了导数值都小于 1 的激活函数，又在一定程度上缓解了梯度爆炸问题。

### 2.4.3 门控循环神经网络

从 2.4.2 节知道，LSTM 具有较长的记忆能力，且不容易出现梯度消失现象。但是，LSTM 结构相对比较复杂，模型参数量较大。研究发现，遗忘门是 LSTM 中最重要的门控结构[7]，甚至只保留了遗忘门的简化版 LSTM 在多个基准数据集上都优于标准的 LSTM，其中门控循环网络（gated recurrent unit，GRU）是应用最广泛的简化版 LSTM 之一。GRU 将内部隐藏状态和细胞状态合并，并将门控结构的数量减少到 2 个，分别为复位门和更新门。GRU 的结构如图 2.6 所示。

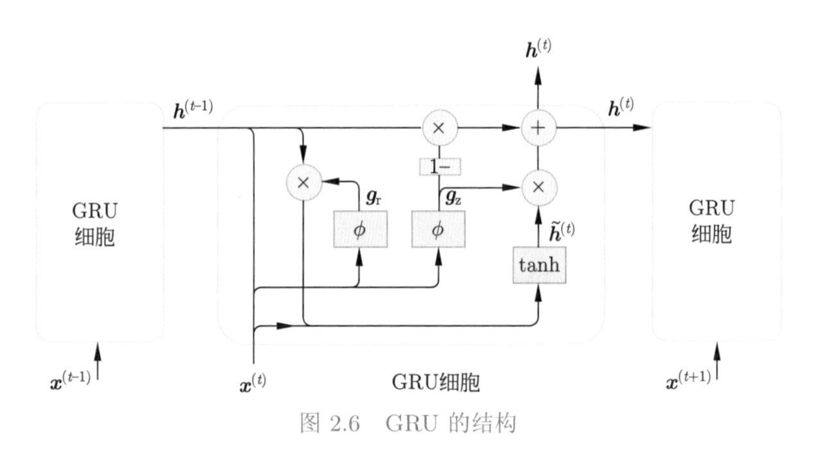


图 2.6 GRU 的结构

#### 1. 复位门

复位门用于控制上一个时间步的状态 $\boldsymbol{h}^{(t-1)}$ 进入 GRU 的量。门控向量 $\boldsymbol{g}_{\mathrm{r}}$ 由当前时间步输入 $\boldsymbol{x}^{(t)}$ 和上一时间步状态向量 $\boldsymbol{h}^{(t-1)}$ 变换得到：

$$\boldsymbol{g}_{\mathrm{r}}=\phi\left(\boldsymbol{W}_{\mathrm{r}}\left[\boldsymbol{h}^{(t-1)}, \boldsymbol{x}^{(t)}\right]+\boldsymbol{b}_{\mathrm{r}}\right) \tag{2.44}$$

其中，$\boldsymbol{W}_{\mathrm{r}}$ 和 $\boldsymbol{b}_{\mathrm{r}}$ 是复位门的网络参数，需要通过反向传播算法优化；$\phi(\cdot)$ 表示 Sigmoid 激活函数；门控向量 $\boldsymbol{g}_{\mathrm{r}}$ 只控制状态 $\boldsymbol{h}^{(t-1)}$，而不会控制输入 $\boldsymbol{x}^{(t)}$。

$$\widetilde{\boldsymbol{h}}^{(t)} = \tanh\left(\boldsymbol{W}_{\mathrm{h}}\left[\boldsymbol{g}_{\mathrm{r}} \odot \boldsymbol{h}^{(t-1)}, \boldsymbol{x}^{(t)}\right] + \boldsymbol{b}_{\mathrm{h}}\right) \tag{2.45}$$

当 $\boldsymbol{g}_{\mathrm{r}} = \mathbf{0}$，新输入 $\widetilde{\boldsymbol{h}}^{(t)}$ 全部来自输入 $\boldsymbol{x}^{(t)}$，不接受 $\boldsymbol{h}^{(t-1)}$，此时相当于复位 $\boldsymbol{h}^{(t-1)}$；当 $\boldsymbol{g}_{\mathrm{r}} = \mathbf{1}$，$\boldsymbol{h}^{(t-1)}$ 和 $\boldsymbol{x}^{(t)}$ 共同产生新输入 $\widetilde{\boldsymbol{h}}^{(t)}$。

#### 2. 更新门

更新门用于控制上一时间步状态 $\boldsymbol{h}^{(t-1)}$ 和当前时间步输入 $\widetilde{\boldsymbol{h}}^{(t)}$ 对当前时间步状态向量 $\boldsymbol{h}^{(t)}$ 的影响程度。更新门的门控向量 $\boldsymbol{g}_{\mathrm{z}}$ 为

$$\boldsymbol{g}_{\mathrm{z}} = \phi\left(\boldsymbol{W}_{\mathrm{z}}\left[\boldsymbol{h}^{(t-1)}, \boldsymbol{x}^{(t)}\right] + \boldsymbol{b}_{\mathrm{z}}\right) \tag{2.46}$$

其中，$\boldsymbol{W}_{\mathrm{z}}$ 和 $\boldsymbol{b}_{\mathrm{z}}$ 为更新门的参数，通过反向传播算法自动优化；$\phi(\cdot)$ 为 Sigmoid 激活函数；$\boldsymbol{g}_{\mathrm{z}}$ 用于控制新输入 $\widetilde{\boldsymbol{h}}^{(t)}$ 信号；$\mathbf{1} - \boldsymbol{g}_{\mathrm{z}}$ 用于控制状态 $\boldsymbol{h}^{(t-1)}$ 信号。

$$\boldsymbol{h}^{(t)} = (\mathbf{1} - \boldsymbol{g}_{\mathrm{z}}) \odot \boldsymbol{h}^{(t-1)} + \boldsymbol{g}_{\mathrm{z}} \odot \widetilde{\boldsymbol{h}}^{(t)} \tag{2.47}$$

当更新门 $\boldsymbol{g}_{\mathrm{z}} = \mathbf{0}$ 时，$\boldsymbol{h}^{(t)}$ 全部来自上一个时间步状态 $\boldsymbol{h}^{(t-1)}$；当更新门 $\boldsymbol{g}_{\mathrm{z}} = \mathbf{1}$ 时，$\boldsymbol{h}^{(t)}$ 全部来自新输入 $\widetilde{\boldsymbol{h}}^{(t)}$。

### 2.4.4 深层 RNN 结构

前面内容只涉及单层的 RNN，在实际应用中，通常采用多层 RNN 堆叠以获得更好的性能。在多层 RNN 中，用 $\boldsymbol{h}^{(l,t)}$ 表示位于第 $l$ 层、第 $t$ 个时间步的隐藏状态。其中，$\forall l = 1, 2, \cdots, L$；$\forall t = 1, 2, \cdots, T$；$L$ 是 RNN 的深度；$T$ 是 RNN 的宽度。显然，RNN 的宽度由输入序列的长度决定。因此，RNN 的改进通常在深度方向上进行。

#### 1. 基础深层结构

RNN 的基础深层结构如图 2.7 所示。

这种深层结构的思想非常简单，第一层的隐藏状态 $\boldsymbol{h}^{(1,t)}$ 作为第二层的输入以获取 $\boldsymbol{h}^{(2,t)}$，以此类推，其目的是学习更深层的隐藏状态以捕捉到更抽象的特征。由于 RNN 存在时间连接，即宽度较大，在许多研究中都发现，RNN 在深度上只需堆叠到三层就能达到理想的性能。

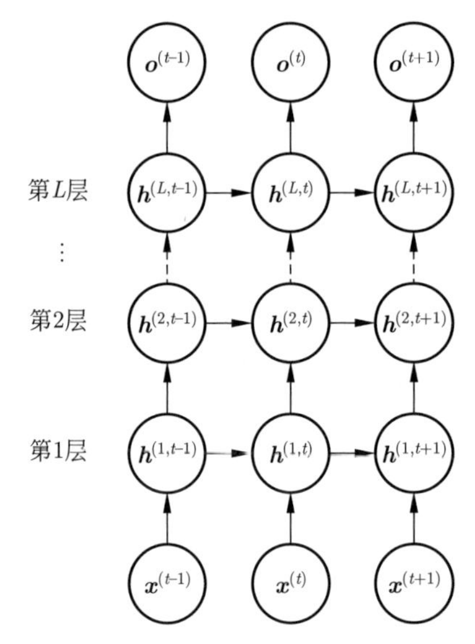


图 2.7 深层 RNN 结构

2. 双向结构

双向 RNN[8]（bi-directional RNN，BRNN）是应用最广泛的一种深层结构，如图 2.8所示。BRNN 包含两层 RNN，其中一层是以时间步 $t=1$ 为起始的正向 RNN，而另一层是以时间步 $t=T$ 为起始的反向 RNN，相当于在深度上堆叠了两层 RNN，最后将两层 RNN 的隐藏状态进行合并。

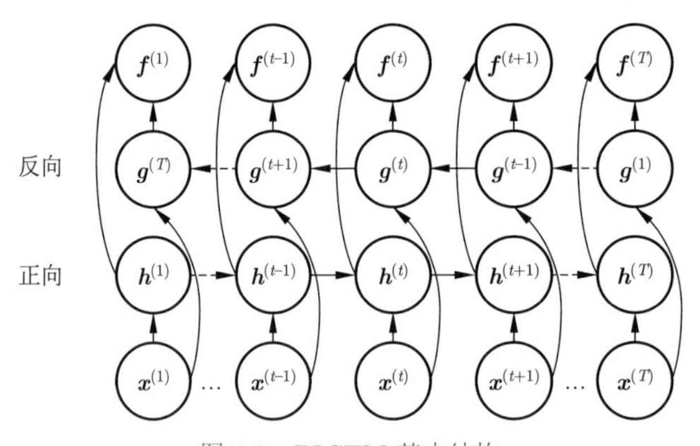


图 2.8 BLSTM 基本结构

在许多任务中，BRNN 的性能都要优于 RNN，主要得益于 BRNN 的双向结构能够捕捉更多的上下文关系。

### 3. 金字塔结构

在 RNN 的深层模型中，通常会设置一个下采样因子 $s$ 进行下采样，具体体现为下一层隐藏状态由上一层多个时间步的隐藏状态合并得到，表示为

$$\boldsymbol{h}^{(2,t)} = F(\boldsymbol{h}^{(1,(t-1)s+1)}, \boldsymbol{h}^{(1,(t-1)s+2)}, \cdots, \boldsymbol{h}^{(1,ts)}) \tag{2.48}$$

其中，$F(\cdot)$ 表示合并的方法，通常采用拼接合并。由于这种结构最终形似金字塔，因此也称为金字塔结构 (pyramidal structure)。最终输出序列长度会是输入序列长度的 $1/s$，这种特性一方面降低了网络的参数，另一方面更适用对语音识别等长序列输入、短序列输出的建模任务。

## 2.4.5 序列数据的 RNN 建模框架

前面内容介绍了 RNN 的基础结构及其拓展，本节将回到 RNN 设计的初衷：序列建模问题。根据前面内容可得，RNN 的时间步个数受到输入序列长度的影响，但在很多实际应用中，会出现多种特殊情况：输入是序列，输出是非序列的向量；输入是非序列的向量，输出是序列；输入输出是不等长序列。面对上述问题时，就需要一些技巧以获得适配实际问题的 RNN 结构。图 2.9 展示了 3 种典型的序列模型，下面简要介绍这些结构的意义以及对应的一些实际问题。

### 1. 一对多序列建模

图 2.9(a) 所示的输入是 $n$ 维向量，而输出是一段序列。因为该结构的前一时间步的输出影响后一时间步，所以这种结构限制了序列必须是从前往后依次生成的。该结构常应用于解码器（decoder），在机器翻译和语音识别中被称作自回归解码（autoregressive decoding）。

### 2. 多对一序列建模

图 2.9(b) 所示的输入是一段序列而输出是 $n$ 维向量，这种结构认为最后一个时间步携带了最多的信息，因此只使用最后一个时间步的输出 [①]。这种结构常应用于序列的分类任务，如情感分析（sentiment analysis）、时间序列预

① 现在更多运用注意力机制以同时使用多个时间步的输出，详见本书 2.7节。

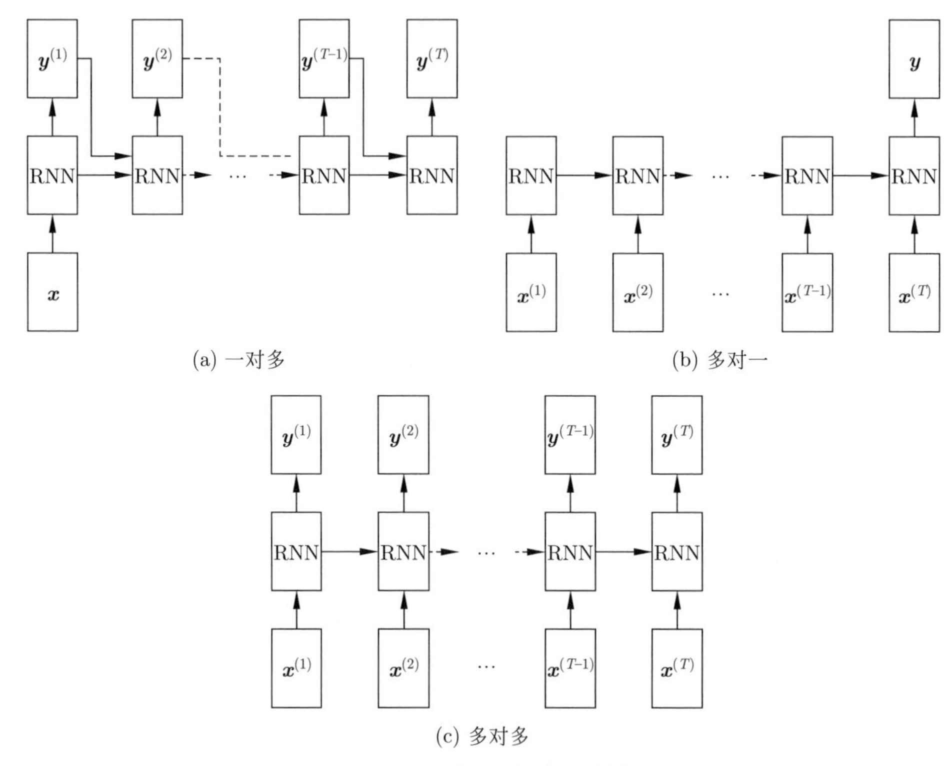


图 2.9 几种典型的序列建模

测（time series prediction）等；或提取语音的嵌入向量（embedding vector）和语义向量（context vector）应用于声纹识别、语音识别等任务。

2. 多对多序列建模

图 2.9(c) 所示的输入与输出是等长序列，常用于输入序列的特征提取，如编码器（encoder）结构。当输入与输出不等长时，通常采用编码器-解码器架构的新型神经网络，详见本书 2.7 节。

## 2.5 卷积神经网络

卷积神经网络（convolutional neural network，CNN）是一种专门用来处理具有网格结构数据的神经网络[9]。它是计算机科学家们在 20 世纪 80 年代模仿人眼局部感受野和视觉皮层的工作机制而提出的[10]。例如，1998 年 Yann 等提出了一种具有代表性的网络结构 LeNet-5[11]，用于解决手写数字识别的视觉任务。如图 2.10 所示，LeNet-5 一共有 7 层（不包括输入层），分别为 2 个卷积层、2 个下池化层、3 个全连接层，每层都包含有不同数量的训练参数。此后，卷积神经网络沿用了这样的架构模式。

本节将着重介绍卷积神经网络的基本组成成分和一些具有代表性的卷积神经网络结构。

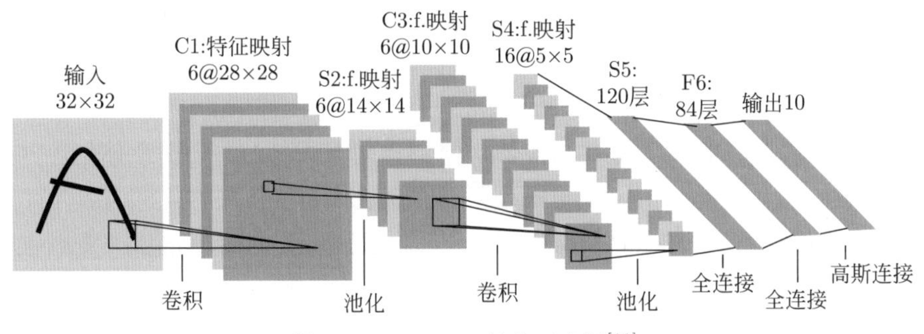


图 2.10　LeNet-5 结构示意图[11]

## 2.5.1　卷积神经网络基础

一个基本的卷积神经网络通常包括卷积层和全连接层，其中卷积层是卷积神经网络区别于标准的前馈深度神经网络和循环神经网络的核心。

如图 2.11 所示，一个卷积层通常自底向上要经过卷积运算、激活函数、池化 3 个步骤。其中，激活函数和池化在一些情况下也可以交换顺序使用。因为本书 2.2.2节中已经介绍了激活函数，所以本节仅介绍卷积运算和池化。

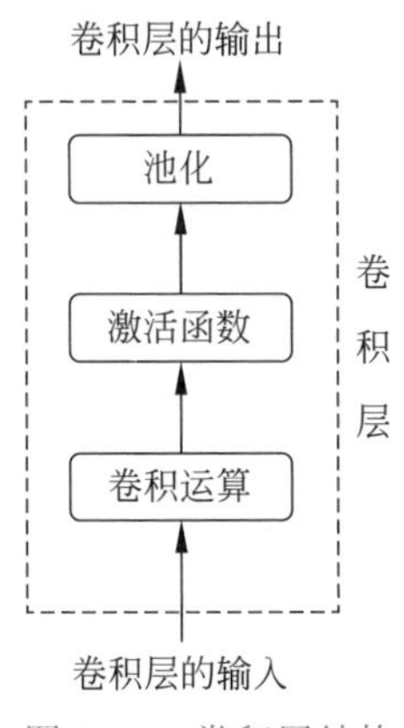


图 2.11　卷积层结构

1. 卷积运算

卷积神经网络的输入是多维张量（tensor）。例如，一张彩色图像是包含红、绿、蓝 3 个颜色域的三维张量，其中张量的每个颜色域对应一个二维矩阵。为简化讨论，这里假设输入数据 $I$ 是一个 $H \times W$ 的二维数组，则卷积运算的定义为

$$O(i,j) = (I * K)(i,j) = \sum_m \sum_n I(m,n)K(i-m, j-n) \tag{2.49}$$

其中，$*$ 表示卷积运算；$K$ 是卷积运算的核函数（kernel function）；$m$ 和 $n$ 是步长（stride），它们表示将卷积核依次向右和向下平移 $m$ 和 $n$ 个单位，并与数组对应的元素相乘并相加。卷积运算后的输出称为特征映射（feature map），简记作“特征”。有时，为了在不改变输入数组信息的同时，希望改变或维持特征映射后 $S$ 的尺寸大小，还会进行补零（zero padding）操作。当滑动步长设置为大于 1 的整数时，该卷积运算称为**跨步卷积**。跨步卷积可以减少感受野的重叠部分，同时使得特征映射后 $S$ 的维度进一步减小。

卷积可以理解为局部相关性运算，即卷积操作使用一个卷积核作为局部感知域（local receptive fields）。在卷积核遍历整个数组的过程中，其权值是不改变的，只有在反向传播（back propagation）时才会更新一次权值。这种使用卷积核计算局部相关性，并通过平移卷积核遍历整个输入的过程本质上是一种权重共享（shared weights）的思想。同全连接神经网络相比，卷积核使用较少的参数遍历了输入数据，不仅减少了网络过拟合的概率，还更有益于网络捕捉数据的局部结构特性。

经过补零操作以及卷积运算后，可以通过式(2.50)和式(2.51)分别计算输出特征的高和宽（当计算结果不为整数时，使用向下取整 $\lfloor\cdot\rfloor$ 运算）：

$$\text{out\_height} = \left\lfloor \frac{H + 2\text{padding} - \text{kernel\_height}}{\text{strides\_height}} + 1 \right\rfloor \tag{2.50}$$

$$\text{out\_width} = \left\lfloor \frac{W + 2\text{padding} - \text{kernel\_width}}{\text{strides\_width}} + 1 \right\rfloor \tag{2.51}$$

其中，kernel_height 和 kernel_width 分别表示卷积核的高和宽；padding 表示补零操作的大小；strides_height 和 strides_width 分别表示在高度和宽度方向上的滑动步长大小。

图 2.12给出了二维数组上的卷积操作示意图，其中输入数组的大小为 $5\times5$，卷积核的大小为 $3\times3$，卷积核的滑动步长设置为 2，没有进行补零操作。经过卷积操作后，输出一个 $2\times2$ 的特征映射。如果将滑动步长设置为 1，同时还希望输出的长宽与输入一致，这样就需要在输入的数组周围进行一个单元的补零操作，那么输入就为 $7\times7$ 的大小，得到输出保持为原来的 $5\times5$ 大小。

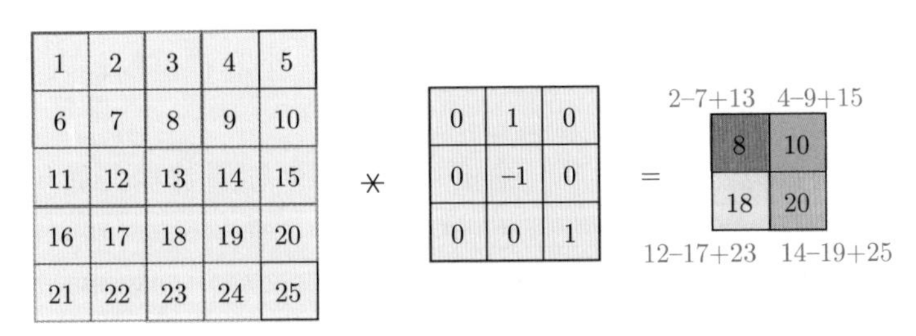


图 2.12　卷积运算示例

### 2. 池化

池化（pooling）层也称为下采样层，它将卷积后的特征图变小，是数据降维的过程。它同时缓解了卷积运算对位置的过度敏感性。和卷积层相同，池化层通过一个固定窗口遍历输入数据，每次对固定窗口内的输入数据进行计算。与卷积层不同的是，池化层在每个窗口内取元素的最大值或平均值，对应的池化层分别称为最大池化和平均池化。图 2.13 给出了这两种池化方法的例子。

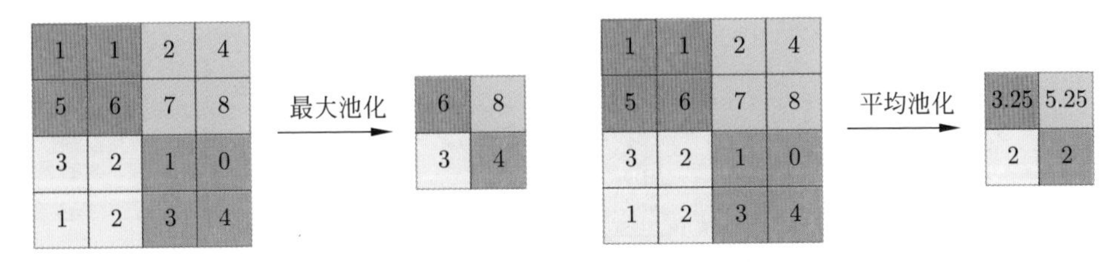


图 2.13　最大池化与平均池化示意图

除了这两种池化方法，还有很多其他池化方法，如随机池化、重叠池化等。近年来还出现了基于注意力机制的池化等带有可学习参数的池化方法，此处不再一一讨论。

另外，池化层的步长（stride）操作和补零操作与卷积运算中的步长操作和补零操作一样，在此不再赘述。但是在处理多通道数据[①]时，池化层对每个输入通道分别池化，而不是像卷积层那样将各通道的卷积输出按照通道相加。这也就意味着池化层并不改变输入数据的通道数。

3. 多通道多组卷积

因为单个卷积核的表示能力有限，所以可以对输入数据使用多组相互独立的卷积核，每个卷积核产生一个输出通道（即下一个卷积层的输入数据的其中一个通道）。这种卷积方式称为多组卷积。

如果输入的数据不仅是一个二维矩阵，还是多通道数据，如包含红、黄、蓝 3 个通道的图像（其中，每个颜色域包含一个二维图像），则应该对每个通道都使用一个卷积核，然后将多个通道经过卷积后的输出结果相加，得到最终的卷积输出。这种卷积方式称为多通道卷积。

实际使用的卷积神经网络通常是由多通道卷积和多组卷积共同实现的，如图 2.14 所示。具体地，给定包含 $C$ 个通道的输入特征张量 $\boldsymbol{I} \in \mathbb{R}^{H\times W\times C}$，其每个通道 $\boldsymbol{I}_c \in \mathbb{R}^{H\times W}$。假设采用 $N$ 个卷积核组、每个卷积核组包含 $C$ 个 $k\times k$ 的卷积核，则多通道多核卷积模型可以表示为 $\boldsymbol{K} = \{\{(K_{n,c}\}_{c=1}^{C}\}_{n=1}^{N}$。卷积过程为

$$O_n = \sum_{c=1}^{C} I_c * K_{n,c} \quad n = 1, 2, \cdots, N \tag{2.52}$$

从而得到 $N$ 个通道的输出特征 $\boldsymbol{O} = [O_1, O_2, \cdots, O_N]$。图 2.14 给出了多通道多组卷积的一个例子，其中卷积核大小 $k = 3$、输入特征的通道数 $C = 3$、输出特征的通道数 $N = 2$。

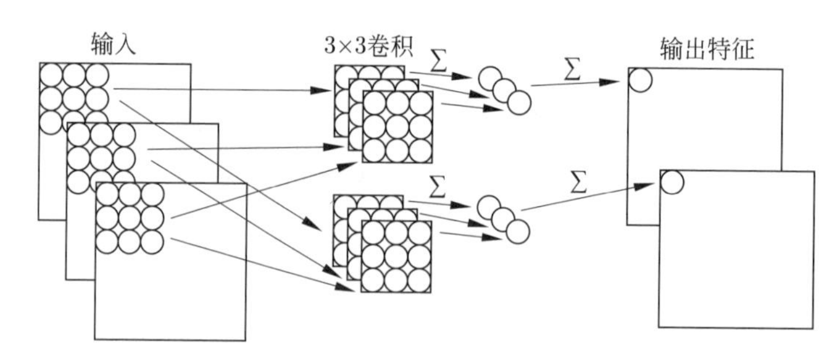


图 2.14 多通道多组卷积

① 多通道数据的卷积运算详见本书 2.5.1节多通道多组卷积部分的内容。

## 2.5.2 其他卷积形式

本节介绍一些常用的卷积运算。

### 1. 膨胀卷积

前面 2.5.1节介绍的基本卷积运算在进行池化操作或是跨步卷积时，会一定程度上损失特征映射的空间信息。为了在不降低空间分辨率的同时增大卷积核感受野的范围，膨胀卷积[12]（dilated convolution）应运而生。膨胀卷积是在标准卷积核的基础上增加了空洞（即卷积核中不参与卷积运算的单元），以此来增加感受野的范围。因此，膨胀卷积比标准卷积又多了一个超参数 ——膨胀率（dilation rate），它表示的是卷积核内各个元素之间的间隔数。膨胀卷积的感受野大小为

$$U_{\text{dilation}}=U+(U-1)(r-1) \tag{2.53}$$

其中，$U$ 表示标准卷积核的感受野的大小；$r$ 表示膨胀率。

为了能直观地理解膨胀卷积，如图 2.15 所示，当标准卷积核的大小为 $3\times3$、膨胀率为 2 时，得到的新的卷积核的感受野为 $U_{\text{dilation}}=3+(3-1)(2-1)=5$。与式(2.50)和式(2.51)同理，经过膨胀卷积输出的特征映射的大小为

$$\text{output}_{\text{dilation}}=\left\lfloor\frac{L+2p-U-(U-1)\times(r-1)}{s}+1\right\rfloor \tag{2.54}$$

其中，$\text{output}_{\text{dilation}}$ 表示输出的特征映射长（或宽）；$L$ 表示输入特征映射的长（或宽）；$p$ 表示补零个数；$s$ 表示滑动步长。

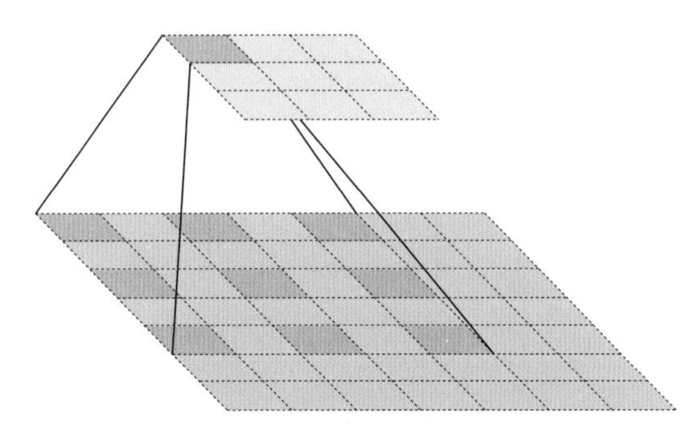

图 2.15 膨胀卷积示意图

注：蓝色为输入，绿色为输出。其中，输入的深蓝色部分实际参与了膨胀卷积的运算，产生了输出的深绿色部分

膨胀卷积在语音合成、语音识别、语音增强中有较多的应用，如语音合成模型 wavenet[13]。但是，膨胀卷积也存在一些缺点。例如，膨胀卷积的卷积核不连续，损失了连续性信息，这种现象称作网格效应（gridding）。

### 2. 反卷积

前面 2.5.1节介绍的卷积运算完成 $O = I * K$ 运算，本节将介绍它的逆运算——反卷积 $I = O * K^{-1}$，其中，$K^{-1}$ 为反卷积核。反卷积（deconvolution）也称为转置卷积（transposed convolution）。反卷积核的求解过程与标准的卷积运算相同，如果输入数据的尺寸小于输出特征的尺寸，则通常需要补零操作。图 2.16给出了反卷积运算的实例。

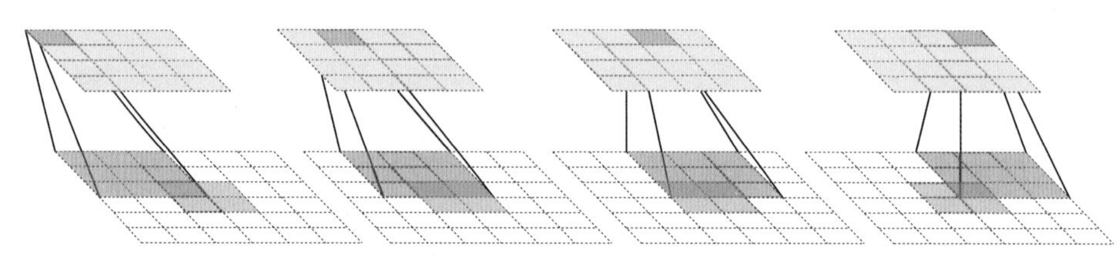

图 2.16　反卷积示例（蓝色为输入，绿色为输出）

下面通过一个实例解析反卷积运算的功能。假设以一个 $4 \times 4$ 的输入数据为例，设标准卷积核尺寸为 $3 \times 3$，滑动步长 $s = 1$，补零操作 $p = 0$：

$$\boldsymbol{I} = \begin{bmatrix} x_1 & x_2 & x_3 & x_4 \\ x_5 & x_6 & x_7 & x_8 \\ x_9 & x_{10} & x_{11} & x_{12} \\ x_{13} & x_{14} & x_{15} & x_{16} \end{bmatrix} \tag{2.55}$$

$$\boldsymbol{K} = \begin{bmatrix} w_{00} & w_{01} & w_{02} \\ w_{10} & w_{11} & w_{12} \\ w_{20} & w_{21} & w_{22} \end{bmatrix} \tag{2.56}$$

由式(2.50)和式(2.51)可得，输出的特征映射大小为

$$\text{output\_size} = \left\lfloor \frac{4 + 2 \times 0 - 3}{1} + 1 \right\rfloor = 2 \tag{2.57}$$

以矩阵形式表示为

$$O = \begin{bmatrix} y_1 & y_2 \\ y_3 & y_4 \end{bmatrix} \tag{2.58}$$

把输入数据展成一个列向量 $\boldsymbol{x}$：

$$\boldsymbol{x} = [x_1, x_2, \cdots, x_{16}]^{\mathrm{T}} \tag{2.59}$$

把输出特征也展成一个列向量 $\boldsymbol{y}$：

$$\boldsymbol{y} = [y_1, y_2, y_3, y_4]^{\mathrm{T}} \tag{2.60}$$

通过卷积运算可以有如下关系式：

$$\boldsymbol{y} = \boldsymbol{C}\boldsymbol{x} \tag{2.61}$$

其中，通过推导可以得到稀疏矩阵 $\boldsymbol{C}$：

$$\boldsymbol{C} = \begin{bmatrix} w_{00} & w_{01} & w_{02} & 0 & w_{10} & w_{11} & w_{12} & 0 & w_{20} & w_{21} & w_{22} & 0 & 0 & 0 & 0 & 0 \\ 0 & w_{00} & w_{01} & w_{02} & 0 & w_{10} & w_{11} & w_{12} & 0 & w_{20} & w_{21} & w_{22} & 0 & 0 & 0 & 0 \\ 0 & 0 & 0 & 0 & w_{00} & w_{01} & w_{02} & 0 & w_{10} & w_{11} & w_{12} & 0 & w_{20} & w_{21} & w_{22} & 0 \\ 0 & 0 & 0 & 0 & 0 & w_{00} & w_{01} & w_{02} & 0 & w_{10} & w_{11} & w_{12} & 0 & w_{20} & w_{21} & w_{22} \end{bmatrix} \tag{2.62}$$

对 $\boldsymbol{C}$ 求逆运算可以重新得到 $\boldsymbol{x}$，即

$$\boldsymbol{x} = \boldsymbol{C}^{-1}\boldsymbol{y} \tag{2.63}$$

其中，$\boldsymbol{C}^{-1}$ 对应反卷积运算里的反卷积核 $K^{-1}$。

### 3. 深度可分离卷积

前面 2.5.1节介绍的多通道多组卷积运算的模型复杂度高。例如，假设输入数据有 $C$ 个通道、模型有 $N$ 个卷积核组，则总参数量高达 $C \times N \times k^2$，其中 $k^2$ 是每个卷积核的参数量。为了能够提高运算效率、降低模型参数量，深度可分离卷积（depthwise separable convolution）应运而生[14]。它的核心思想是：将多通道多组卷积运算中的多通道卷积和多组卷积从同一层中的运算变成两个堆叠层的运算，解耦多通道卷积和多组卷积。

具体地，深度可分离卷积将上述过程中的多通道卷积称为**深度卷积**（depthwise convolution），将多组卷积运算称为**点卷积**（pointwise convolution）。假设输入数据依然是 $H \times W \times C$ 的特征张量 $\boldsymbol{I}$。首先，如图 2.17 所示，深度卷积使用 $C$ 个 $k \times k$ 的卷积核 $\{K_1^{\text{depth}}, K_2^{\text{depth}}, \cdots, K_C^{\text{depth}}\}$ 分别对每个通道的数据做卷积：

$$D_c = I_c * K_c^{\text{depth}}, \quad \forall c = 1, 2, \cdots, C \tag{2.64}$$

注意：这里不对深度卷积输出的 $C$ 个特征求和，而是将它们作为含有 $C$ 个通道的新特征送入点卷积。然后，如图 2.18 所示，点卷积使用 $N$ 个卷积核组、每组包含 $C$ 个 $1 \times 1$ 的卷积核 $\{K_{n,1}^{\text{point}}, K_{n,2}^{\text{point}}, \cdots, K_{n,C}^{\text{point}}\}$，$\forall n = 1, 2, \cdots, N$，用于执行新的卷积运算：

$$O_n = \sum_{c=1}^{C} D_c * K_{n,c}^{\text{point}}, \quad \forall n = 1, 2, \cdots, N \tag{2.65}$$

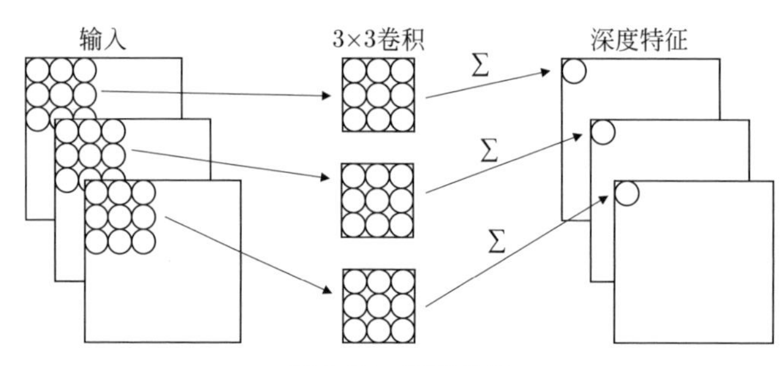

图 2.17　深度卷积

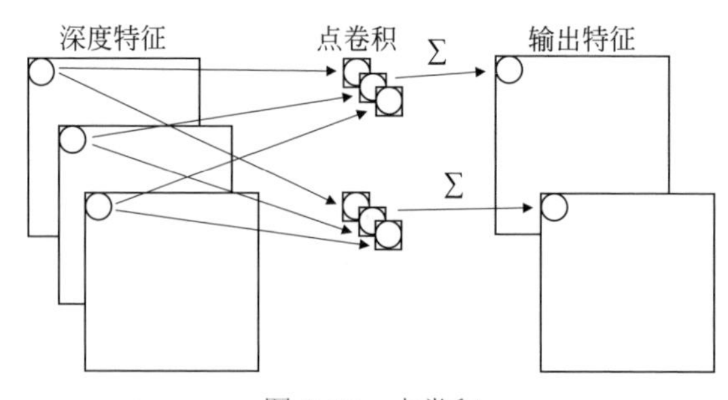

图 2.18　点卷积

很显然，深度可分离卷积的输出与本书 2.5.1节描述的多通道多组卷积都包含对每个通道的卷积运算和跨通道的求和运算两部分，并且输出的特征通道数和维度也相同。但是，深度可分离卷积的参数量只有 $(C \times k^2 + C \times N)$。实验结果表明，深度可分离卷积能够接近多通道多组卷积的性能。

### 2.5.3 残差神经网络

理论上，深度卷积神经网络随着层数的加深，提取到的特征层次将会越来越高、越来越有利于分类精度的提高。实际上，当网络层数增加到一定程度以后，性能反而会出现下降（degradation）。这是因为当网络层数很深时，反向传播算法在梯度自顶向下传播时会发生梯度消失问题，使得底部的网络无法有效训练。对此，一种改进的深度卷积神经网络 ——残差神经网络[15]（residual neural network，ResNet）应运而生。

#### 1. 残差单元

ResNet 的核心思想是引入了残差单元。单个残差单元如图 2.19 所示。其中，$\boldsymbol{x}$ 表示输入；$F(\boldsymbol{x})$ 表示 $\boldsymbol{x}$ 在经过几个卷积层以后的输出。残差单元在以上标准卷积结构的基础上增加了一个从输入到输出的短路连接（shortcut connection），也称作跳跃连接（skip connection）。一个基本的残差模块定义为

$$\boldsymbol{y} = F(\boldsymbol{x}, \{\boldsymbol{W}_i\}) + \boldsymbol{x} \tag{2.66}$$

其中，函数 $F(\boldsymbol{x}, \{\boldsymbol{W}_i\})$ 表示网络要学习的残差映射（residual mapping）；$\boldsymbol{W}_i$ 表示该残差单元的第 $i$ 个卷积层的网络参数。

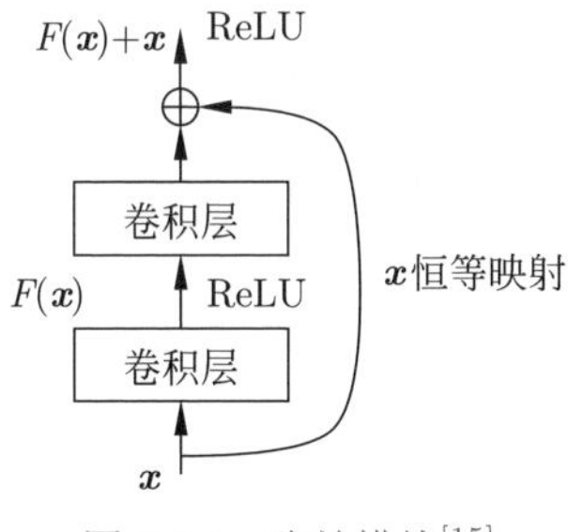


图 2.19　残差模块[15]

通常，$\boldsymbol{x}$ 和 $F(\boldsymbol{x})$ 的维度应相同。当 $\boldsymbol{x}$ 和 $F(\boldsymbol{x})$ 的维数不同时（例如，更改了输入或输出的通道数），可以通过在短路连接中执行卷积运算，以达到维

数匹配的目的，即

$$\boldsymbol{y}=F(\boldsymbol{x},\{\boldsymbol{W}_i\})+\boldsymbol{W}_s*\boldsymbol{x} \tag{2.67}$$

其中，$\boldsymbol{W}_s*\boldsymbol{x}$ 表示对 $\boldsymbol{x}$ 执行卷积运算；$\boldsymbol{W}_s$ 是该卷积运算的网络参数。

由此可知，卷积层中传播的梯度实际上是根据输出与输入之间的差值 $\boldsymbol{y}-\boldsymbol{x}$ 计算得到的。因此，网络学习的知识是输入与输出之间的差别。这避免了梯度值在自顶向下传播累积的过程中逐渐变小甚至消失的问题，从而使得网络得以充分训练，在原理上与 LSTM 网络具有异曲同工之妙。

### 2. 网络结构设计

表 2.1 给出了常用的残差神经网络结构。通过表 2.1 可以发现，所有不同层数的残差网络都有 5 部分，即 conv1~conv5。不同层数的残差网络有两个区别：① conv 子块（即残差单元）个数不同；② 每个 conv 子块的内部结构不同。其中，第②点区别主要与参数量有关，具体解释如下。

表 2.1 常见的残差神经网络结构

| 层名称 | 输出大小 | 18 层 | 34 层 | 50 层 | 101 层 | 152 层 |
|---|---|---|---|---|---|---|
| conv1 | 112×112 | 7×7, 64, 步长 2 | | | | |
| conv2_x | 56×56 | 3×3 最大池化, 步长 2 | | | | |
| | | $\begin{bmatrix}3\times3, 64\\3\times3, 64\end{bmatrix}\times2$ | $\begin{bmatrix}3\times3, 64\\3\times3, 64\end{bmatrix}\times3$ | $\begin{bmatrix}1\times1\ \ 64\\3\times3,\ 64\\1\times1, 256\end{bmatrix}\times3$ | $\begin{bmatrix}1\times1\ \ 64\\3\times3,\ 64\\1\times1, 256\end{bmatrix}\times3$ | $\begin{bmatrix}1\times1\ \ 64\\3\times3,\ 64\\1\times1, 256\end{bmatrix}\times3$ |
| conv3_x | 28×28 | $\begin{bmatrix}3\times3, 128\\3\times3, 128\end{bmatrix}\times2$ | $\begin{bmatrix}3\times3, 128\\3\times3, 128\end{bmatrix}\times4$ | $\begin{bmatrix}1\times1\ \ 128\\3\times3, 128\\1\times1, 512\end{bmatrix}\times4$ | $\begin{bmatrix}1\times1\ \ 128\\3\times3, 128\\1\times1, 512\end{bmatrix}\times4$ | $\begin{bmatrix}1\times1\ \ 128\\3\times3, 128\\1\times1, 512\end{bmatrix}\times8$ |
| conv4_x | 14×14 | $\begin{bmatrix}3\times3, 256\\3\times3, 256\end{bmatrix}\times2$ | $\begin{bmatrix}3\times3, 256\\3\times3, 256\end{bmatrix}\times6$ | $\begin{bmatrix}1\times1\ \ 256\\3\times3,\ 256\\1\times1, 1024\end{bmatrix}\times6$ | $\begin{bmatrix}1\times1\ \ 256\\3\times3,\ 256\\1\times1, 1024\end{bmatrix}\times23$ | $\begin{bmatrix}1\times1\ \ 256\\3\times3,\ 256\\1\times1, 1024\end{bmatrix}\times36$ |
| conv5_x | 7×7 | $\begin{bmatrix}3\times3, 512\\3\times3, 512\end{bmatrix}\times2$ | $\begin{bmatrix}3\times3, 512\\3\times3, 512\end{bmatrix}\times3$ | $\begin{bmatrix}1\times1\ \ 512\\3\times3,\ 512\\1\times1, 2048\end{bmatrix}\times3$ | $\begin{bmatrix}1\times1\ \ 512\\3\times3,\ 512\\1\times1, 2048\end{bmatrix}\times3$ | $\begin{bmatrix}1\times1\ \ 512\\3\times3,\ 512\\1\times1, 2048\end{bmatrix}\times3$ |
| | 1×1 | 平均池化，1000 维全连接，Softmax | | | | |
| 参数量 | | $1.8\times10^9$ | $3.6\times10^9$ | $3.8\times10^9$ | $7.6\times10^9$ | $11.3\times10^9$ |

注：符号 $[\cdot]$ 表示残差单元内的结构，$[\cdot]\times N$ 表示该残差单元重复 $N$ 次。

当网络层数增加时，网络的复杂度也迅速增加。为了在建立更深的残差网络的同时，不显著增加参数量，采用了一种称为 Bottleneck 的架构方式。该架构在每个残差单元 $F$ 中使用了三层卷积运算而不是两层卷积运算。例如，如图 2.20(a) 所示，对于一个 256 维的输入通道，该残差单元首先通过一个 $1\times1$

的卷积降到 64 维，最后再通过 $1\times1$ 的卷积恢复为原来的 256 维，它的总参数量为

$$1\times1\times256\times64+3\times3\times64\times64+1\times1\times64\times256=69\,632 \tag{2.68}$$

如果没有使用 Bottleneck 架构，则两个 $3\times3\times256$ 的卷积层的参数量为

$$3\times3\times256\times256\times2=1\,179\,648 \tag{2.69}$$

它们之间的参数量相差 16.94 倍。因此，层数在 34 层及以下的深度较浅的网络使用常规残差单元即可，但是层数较深的网络（如 101 层网络）应该使用 Bottleneck 架构的残差单元。

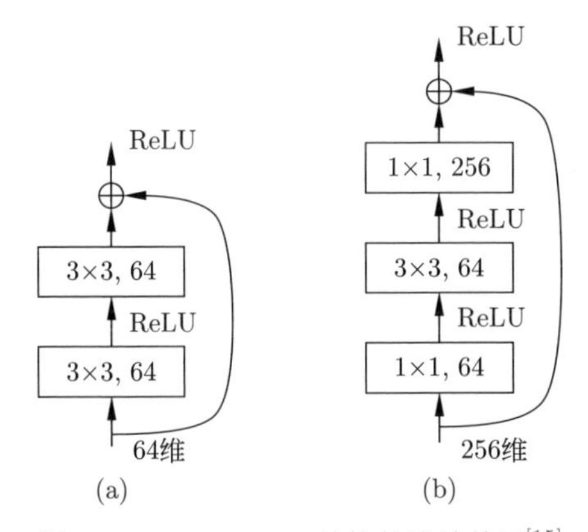


图 2.20 Bottleneck 结构的残差单元[15]

### 2.5.4 时序卷积网络

本书 2.4 节介绍了循环神经网络对时间序列进行建模的方法。它的建模过程沿序列演进的方向进行迭代，在迭代的过程中能保留历史信息。但是，它难以进行并行运算，并且容易出现梯度消失/梯度爆炸问题。传统的卷积神经网络受到卷积核大小的限制，难以获取长时的依赖信息，通常不适合序列建模问题。但是，近年来，一些新结构的卷积神经网络不仅能捕捉到数据的长时依赖特性，还能够进行并行运算，在音频合成和机器翻译等任务上的性能甚至要优于循环神经网络。本节介绍的时序卷积网络[16]（temporal convolutional network, TCN）就是其中具有代表性的一种。

如图 2.21 所示，TCN 由多层膨胀因果卷积层堆叠而成，其中每层的膨胀因果卷积包含膨胀卷积和因果卷积两部分。膨胀卷积详见前面 2.5.2 节的介绍，因果卷积是指卷积的每个时间步的卷积运算只与当前时刻及此前时刻的序列输入有关，用于满足模型的实时性需求。TCN 每层的膨胀因子（dilated factor）是逐渐增大的。膨胀因子 $d$ 与层数 $i$ 的关系为

$$d_i = 2^{i-1}, \quad i = 1, 2, \cdots, L \tag{2.70}$$

其中，$L$ 为网络的总层数。可知，当 $i = 1$ 时，$d_1 = 1$，膨胀卷积退化为普通卷积。随着 $i$ 增大，$d$ 呈指数增大，从而有效增大了感受野。

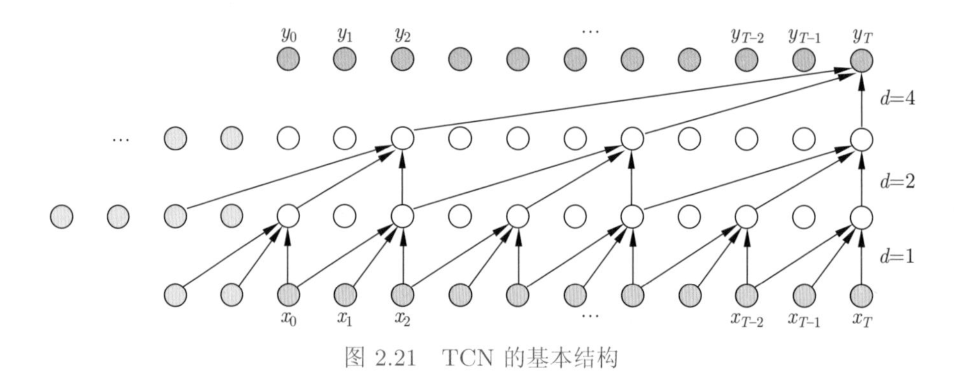

图 2.21 TCN 的基本结构

这里以一维时间序列为例说明 TCN 的膨胀因果卷积的计算方法。为简单起见，忽略层数下标 $i$。假设某层的输入序列为 $\boldsymbol{x} = [x_1, x_2, \cdots, x_t, \cdots, x_T]$，一维膨胀卷积核为 $K \in \mathbb{R}^m$，则该层的输出 $\boldsymbol{y}$ 为

$$y_t = (\boldsymbol{x} * K)(t) = \sum_{p=0}^{m-1} x_{t-dp} K_{p+1}, \quad \forall t = 1, 2, \cdots, T \tag{2.71}$$

图 2.21 展示了 $L = 3$、$m = 3$ 的一个例子。需要注意的是，为了保证包括输入和输出在内的每层都是等长的，每层做卷积前都需要对序列进行补零操作，即图 2.21 中左边的灰色圆圈。注意：图 2.21 中的模型每层只包含一个卷积核组，可以根据应用需要在每层设置多个卷积核组以处理多通道的输入数据。

对网络的实时性没有要求的应用而言，可以去掉 TCN 的因果卷积使其能够从当前时刻之后的数据学习有用的信息以提高模型性能。在这种情况下，如图 2.22 所示，TCN 的每层就是一维的膨胀卷积。

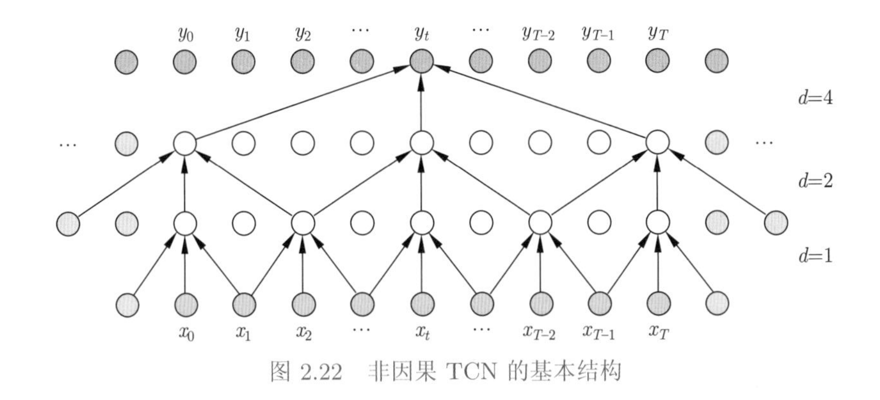


图 2.22 非因果 TCN 的基本结构

## 2.6 神经网络中的归一化

神经网络中每个中间层神经元的输入都是其前一层神经元的输出。在训练过程中，前一层的参数更新会使其输出数据的分布发生改变，这使得后一层的神经元需要不断适应新的分布，从而降低了学习效率[17]。该问题被称作内部协变量偏移（internal covariate shift）问题。

为了解决这个问题，归一化（normalization）方法得以被提出。它将网络中每个神经元输出的分布归一化到近似均值为 0、方差为 1 的标准正态分布，从而使得每层神经元的输出分布相对稳定。归一化层是目前深度神经网络中不可或缺的结构，具有加速网络收敛速度，提升训练稳定性的效果。同时，归一化还解决反向传播过程中的梯度消失/梯度爆炸问题。具体地，它使每个隐藏层的激活单元的输入值落在非线性激活函数对输入比较敏感的区域。这样，输入的小幅变化就能导致损失函数较大的变化，从而使得梯度变大，有助于减轻梯度消失问题。同时，梯度变大也有助于加速网络训练的收敛速度。

本节主要介绍两种常用的归一化方法：批归一化和层归一化。

### 2.6.1 批归一化

批归一化（batch normalization，BN）是最早提出的归一化方法，对全连接神经网络和卷积神经网络①均（尤其是后者）增益明显。它的做法是对网络某层的同一个神经元（对于卷积神经网络而言，表示“同一通道”，下同）在

① 卷积神经网络已在本书 2.5节详细介绍。为了读者能更清晰地了解归一化在卷积神经网络的实现方式，建议读者将本节内容与 2.5节内容结合起来学习。

同一批（batch）训练中的所有输出进行归一化。

具体地，给定网络某层的一批输出 $\mathcal{B}=\{\boldsymbol{X}_i\}_{i=1}^N$。其中，每项为 $\boldsymbol{X}_i=\{\boldsymbol{x}_{i,j}\in\mathbb{R}^L|j=,1,2,\cdots,M\}$，$N$ 和 $M$ 分别为一批数据中含有的样本数（batch size）和该层的神经元数；$L$ 表示神经元的输出维度。对于全连接神经网络而言，$L=1$；对于卷积神经网络而言，$L>1$。

批归一化层 $\boldsymbol{y}_i=\mathrm{BN}_{\gamma,\beta}(\boldsymbol{x}_i)$ 的计算过程如下：

$$\mu_j=\frac{1}{N}\frac{1}{L}\sum_{i-1}^{N}\sum_{l-1}^{L}x_{i,j,l} \tag{2.72}$$

$$\sigma_j^2=\frac{1}{N}\frac{1}{L}\sum_{i=1}^{N}\sum_{l=1}^{L}(x_{i,j,l}-\mu_j)^2 \tag{2.73}$$

$$\hat{\boldsymbol{x}}_{i,j}=\frac{\boldsymbol{x}_{i,j}-\mu_j}{\sqrt{\sigma_j^2+\epsilon}} \tag{2.74}$$

$$\boldsymbol{y}_{i,j}=\gamma\hat{\boldsymbol{x}}_{i,j}+\beta \tag{2.75}$$

$$\boldsymbol{Y}_i=\{\boldsymbol{y}_{i,j}\in\mathbb{R}^L|j=1,2,\cdots,M\} \tag{2.76}$$

其中，$x_{i,j,l}$ 表示 $\boldsymbol{x}_{i,j}$ 的第 $l$ 维；$\gamma$ 和 $\beta$ 是两个可学习参数，它对输出的分布进行调整以提高批归一化后网络的表达能力。注意：在完成式(2.74)的计算后，数据已被约束为标准正态分布。虽然此时已实现了归一化的目的，但标准正态分布限制了网络的表达能力。同时，数据的均值过于靠近 0 意味着数据大概率位于激活函数接近线性变换的部分，从而降低了激活函数的非线性变换能力。对此，式(2.75) 对标准正态分布进行了自适应的缩放和偏移。

在测试阶段，网络不再在测试集上计算归一化参数，而是将训练阶段所有 batch 的均值和方差平均后直接作为测试时归一化所使用的均值和方差：

$$\mu=E_{\mathcal{B}}(\mu_{\mathcal{B}}) \tag{2.77}$$

$$\sigma^2=E_{\mathcal{B}}\left(\frac{N}{N-1}\sigma_{\mathcal{B}}^2\right) \tag{2.78}$$

其中，$E(\cdot)$ 表示求均值运算。此时，批归一化层转化为简单的线性映射层：

$$\boldsymbol{y}_{i,j}=\frac{\gamma}{\sqrt{\sigma^2+\epsilon}}\boldsymbol{x}_{i,j}-\frac{\gamma\mu}{\sqrt{\sigma^2+\epsilon}}+\beta \tag{2.79}$$

### 2.6.2 层归一化

批归一化受每批数据量（batch size）的影响较大，当 batch size 较小时，计算出来的均值和方差可能无法代表总体的统计特性。同时，批归一化不适用输入序列长度可变的循环神经网络①。这是因为，按照批归一化的思路，在训练时需要计算每层网络在每个 batch 上的均值和方差并在测试阶段使用，但是循环神经网络的总深度是由输入序列长度决定的。假设两个总深度不相等的网络在相同深度处具有相同的分布显然是不太合理的；更进一步地说，如果测试时某个输入序列的长度比训练集中所有序列的长度都长，则超出网络层数的部分将没有来自训练数据的均值和方差供其使用[18]。

为解决批归一化的问题，层归一化（layer normalization，LN）方法应运而生。层归一化的思路是对网络某一层的所有神经元（对 CNN 而言是某一层的所有通道，对 RNN 而言是某个时间步的所有隐藏单元）的输出进行归一化，因此它与 batch size 和输入序列的长度均无关，自然不存在上述问题。给定第 $i$ 个输入样本，假设网络某层的输出为 $\boldsymbol{X}_i=\{\boldsymbol{x}_{i,j}\in\mathbb{R}^L|j=,1,2,\cdots,M\}$。层归一化 $\boldsymbol{Y}_i=\mathrm{LN}_{g,b}(\boldsymbol{X}_i)$ 的计算过程如下：

$$\mu_i=\frac{1}{M}\frac{1}{L}\sum_{j=1}^{M}\sum_{l=1}^{L}x_{i,j,l} \tag{2.80}$$

$$\sigma_i^2=\frac{1}{M}\frac{1}{L}\sum_{j=1}^{M}\sum_{l=1}^{L}(x_{i,j,l}-\mu_i)^2 \tag{2.81}$$

$$\hat{\boldsymbol{x}}_{i,j}=\frac{\boldsymbol{x}_{i,j}-\mu_i}{\sqrt{\sigma_i^2+\epsilon}} \tag{2.82}$$

$$\boldsymbol{y}_{i,j}=g\hat{\boldsymbol{x}}_{i,j}+b \tag{2.83}$$

$$\boldsymbol{Y}_i=\{\boldsymbol{y}_{i,j}\in\mathbb{R}^L|j=,1,2,\cdots,M\} \tag{2.84}$$

其中，$g$ 和 $b$ 同样是用来调整分布的缩放和偏移的两个可学习参数。

在测试阶段，层归一化采用与训练阶段相同的过程对每个样本进行归一化。

除了上述两种最为常用的归一化方式外，还有主要用于图像风格迁移任务的实例归一化（instance normalization）[19]、针对小 batch size 的组归一

① 循环神经网络已在本书 2.4节详细介绍。为了读者能更清晰地了解归一化在循环神经网络的实现方式，建议读者将本节内容与 2.4节内容结合起来学习。

化（group normalization）[20]、利用可微分学习的自适配归一化（switchable normalization）[21] 等。

## 2.7 神经网络中的注意力机制

注意力机制（attention mechanism）是神经网络的重要组成部分，得到了广泛的研究和应用。神经网络的注意力机制可以类比人类的注意力机制。例如，在嘈杂的环境中，人类的听觉系统会主动集中于其感兴趣的声音而忽略其他声音；人类的视觉系统会有选择地聚焦于图像的某些部分，忽略其他不重要的信息，从而更好地感知外部世界。同样地，神经网络也能对目标各部分赋予不同的权重，从而模拟“人类”主动关注目标的重要部分的功能，以更好地完成任务。例如，在翻译任务中，可能只有输入序列中的若干单词与下一个将要预测的单词相关，将模型的注意力集中于这几个单词有助于提高预测下一个单词的准确性。

### 2.7.1 编码器-解码器框架

因为最早提出的注意力机制是编码器-解码器（encoder-decoder）框架中的一个组成元素，所以在介绍通用的注意力机制之前，有必要先对编码器 -解码器框架进行描述。前面 2.4.5节已经指出循环神经网络不能很好地处理输入序列与输出序列长度不相等的问题。解决此类问题的方法之一是编码器-解码器结构的神经网络。编码器将输入序列编码并压缩到隐藏空间，解码器从隐藏空间中一步一步地预测出标签序列。编码器和解码器是共同训练的。

图 2.23 展示了不含注意力机制的编码器-解码器网络，其中编码器和解码器分别是两个循环神经网络，它们的隐藏状态分别用 $\boldsymbol{h}_{\mathrm{e}}$ 和 $\boldsymbol{h}_{\mathrm{d}}$ 表示。这里用

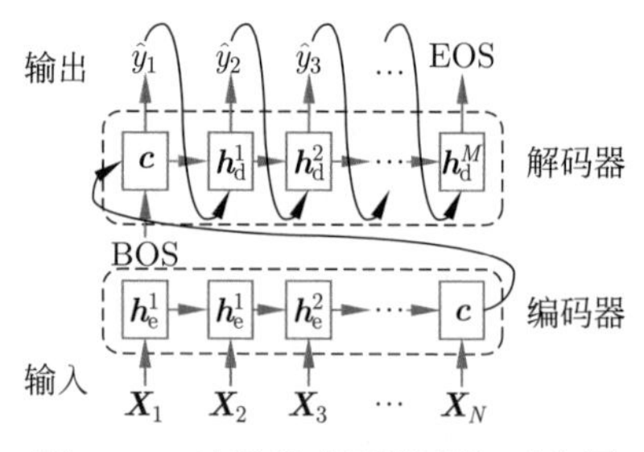


图 2.23 编码器-解码器框架示意图

$\boldsymbol{X}=[\boldsymbol{x}_1,\cdots,\boldsymbol{x}_j,\cdots,\boldsymbol{x}_N]$ 表示输入特征序列，其中，$\boldsymbol{x}_j\in\mathbb{R}^D$ 是输入序列中的一个元素，$D$ 是其特征的维度；用 $\boldsymbol{y}=[y_1,\cdots,y_i,\cdots,y_M]$ 表示标签序列，其中 $y_i\in\mathbb{R}^1$ 是标签序列中的第 $i$ 个元素。如图 2.23所示，编码器接收 $\boldsymbol{X}$ 作为输入序列，采用前面 2.4.5 节中描述的多对一序列建模方法，并输出循环神经网络在最后时刻的隐藏状态作为上下文向量 $\boldsymbol{c}$，记作：

$$\boldsymbol{c}=\text{Encoder}(\boldsymbol{X}) \tag{2.85}$$

解码器用编码器输出的上下文向量 $\boldsymbol{c}$ 作为自己的初始隐状态 $\boldsymbol{h}_{\text{d}}^0$，同时接受一个表示序列开始的特殊符号 $y_0=\text{BOS}$ 作为输入，最后将自己的隐藏状态更新为 $\boldsymbol{h}_{\text{d}}^1$ 并输出 $\hat{y}_1$ 作为预测结果。接下来解码器会将上一个输出符号 $\hat{y}_i$（训练阶段也可以用真实标签 $y_i$）作为当前时刻的符号输入，更新隐藏状态至 $\boldsymbol{h}_{\text{d}}^{i+1}$ 并预测新的输出 $\hat{y}_{i+1}$。这一过程类似于前面 2.4.5 节中的一对多序列建模，可以用公式描述为

$$\boldsymbol{h}_{\text{d}}^{i+1}=\text{Decoder}_{\text{RNN}}(y_i,\boldsymbol{h}_{\text{d}}^i) \tag{2.86}$$

$$\hat{y}_{i+1}=\text{Decoder}_{\text{DNN}}(\boldsymbol{h}_{\text{d}}^{i+1}) \tag{2.87}$$

其中，$\text{Decoder}_{\text{RNN}}(\cdot)$ 和 $\text{Decoder}_{\text{DNN}}(\cdot)$ 分别表示解码器的一对多循环神经网络和标准前馈神经网络组成部分。

编码器-解码器框架的训练准则是让解码器每步的输出 $\hat{y}_i$ 与真实标签 $y_i$ 尽可能一致，并在应该终止时输出一个表示停止的特殊符号 EOS。算法 6用伪代码形式总结了上述编码-解码流程。

**算法 6**　编码器-解码器网络。

**Require:** 输入特征序列 $\boldsymbol{X}=[\boldsymbol{x}_1,\boldsymbol{x}_2,\cdots,\boldsymbol{x}_N]$；真实标签序列 $\boldsymbol{y}=[y_1,y_2,\cdots,y_M]$
1: $\boldsymbol{c}=\text{Encoder}(\boldsymbol{X})$ // 编码器将输入序列编码表示为上下文向量 $\boldsymbol{c}$
2: $\boldsymbol{h}_{\text{d}}^0=\boldsymbol{c}$; $y_0=\text{BOS}$ // 初始化解码器隐藏状态以及开始标志
3: $i=0$
4: **while** 解码器输出不为 EOS **do**
5: 　$\boldsymbol{h}_{\text{d}}^{i+1}=\text{Decoder}_{\text{RNN}}(y_i,\boldsymbol{h}_{\text{d}}^i)$ // 更新解码器隐藏状态
6: 　$\hat{y}_{i+1}=\text{Decoder}_{\text{DNN}}(\boldsymbol{h}_{\text{d}}^{i+1})$ // 预测当前时刻的输出
7: 　**if** 测试阶段 **then**
8: 　　$y_{i+1}=\hat{y}_{i+1}$ // 测试时不使用真实标签，而是用上一次预测的标签
9: 　**end if**
10: 　$i=i+1$
11: **end while**

### 2.7.2 编码器-注意力机制-解码器框架

原始的编码器-解码器框架相当于用编码器把输入序列中的所有信息都强行“记下来”，然后在解码时根据记下来的信息一步一步进行预测。这种做法有一个明显的问题：对较长的序列来说，这种结构几乎不能完整地记录所有信息。一旦编码器完成了对整个输入序列的处理，它基本上都会丢失开始部分的信息。因此，Bahdanau 等[22] 提出利用注意力机制来解决长时依赖问题。带有注意力机制的编码器-解码器框架如图 2.24所示。在编码器方面，不同于没有注意力机制时的“多对一”编码器模式，这里采用了“多对多”的编码器模式对输入特征进行编码：

$$\boldsymbol{h}_{\mathrm{e}} = [\boldsymbol{h}_{\mathrm{e}}^1, \boldsymbol{h}_{\mathrm{e}}^2, \cdots, \boldsymbol{h}_{\mathrm{e}}^N] = \mathrm{Encoder}(\boldsymbol{X}) \tag{2.88}$$

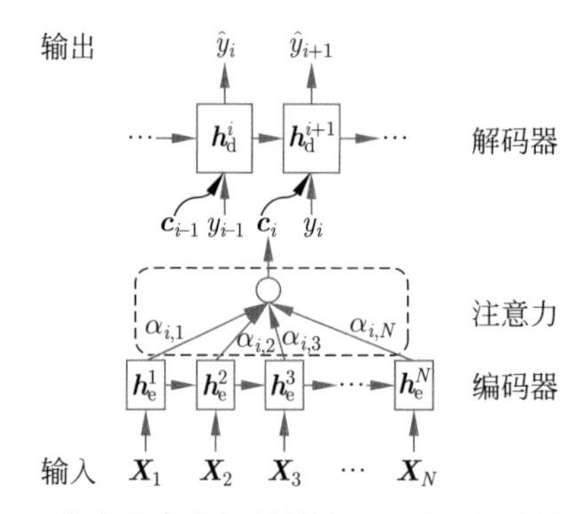


图 2.24 带有注意力机制的编码器-解码器框架示意图

然后用一个相关性度量函数 $\mathtt{score}(\boldsymbol{h}_{\mathrm{e}}^j, \boldsymbol{h}_{\mathrm{d}}^i)$ 计算第 $i$ 个查询向量 $\boldsymbol{h}_{\mathrm{d}}^i$（即解码器的第 $i$ 个隐藏状态）与编码器隐藏状态序列中第 $j$ 个元素 $\boldsymbol{h}_{\mathrm{e}}^j$ 的相关性 $e_{i,j}$，再将 $e_{i,j}$ 对所有 $N$ 个查询向量归一化得到分配给 $\boldsymbol{h}_{\mathrm{e}}^j$ 的权重 $\alpha_{i,j}$，上述过程可以描述为

$$e_{i,j} = \mathrm{score}(\boldsymbol{h}_{\mathrm{e}}^j, \boldsymbol{h}_{\mathrm{d}}^i) \tag{2.89}$$

$$\alpha_{i,j} = \frac{\exp(e_{i,j})}{\sum\limits_{k=1}^{N} \exp(e_{i,k})} \tag{2.90}$$

两种较为常见的打分函数如下。

（1）点积模型

$$\text{score}(\boldsymbol{h}_{\text{e}}^{j}, \boldsymbol{h}_{\text{d}}^{i}) = \left(\boldsymbol{h}_{\text{e}}^{j}\right)^{\text{T}} \boldsymbol{h}_{\text{d}}^{i} \tag{2.91}$$

（2）加性模型

$$\text{score}(\boldsymbol{h}_{\text{e}}^{j}, \boldsymbol{h}_{\text{d}}^{i}) = \boldsymbol{v}^{\text{T}} \tanh(\boldsymbol{W}_1 \boldsymbol{h}_{\text{e}}^{j} + \boldsymbol{W}_2 \boldsymbol{h}_{\text{d}}^{i} + \boldsymbol{b}) \tag{2.92}$$

其中，$\boldsymbol{W}_1, \boldsymbol{W}_2, \boldsymbol{b}, \boldsymbol{v}$ 是注意力机制层的模型参数。

在得到编码器与解码器隐藏状态的相关性 $\alpha_{i,j}$ 以后，可以计算出解码器每个隐藏状态的上下文向量 $\boldsymbol{c}_i$：

$$\boldsymbol{c}_i = \sum_{j=1}^{N} \alpha_{i,j} \boldsymbol{h}_{\text{e}}^{j} \tag{2.93}$$

然后根据 $\boldsymbol{c}_i$ 和当前时刻的输入 $y_i$ 更新解码器下一时刻的隐藏状态 $\boldsymbol{h}_{\text{d}}^{i+1}$，并输出 $\hat{y}_{i+1}$ 作为当前时刻的预测结果：

$$\boldsymbol{h}_{\text{d}}^{i+1} = \text{Decoder}_{\text{RNN}}(\boldsymbol{h}_{\text{d}}^{i}, [\boldsymbol{c}_i, y_i]) \tag{2.94}$$

$$\hat{y}_{i+1} = \text{Decoder}_{\text{DNN}}(\boldsymbol{h}_{\text{d}}^{i+1}) \tag{2.95}$$

注意：框架中最开始时刻解码器的隐藏状态 $\boldsymbol{h}_{\text{d}}^{0}$ 一般初始化为 $\mathbf{0}$ 向量，而输入 $y_0$ 则为特殊符号 BOS。带有注意力机制的编码器-解码器框架的训练准则与原始的编码器-解码器框架相同，并且同样在输出 EOS 时终止预测。算法7用伪代码总结了编码器-注意力机制-解码器网络的训练和测试流程。

**算法 7**　编码器-注意力机制-解码器网络。

**Require:** 输入特征序列 $\boldsymbol{X} = [\boldsymbol{x}_1, \boldsymbol{x}_2, \cdots, \boldsymbol{x}_N]$；真实标签序列 $\boldsymbol{y} = [\boldsymbol{y}_1, \boldsymbol{y}_2, \cdots, \boldsymbol{y}_M]$

1: $[\boldsymbol{h}_{\text{e}}^{1}, \boldsymbol{h}_{\text{e}}^{2}, \cdots, \boldsymbol{h}_{\text{e}}^{N}] = \text{Encoder}(\boldsymbol{X})$ // 编码器对输入序列进行编码

2: $\boldsymbol{h}_{\text{d}}^{0} = \mathbf{0}$; $y_0 = \text{BOS}$ // 初始化解码器隐藏状态以及开始标志

3: $i = 0$

4: **while** 解码器输出不为 EOS **do**

5: 　**for** $j = 1$ to $N$ **do**

6: 　　$e_{i,j} = \text{score}(\boldsymbol{h}_{\text{e}}^{j}, \boldsymbol{h}_{\text{d}}^{i})$ // 计算相关性

7: 　**end for**

8: 　**for** $j = 1$ to $N$ **do**

```
9:        α_{i,j} = exp(e_{i,j}) / Σ_{k=1}^{N} exp(e_{i,k})   // 归一化
10:     end for
11:     c_i = Σ_{j=1}^{N} α_{i,j} h_e^j   // 计算当前时刻上下文向量
12:     h_d^{i+1} = Decoder_RNN(h_d^i, [c_i, y_i])   // 更新解码器隐藏状态
13:     ŷ_{i+1} = Decoder_DNN(h_d^{i+1})   // 预测当前时刻的输出
14:     if 测试阶段 then
15:         y_{i+1} = ŷ_{i+1}   // 测试时不使用真实标签，而是用上一次预测的标签
16:     end if
17:     i = i + 1
18: end while
```

### 2.7.3 单调注意力机制

因为很多语音处理任务都是面向序列的在线（on-line）任务，所以本节介绍一种在在线模型中常用的单调注意力机制 ——硬单调注意力[23]（hard monotonic attention，HMA）。

在训练阶段，给定某个训练序列及其标签序列，硬单调注意力主要负责将编码器的输出序列 $\boldsymbol{h}_{\mathrm{e}}=[\boldsymbol{h}_{\mathrm{e}}^1,\boldsymbol{h}_{\mathrm{e}}^2,\cdots,\boldsymbol{h}_{\mathrm{e}}^N]$ 和标签序列 $\boldsymbol{y}=[y_1,y_2,\cdots,y_M]$ 进行对齐，通常 $N\gg M$。它与前面 2.7.2节描述的编码器-注意力机制-解码器模型的差别仅在于计算 $e_{i,j}$ 和 $\alpha_{i,j}$ 的方式不同。硬单调注意力通过式 (2.96) 计算注意力权重 $\alpha_{i,j}$。

$$e_{i,j}=g\frac{\boldsymbol{v}^{\mathrm{T}}}{\|\boldsymbol{v}\|}\tanh\left(\boldsymbol{W}_1\boldsymbol{h}_{\mathrm{e}}^j+\boldsymbol{W}_2\boldsymbol{h}_{\mathrm{d}}^{i-1}+\boldsymbol{b}\right)+r \tag{2.96}$$

$$p_{i,j}=\mathrm{sigmoid}\left(e_{i,j}\right) \tag{2.97}$$

$$\alpha_{i,j}=p_{i,j}\sum_{k=1}^{j}\left(\alpha_{i-1,k}\prod_{l=k}^{j-1}(1-p_{i,l})\right) \tag{2.98}$$

其中，$\boldsymbol{W}_1,\boldsymbol{W}_2,\boldsymbol{v},\boldsymbol{b},g,r$ 是注意力层的模型参数。

在测试阶段，硬单调注意力重点聚焦于在线解码。假设当前时刻已得到预测序列 $[\hat{y}_1,\hat{y}_2,\cdots,\hat{y}_{i-1}]$，其对应的编码器的隐藏状态序列为 $[\boldsymbol{h}_{\mathrm{e}}^1,\boldsymbol{h}_{\mathrm{e}}^2,\cdots,\boldsymbol{h}_{\mathrm{e}}^{t_{i-1}}]$、解码器的隐藏状态序列为 $[\boldsymbol{h}_{\mathrm{d}}^1,\boldsymbol{h}_{\mathrm{d}}^2,\cdots,\boldsymbol{h}_{\mathrm{d}}^{i-1}]$，则硬单调注意力机制预测第 $i$ 个输出单元的伪代码如算法 8 所示。由该算法可知，它能够支持在线解码的关键

在于引入了累积概率 $p_{i,j}$，当累积概率大于 0.5 时，将当前时刻解码器的隐藏状态用于计算输出 $\hat{y}_i$。

**算法 8** 硬单调注意力机制的测试过程。

1: **while** $\hat{y}_{i-1} \neq \text{EOS}$ **do**
2: $\quad j = t_{i-1}$
3: $\quad$**while** 1 **do**
4: $\quad\quad e_{i,j} = g\frac{\boldsymbol{v}^{\mathrm{T}}}{\|\boldsymbol{v}\|}\tanh\left(\boldsymbol{W}_1\boldsymbol{h}_{\mathrm{e}}^{j} + \boldsymbol{W}_2\boldsymbol{h}_{\mathrm{d}}^{i-1} + \boldsymbol{b}\right) + r$
5: $\quad\quad p_{i,j} = \mathrm{sigmoid}\left(e_{i,j}\right)$
6: $\quad\quad$**if** $p_{i,j} >= 0.5$ **then** // 当 $p_{i,j} \geqslant 0.5$ 时停止扫描编码器的输出序列
7: $\quad\quad\quad t_i = j$
8: $\quad\quad\quad \boldsymbol{c}_i = \boldsymbol{h}_{t_i}$ // 计算上下文向量
9: $\quad\quad\quad$**break**
10: $\quad\quad$**end if**
11: $\quad\quad$**if** $j = N$ **then** // 编码器的隐藏序列输出完毕
12: $\quad\quad\quad \boldsymbol{c}_i = \boldsymbol{0}$
13: $\quad\quad$**end if**
14: $\quad$**end while**
15: $\quad \boldsymbol{h}_{\mathrm{d}}^{i} = \mathrm{Decoder}_{\mathrm{RNN}}(\boldsymbol{h}_{\mathrm{d}}^{i-1}, \hat{y}_{i-1}, \boldsymbol{c}_i)$
16: $\quad \hat{y}_i = \mathrm{Decoder}_{\mathrm{DNN}}(\boldsymbol{h}_{\mathrm{d}}^{i}, \boldsymbol{c}_i)$
17: $\quad i = i + 1$
18: **end while**

硬单调注意力机制的特殊之处在于它的上下文向量不再是编码器所有隐藏状态的加权求和，而是当前时刻编码器的隐藏状态。为了能够在每次解码时关注到更多的上下文信息，研究者们相继提出了单调逐块注意力[24]（monotonic chunkwise attention，MoChA）、稳定单调逐块注意力[25]（stable MoChA，sMoChA）、单调截断注意力[25]（monotonic truncated attention，MTA）。此处不再详细介绍，感兴趣的读者可以学习原文。

### 2.7.4 Transformer

上述编码器-注意力机制-解码器框架虽然解决了不定长序列建模问题，但是因为 RNN 本身只能进行串行计算，所以它的训练时间往往很长。为了解决 RNN 难以并行训练的问题，Vaswani 等提出了 Transformer 结构[26]，其中涉及两部分对注意力机制的改进。

### 1. 自注意力机制

自注意力（self attention）机制的查询向量（即上文中的 $\boldsymbol{h}_{\mathrm{d}}$）来自输入序列自身。自注意力机制依次选择序列中的每个元素来生成查询向量，与序列中的其他元素计算相关性，并计算得到归一化后的注意力权重，然后通过此权重对序列中的所有元素加权求和，由此来实现对元素之间依赖关系的建模。相比卷积网络和循环网络都只擅长于建模输入信息的短时依赖关系，自注意力机制可以对全局的依赖关系进行建模，并且可以通过并行计算来大大减少训练耗费的时间。与上述自顶向下的选择性注意力机制相比，自注意力机制是一种自底向上的显著性注意力，它类似 CNN 中的最大池化（max pooling）和 RNN 中的门控（gating）机制，用于自底向上地选择出重要特征信息，被广泛地应用在各种任务中。

### 2. 多头注意力机制

多头注意力（multi-head attention）机制使用多个相互独立的注意力模块，将它们的输出拼接起来，再通过一个线性映射层将它们进行混合，得到最终的上下文向量。多头注意力机制是多个单头注意力机制的集成，可以让模型在不同的表示子空间里学习到相关的信息，有利于模型捕捉到更丰富的特征，并可以在一定程度上防止过拟合。

## 2.8 生成对抗网络

本节之前的内容都讲述的是有监督深度学习方法，本节将讲述一种在语音处理中比较常见的无监督深度学习方法——生成对抗网络[27]（generative adversarial network，GAN）。生成对抗网络通过对抗训练的方式使得网络生成的样本服从真实数据的分布。在描述生成对抗网络之前，先用一个现实中的例子形象地刻画生成对抗网络的思想，那就是制造假钞的犯罪嫌疑人和警察的例子。首先，对于制造假钞的犯罪嫌疑人，他的目标就是要造出尽可能真实的假钞，使得警察无法分辨出哪张是真钞，哪张是假钞。而对于警察来说，无论造假钞的人的技术多么高明，制造的假钞再逼真，警察也需要有能力快速辨别。经过犯罪嫌疑人和警察的多次博弈之后，造假钞的人的技术也越来越高，能够制造出非常逼真的假钞，同时警察对假钞的辨别能力也进一步提升了。这个场景就是一个典型的博弈论中的极大极小博弈，整个过程也被称为对抗性过程。

生成对抗网络中有两个网络进行对抗训练。一个是判别器 $D$，目标是尽量准确地判断一个样本是来自真实数据还是由生成网络产生；另一个是生成器 $G$，用来刻画数据的分布，目标是尽量生成判别网络无法区分来源的样本。这两个目标相反的网络不断地进行交替训练。当网络训练收敛时，如果判别网络无法判断出一个样本的来源，则意味着生成网络可以生成符合真实数据分布的样本。生成对抗网络的流程图如图 2.25 所示。

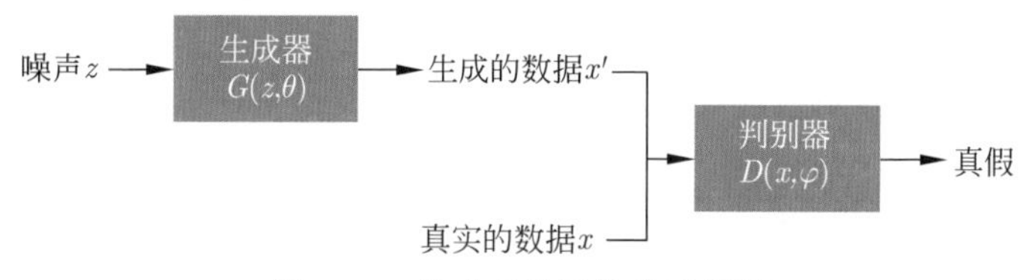


图 2.25 生成对抗网络的流程图

## 2.8.1 基本结构

判别器（discriminator）用于区分其输入的样本 $x$ 是来自真实数据分布 $P_{\text{data}}$ 还是来自生成器 $P_{\text{G}}(z)$。因此，判别器是一个二分类的分类器。如果用标签 $y=1$ 表示其输入的样本是来自真实数据、$y=0$ 表示样本来自生成器生成的数据，则判别器 $D(x;\varphi)$ 的输出为 $x$ 属于真实数据分布的概率，即

$$p(y=1|x)=D(x;\varphi) \tag{2.99}$$

对应地，样本来自生成器的概率为

$$p(y=0|x)=1-D(x;\varphi) \tag{2.100}$$

判别器的优化目标为最小化交叉熵，即

$$\min_{D} -E[y\log p(y=1|x)+(1-y)\log p(y=0|x)] \tag{2.101}$$

其中，$E[\cdot]$ 表示求数学期望。将式(2.99)和式(2.100)代入式(2.101)可进一步推出：

$$\max_{D} E_{x\sim P_{\text{data}}}[\log D(x;\varphi)]+E_{x\sim P_{\text{G}(z;\theta)}}[\log(1-D(x;\varphi))] \tag{2.102}$$

生成器 $G(z;\theta)$ 的目标是使得产生的样本与真实的样本尽可能地相似来欺骗判别器，使得判别器将生成的样本判别为真实数据，即

$$\max_{G} E_{x\sim P_{\mathrm{G}}(z;\theta)}[\log D(G(z;\theta);\varphi))] \tag{2.103}$$

为与式(2.102)一致，将式 (2.103) 改写为

$$\min_{G} E_{x\sim P_{\mathrm{G}}(z;\theta)}[\log(1-D(G(z;\theta);\varphi))] \tag{2.104}$$

最后，整个生成对抗网络的训练目标可以写为

$$\max_{D}\min_{G} E_{x\sim P_{\mathrm{data}}}[\log D(x;\varphi)]+E_{x\sim P_{\mathrm{G}}(z;\theta)}[\log(1-D(G(z;\theta);\varphi))] \tag{2.105}$$

从式 (2.105) 可以看出，生成对抗网络的优化是一个极小极大优化问题。因此，有不少人将其与博弈论中的极小极大博弈相联系。

假设 $P_{\mathrm{data}}$ 和 $P_{\mathrm{G}}(z;\theta)$ 已知，令 $P_{\mathrm{avg}}=(P_{\mathrm{data}}+P_{\mathrm{G}}(z;\theta))/2$，则最优判别器为

$$D^{*}=\frac{P_{\mathrm{data}}}{P_{\mathrm{data}}+P_{\mathrm{G}}(z;\theta)} \tag{2.106}$$

将 $D^{*}$ 代入式(2.105)，则有

$$\begin{aligned}
L(G|D^{*}) &= E_{x\sim P_{\mathrm{data}}}[\log D^{*}]+E_{x\sim P_{\mathrm{G}}(z;\theta)}[\log(1-D^{*})]\\
&= E_{x\sim P_{\mathrm{data}}}\left[\log\frac{P_{\mathrm{data}}}{P_{\mathrm{data}}+P_{\mathrm{G}}(z;\theta)}\right]+E_{x\sim P_{\mathrm{G}}(z;\theta)}\left[\log\frac{P_{\mathrm{G}}(z;\theta)}{P_{\mathrm{data}}+P_{\mathrm{G}}(z;\theta)}\right]\\
&= \mathrm{KL}(P_{\mathrm{data}},P_{\mathrm{data}}+P_{\mathrm{G}}(z;\theta))+\mathrm{KL}(P_{\mathrm{G}}(z;\theta),P_{\mathrm{data}}+P_{\mathrm{G}}(z;\theta))\\
&= \mathrm{KL}(P_{\mathrm{data}},P_{\mathrm{avg}})+\mathrm{KL}(P_{\mathrm{G}}(z;\theta),P_{\mathrm{avg}})-2\log 2\\
&= 2\mathrm{JS}(P_{\mathrm{data}},P_{\mathrm{G}}(z;\theta))-2\log 2
\end{aligned} \tag{2.107}$$

其中，$\mathrm{KL}(\cdot)$ 表示 Kullback-Leibler（KL）散度；$\mathrm{JS}(\cdot)$ 表示 Jensen-Shannon（JS）散度。因此，当判别器为最优时，生成器的优化目标为最小化真实分布 $P_{\mathrm{data}}$ 和生成器估计的分布 $P_{\mathrm{G}}(z;\theta)$ 之间的 JS 散度。

在生成对抗网络训练的初始阶段，真实的数据分布 $P_{\mathrm{data}}$ 和生成器估计的分布 $P_{\mathrm{G}}(z;\theta)$ 差异较大。因此，使用 JS 散度来训练生成对抗网络的一个问题是当两个分布没有重叠时，它们之间的 JS 散度恒等于常数 $\log 2$。此时，对于生成器来说，目标函数关于生成器参数的梯度为 0，即梯度消失问题。

### 2.8.2 模型训练

生成对抗网络的训练目标是一个极小极大优化问题，其寻优空间是一个典型的马鞍面的形状，导致网络的训练不稳定，再加上神经网络自身的训练困难（如梯度消失问题），所以生成对抗网络的训练是极为困难的。例如，如果训练刚开始时，生成器较弱，而判别器较强，则会导致判别器很容易将生成的样本都判定为假，此时网络的梯度很小甚至为 0，导致生成器的生成能力难以获得提升。因此，生成对抗网络的训练需要重点注意平衡两个网络的能力，一般不会先将判别器训练到最优，只进行一步或多步梯度下降，使得生成网络的梯度依然存在。另外，从式(2.104)中可以看出，生成器的优化依赖于判别器的准确性。所以，判别网络也不能太差，否则生成网络的梯度为错误的梯度。也就是说，在训练的过程中，需要始终保持判别器稍强于生成器，但是不能强太多。

为了平衡判别器和生成器的能力，在训练过程中，让判别器更新 $k$ 次后再让生成器更新一次，其中 $k$ 是一个超参数，需要根据任务手动调节。具体的训练流程如算法 9 所示。即使如此，在训练过程中保持梯度消失和梯度错误之间的平衡，依旧不是一件容易的事，这个问题使得生成对抗网络在训练时的稳定性比较差。

**算法 9** 生成对抗网络的训练过程。

**输入:** 训练数据

1: 随机初始化 $\theta, \varphi$
2: **for** 迭代次数 **do**
3: //训练判别器 $D(x;\varphi)$
4: **for** k **do**
5: 从训练集中采集 $M$ 个样本 $x_m$, 其中 $1 \leqslant m \leqslant M$
6: 从高斯分布 $\mathcal{N}(0,1)$ 中采集 $M$ 个噪声 $z_m$, 其中 $1 \leqslant m \leqslant M$
7: 从高斯分布 $\mathcal{N}(0,1)$ 中采集 $M$ 个噪声 $z_m$, 其中 $1 \leqslant m \leqslant M$
8: 采用随机梯度上升的方法更新判别器的参数 $\varphi$, 梯度为
9: $$\frac{\partial}{\partial \varphi}\left[\frac{1}{M}\sum_{m=1}^{M}(\log D(x_m;\varphi)+\log(1-D(G(z_m;\theta);\varphi)))\right]$$
10: **end for**
11: //训练生成器 $G(z;\theta)$
12: 从高斯分布 $\mathcal{N}(0,1)$ 中采集 $M$ 个噪声 $z_m$, 其中 $1 \leqslant m \leqslant M$
13: 采用随机梯度上升的方法更新生成器的参数 $\theta$, 梯度为
14: $$\frac{\partial}{\partial \theta}\left[\frac{1}{M}\sum_{m=1}^{M}\log D(G(z_m;\theta);\varphi)\right]$$
15: **end for**

**输出:** 生成器 $G(x;\theta)$

上述生成对抗网络是一个基本框架，在这个框架基础上产生了很多不同的结构，比较典型的结构包括深度卷积生成对抗网络[28]、最小二乘生成对抗网络[29]、循环生成对抗网络[30] 以及一些有监督的生成对抗网络，此处不再赘述。

## 2.9 本章小结

本章讲述了深度学习的基本概念和鲁棒语音处理中常用的深度学习方法。在深度学习基本概念方面，介绍了神经网络的基本模型、激活函数。在前馈深度神经网络方面，介绍了标准的反向传播算法及其多个改进，也介绍了常用的正则化方法和归一化方法。在循环神经网络方面，首先介绍了循环神经网络的基本结构和时间反向传播算法，并由此引出了神经网络的梯度消失和梯度爆炸问题；为了解决这两个问题，介绍了被广泛使用的长短时记忆网络，以及近年来提出的门控循环网络；最后，介绍了几种深度循环神经网络。在卷积神经网络方面，首先介绍了标准卷积神经网络的重要组成部分，包括卷积运算、池化以及多通道多组卷积层；然后，介绍了卷积运算的几种常用的改进形式，包括用于扩大感受野的膨胀卷积、用于卷积运算求逆的反卷积、用于降低运算复杂度和参数量的深度可分离卷积；为了解决梯度消失问题，介绍了被广泛使用的残差神经网络；最后，介绍了使用卷积神经网络解决序列信号建模问题的时序卷积网络。在基于注意力机制的编解码网络方面，首先介绍了编解码网络的框架，然后重点介绍了常用的加权求和注意力机制和用于在线模型的单调注意力机制。在本章最后，介绍了一种无监督的深度学习模型“生成对抗网络”。本章所讲述的内容是其他各章节中涉及的深度学习方法的基础。

# 第3章 语音检测

## 3.1 引 言

语音检测旨在将语音从背景噪声中准确地检测和分离出来。英语中描述语音检测的词包括声音活动检测（voice activity detection，VAD）、语音活动检测（speech activity detection，SAD）、语音端点检测（speech end-point detection）等多种形式，本书采用其中最常见的表述形式 ——VAD。语音检测技术是现代语音信号处理的重要组成部分。理论上，语音检测问题是语音抗噪声处理中的共性难点问题，其很多新技术也可以成功推广到其他语音抗噪任务中。应用上，语音检测在语音通信与交互系统中普遍存在，并且发挥着不可替代的作用，包括语音通信、语音识别、声纹识别、语音唤醒、语音增强与分离等；它通常是整个语音系统输入的第一个处理模块，对系统的整体性能有直接的影响。例如，采用语音检测技术的声纹识别系统的精度可以比缺少语音检测的系统的精度高 50% 以上。

语音检测技术历史上可以分为三个时期。第一个时期是以短时能量、过零率为代表的统计特征发展时期，文献 [31] 对该时期的统计特征给了总结。第二个时期是基于无监督统计学习的语音检测技术发展时期，这一时期的方法使用无标注数据训练统计模型，可以进一步分为统计信号处理方法和无监督机器学习方法。统计信号处理方法[32] 首先对信号的统计分布做模型假设，然后使用参数估计方法在线（on-the-fly）更新先验分布的参数。该类方法的关键问题是如何对数据的统计分布做符合实际情况的模型假设，已提出的模型假设包括高斯分布[32]、拉普拉斯分布[33–34]、伽马分布[35–36]，以及它们的联合概率分布[37] 等，模型参数的估计方法包括最大似然估计[32,38–39]、均匀最大能量估计[40]、条件最大后验估计[41–42]、鉴别性训练[43–44] 等。无监督机器学习方法在训练数据上训练聚类模型，并将聚类模型应用于测试阶段。已有聚类模型包括隐马尔可夫链[32–33,45]、高斯混合模型[46–48]、最大边缘聚类[49]、频谱聚类[50] 等。

语音检测技术发展的第三个时期是深度学习方法[51]。随着深度学习和人工智能技术的快速发展，基于深度学习的语音检测算法获得了大量关注。同传统基于能量统计特征和统计信号处理的语音检测算法相比，基于有监督深度学习的语音检测算法存在以下三方面的优点。

（1）可以自然地与语音识别、声纹识别中的先进技术结合。

（2）具有严格的理论基础，从而保障了语音检测在复杂声场景下的性能。

（3）可以很好地利用大量的有标注数据，并能够很好地挖掘多种声学特征的互补优点。

基于深度学习的语音检测技术研究可以分为四方面：基础模型、优化目标、声学特征和泛化能力。基础模型包括深度置信网络[51]、深度降噪网络[52]、递归神经网络[53]、卷积神经网络[54]、Boosted 深度神经网络[55]（boosted DNN，bDNN）、多分辨率堆栈[56]（multi-resolution stacking）等。优化目标包括最大交叉熵[51]、最小均方误差[56]、最大化 ROC 曲线下面积。声学特征包括传统统计能量特征和近期用于鲁棒语音识别的 Gammatone 滤波器组等新特征。泛化能力是基于深度学习的鲁棒语音处理普遍面临的挑战性问题，该问题也最早在语音检测中得到研究和解决[56–58]。除了上面三类方法以外，多模态语音检测[59–60]、多通道语音检测[61–62] 也得到了一定程度的研究。

本章将按照技术的时间发展顺序，在 3.3 节介绍代表性的语音检测模型和框架，在 3.4 节介绍 3 种优化目标，在 3.5 节介绍近期提出的 Gammatone 滤波器组等新特征，在 3.6 节讨论语音检测的泛化能力，最后在 3.7 节对本章进行小结。

## 3.2 基 本 知 识

### 3.2.1 信号模型

语音检测旨在将语音从背景噪声中检测出来。在不考虑卷积噪声（如混响）的情况下，可以认为含噪语音中的噪声来自加性噪声。这时，含噪语音、纯净语音及加性噪声在时域上的关系为

$$x(t) = s(t) + n(t) \tag{3.1}$$

其中，$t$ 表示时间；$x(t)$ 表示麦克风接收到的含噪语音的时域信号；$s(t)$ 表示

$x(t)$ 中包含的纯净语音分量；$n(t)$ 表示 $x(t)$ 中包含的加性噪声分量。

语音信号是非平稳信号，其非平稳特性是由发声器官的物理运动过程产生的。因为发声器官的运动存在惯性，所以可以假设语音信号在 10~30 ms 这样短的时间内是平稳的。对此，通常对语音信号进行短时分帧处理：

$$\boldsymbol{x}(i) = [x((i-1)\delta+1), x((i-1)\delta+2), \cdots, x((i-1)\delta+\tau)]^{\mathrm{T}} \tag{3.2}$$

其中，$i$ 表示第 $i$ 帧；$\delta \in ([0.01, 0.03]f_{\mathrm{s}})$，表示帧移（frame shift）；$\tau \in ([0.01, 0.03]f_{\mathrm{s}})$，表示帧长（frame length）且有 $\tau > \delta$；$f_{\mathrm{s}}$ 为采样率。一种常见的设置：帧长为 0.025 s、帧移为 0.01 s。当采样率为 8000 Hz 时，可知 $\delta = 80$、$\tau = 200$。在分帧以后，语音信号就表示为向量序列信号 $\{\boldsymbol{x}_1, \boldsymbol{x}_2, \cdots, \boldsymbol{x}_i, \cdots, \boldsymbol{x}_N\}$。在分帧以后，通常会采用人工设计的时频域变换从向量中抽取时频域特征，常用的时频域变换包括短时傅里叶变换（STFT）、梅尔倒谱系数（MFCC）等，本章也将在 3.5 节介绍在语音检测中使用的一些时频域变换。

### 3.2.2 评价指标

语音检测可以看成是“语音/非语音”两类分类问题处理，常用的分类指标如下。

#### 1. 分类正确率

分类正确率（accuracy，ACC）是常用的评价指标之一。

$$\mathrm{ACC} = \frac{N_{\mathrm{correct}}}{N} \tag{3.3}$$

其中，$N$ 表示测试数据的总帧数；$N_{\mathrm{correct}}$ 表示其中分类正确的帧数。但是，分类正确率对类别是否平衡敏感，例如，当测试数据中的语音占比只有 1% 时，而噪声占比 99%；当语音检测器将所有数据都检测为噪声时，检测精度依然有 99%，这显然不符合期望。因此，在现代语音检测的研究中，ACC 越来越少地被用作评价指标。

#### 2. 接收机操作特性曲线

在介绍 ROC 曲线（receiver operating characteristic curve，ROC curve）之前，首先引入两个定义——语音检测率与虚警率。

语音检测率（speech detection rate，SD）定义为

$$P_{\mathrm{SD}} = \frac{N_{\mathrm{detected\_speech}}}{N_{\mathrm{speech}}} = P\left(f(\boldsymbol{x}^{+}) > \eta\right) \tag{3.4}$$

其中，$\boldsymbol{x}^{+}$ 表示语音帧；$N_{\mathrm{speech}}$ 表示测试数据中语音帧的数量；$N_{\mathrm{detected\_speech}}$ 表示在这 $N_{\mathrm{speech}}$ 个语音帧中被 $f(\cdot)$ 正确判别为语音的帧数量。

虚警率（false alarm rate，FA）定义为

$$P_{\mathrm{FA}} = \frac{N_{\mathrm{false\_detected\_speech}}}{N_{\mathrm{nonspeech}}} = P(f(\boldsymbol{x}^{-}) > \eta) \tag{3.5}$$

其中，$\boldsymbol{x}^{-}$表示噪声帧；$N_{\mathrm{nonspeech}}$表示测试数据中噪声帧的数量；$N_{\mathrm{false_detected_speech}}$表示在这 $N_{\mathrm{nonspeech}}$ 个噪声帧中被 $f(\cdot)$ 错误判别为语音的帧数据量。

根据语音检测的定义，可以在任意的判决门限 $\eta$ 得到一组 $(P_{\mathrm{SD}}, P_{\mathrm{FA}})$。如果遍历所有的判决门限则可以分别以 $P_{\mathrm{FA}}$ 和 $P_{\mathrm{SD}}$ 为 $x$ 轴和 $y$ 轴绘制一条曲线将所有 $(P_{\mathrm{SD}}, P_{\mathrm{FA}})$ 串联起来，如图 3.1 所示。这条曲线就被称作 ROC 曲线。ROC 曲线是语音检测最重要和最全面的评价指标。

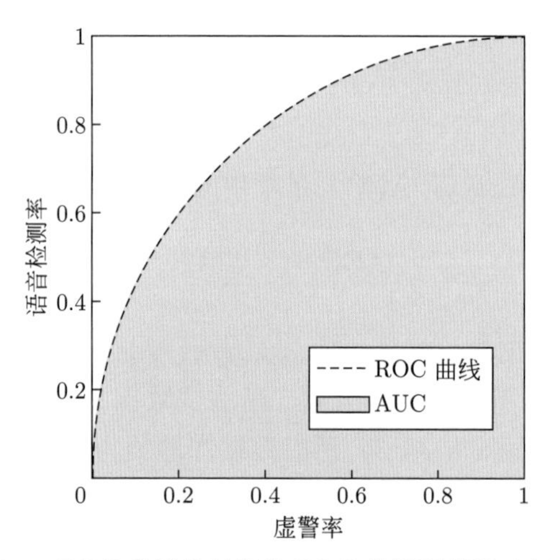


图 3.1 ROC 曲线及对应的 ROC 曲线下面积（AUC）

### 3. ROC 曲线下面积

虽然 ROC 曲线是最全面的语音检测评价指标，但是它必须用图的形式呈现，在一些性能评估中不够简便。对此，一种能反映 ROC 曲线性能的替代指

标是 ROC 曲线下面积（area under the ROC curve，AUC），如图 3.1 中的灰色部分所示。

在有限个数据帧的测试集上计算 AUC 等价于计算归一化 Wilcoxon-Mann-Whitney 统计量：

$$\mathrm{AUC}=\frac{1}{N_{\mathrm{speech}}N_{\mathrm{nonspeech}}}\sum_{i=1}^{N_{\mathrm{speech}}}\sum_{j=1}^{N_{\mathrm{nonspeech}}}g(f(\boldsymbol{x}_i^+),f(\boldsymbol{x}_j^-)) \tag{3.6}$$

其中，$\boldsymbol{x}_i^+$ 表示第 $i$ 个语音帧；$\boldsymbol{x}_j^-$ 表示第 $j$ 个非语音帧；$g(f(\boldsymbol{x}_i^+),f(\boldsymbol{x}_j^-))$ 定义如下：

$$g(f(\boldsymbol{x}_i^+),f(\boldsymbol{x}_j^-))=\begin{cases}1, & f(\boldsymbol{x}_i^+)>f(\boldsymbol{x}_j^-)\\ 0, & \text{其他}\end{cases} \tag{3.7}$$

#### 4. 等错误率

在定义语音检测率和虚警率之后，可进一步定义假反率（false negative rate，FN）：

$$P_{\mathrm{FN}}=\frac{N_{\mathrm{false\_detected\_nonspeech}}}{N_{\mathrm{speech}}} \tag{3.8}$$

其中，$N_{\mathrm{false\_detected\_nonspeech}}$ 表示在所有语音帧中被 $f(\cdot)$ 错误判决为噪声帧的数量。

如果令 $\eta$ 的取值从大到小变化，则可以找到一个特殊的 $\eta$ 值使得 $P_{\mathrm{FA}}=P_{\mathrm{FN}}$，称此时的 $P_{\mathrm{FA}}$（或 $P_{\mathrm{FN}}$）为等错误率（equal error rate，EER）。EER 是近年来从声纹识别的研究中借鉴来的指标，它对应着 ROC 曲线上的一个点。

#### 5. HIT-FA

HIT-FA 是在某个判决门限 $\eta$ 下语音检测率 $P_{\mathrm{SD}}$ 与虚警率 $P_{\mathrm{FA}}$ 的差值。这是语音检测的早期研究中常用的指标，现在已经逐渐不再被采用。

## 3.3 语音检测模型

### 3.3.1 语音检测模型的基本框架

有监督学习方法将语音检测当作“语音/非语音”两类分类问题处理[①]。给

① 更准确地说，非语音信号包含的类别非常多，如车站、餐厅、工厂等频谱差别非常大的环境，这也是深度神经网络用于语音抗噪声处理的泛化能力问题的难点所在。

定时长为 10~30 ms 的短时时间序列的频域特征 $\boldsymbol{x}$，在训练阶段，首先人工标记为 $\boldsymbol{x}$ 语音或非语音，当 $\boldsymbol{x}$ 包含语音信号时，人工标记为 $y=1$，否则，记作 $y=0$，然后以 $\boldsymbol{x}$ 为神经网络的输入、以 $y$ 为训练目标，训练神经网络 $f(\cdot)$，使得 $f(\cdot)$ 能够预测 $\boldsymbol{x}$ 属于语音/非语音的概率。

在测试阶段，语音检测旨在从 $f(\cdot)$ 中得到 $\boldsymbol{x}$ 的预测类别 $\hat{y}$：

$$\hat{y}=\begin{cases}1, & p>\eta \\ 0, & \text{其他}\end{cases} \tag{3.9}$$

其中，$p\in[0,1]$ 是 $f(\cdot)$ 对 $\boldsymbol{x}$ 属于语音帧的概率估计；由式 (3.9) 可知 $1-p$ 表示 $\boldsymbol{x}$ 属于噪声帧的概率；$\eta$ 表示人工可调的硬判决门限。式 (3.9) 可进一步简写为

$$p \underset{H_d\in H_0}{\overset{H_d\in H_1}{\gtrless}} \eta \tag{3.10}$$

其中，$H_1/H_0$ 分别表示语音/非语音假设。

### 3.3.2 基于深度置信网络的语音检测

基于深度置信网络（deep belief networks，DBN）的语音检测是最早将深度学习应用于语音抗噪声处理的工作[51]。它使用含有多个非线性隐藏层的多层感知机预测音频帧的分类属性：

$$\hat{y}=o(g_L(g_{L-1}(\cdots g_2(g_1(\boldsymbol{x}))))) \tag{3.11}$$

其中，$g_l(\cdot)$ 表示第 $l$ 个隐藏层变换；$o(\cdot)$ 是 Softmax 输出层函数，用于得到 $\boldsymbol{x}$ 属于语音帧的概率输出。如图 3.2 所示，DBN 的训练包括两个阶段：① 无监督分层预训练；② 有监督反向传播联合优化。无监督分层预训练的主要作用在于为第二阶段的有监督训练提供较好的初始点，以避免反向传播算法坠入性能较差的局部最优点。无监督分层预训练也可以看作是正则项，能缓解深度神经网络在较小数据上的过拟合问题[63]。

#### 1. DBN 的无监督预训练

DBN 的预训练模型是多层叠加的受限玻尔兹曼机（restricted Boltzmann machine，RBM）。如图 3.2(a) 所示，RBM 是一种基于能量的双层无指向性二

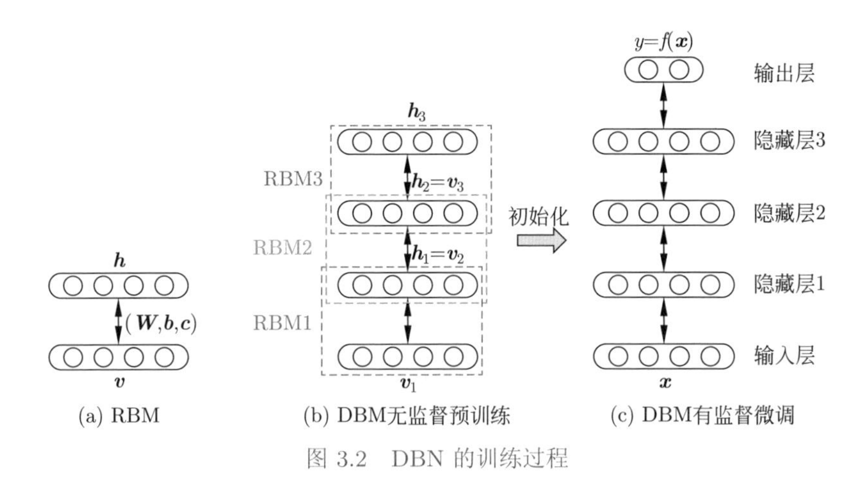


图 3.2　DBN 的训练过程

分概率图模型，其中一层由可见单元（visible unit）组成，记作 $\boldsymbol{v}$；另一层由隐藏单元组成，记作 $\boldsymbol{h}$；这两层的节点之间相互连接，连接权重矩阵记作 $\boldsymbol{W}$，同层节点内部没有连接。假设 RBM 的可见层和隐藏层的节点输出都服从伯努利分布，则 RBM 旨在通过下式求取 $\boldsymbol{v}$ 的最大似然估计：

$$\min_{\boldsymbol{W}} -\log P(\boldsymbol{v};\boldsymbol{W}) \tag{3.12}$$

其中，边缘分布 $P(\boldsymbol{v};\boldsymbol{W})$ 定义如下：

$$P(\boldsymbol{v};\boldsymbol{W}) = \frac{\displaystyle\sum_{\boldsymbol{h}} \mathrm{e}^{-\mathrm{Energy}(\boldsymbol{v},\boldsymbol{h};\boldsymbol{W})}}{Z} \tag{3.13}$$

其中，$Z = \sum_{\boldsymbol{v}} \sum_{\boldsymbol{h}} \mathrm{e}^{-\mathrm{Energy}(\boldsymbol{v},\boldsymbol{h};\boldsymbol{W})}$ 是归一化因子，能量模型 $\mathrm{Energy}(\boldsymbol{v},\boldsymbol{h};\boldsymbol{W})$ 定义如下：

$$\mathrm{Energy}(\boldsymbol{v},\boldsymbol{h};\boldsymbol{W}) = -\boldsymbol{b}^{\mathrm{T}}\boldsymbol{v} - \boldsymbol{c}^{\mathrm{T}}\boldsymbol{h} - \boldsymbol{h}^{\mathrm{T}}\boldsymbol{W}\boldsymbol{v} \tag{3.14}$$

其中，$\boldsymbol{b}$ 和 $\boldsymbol{c}$ 分别是可见层和隐藏层的偏差项。因为式(3.12)的分母的求和项理论上是无法精确计算的，所以精确地计算式(3.12)的最大似然估计实际中并不可行。对此，用一种被称为对比散度（contrastive divergence）的算法[64] 近似求解式(3.12)。此处不再展开介绍对比散度算法，感兴趣的读者可以参阅文献 [65]。

如图 3.2(b) 所示，DBN 是多个 RBM 自底向上逐层训练得到的。底层的

RBM 使用 $\boldsymbol{x}$ 初始化 $\boldsymbol{v}$，并得到 $\boldsymbol{h}_1$；然后，第二层的 RBM 使用 $\boldsymbol{h}_1$ 作为其可见单元 $\boldsymbol{v}_2$，并得到 $\boldsymbol{h}_2$；以此类推，完成整个 DBN 的训练。

#### 2. DBN 的有监督微调

如图 3.2(c) 所示，语音检测模型首先以无监督预训练 DBN 的参数为隐藏层的初始化参数，然后使用标准的有监督反向传播算法对该网络进行微调。有监督反向传播算法详见本书 2.3 节。

图 3.3 和表 3.1 给出了多种语音检测算法的比较结果，其中 G.729B、FD、WF 是基于能量和过零率的语音检测国际标准，Sohn [32]、Ramirez05 [38]、Ramirez07 [39]、Yu [44]、Ying [47] 是统计信号处理方法，基于高斯核函数的支持向量机（$\text{SVM}_r$）和多核支持向量机（MK-SVM）[66] 是传统有监督机器学习方法。由图 3.3 和表 3.1 可知，基于 DBN 的语音检测算法的检测精度超过参与比较的其他算法。尽管基于多核支持向量机（MK-SVM）的有监督语音检测算法[66] 的性能在文献 [51] 接近基于 DBN 的语音检测算法，但这是在训练和测试匹配的场景下的实验结果。文献 [51] 尚未探讨基于有监督学习的语音检测算法的泛化能力问题。本书将在 3.3.4 节介绍，提高有监督学习的泛化能力的有效方式是使用许多噪声和变化场景的大规模多条件学习方法。深度神经网络的空间复杂度与数据量无关，是目前唯一能处理超大规模数据的非线性机器学习方法。相比较而言，MK-SVM 的空间复杂度是数据量的平方，限制其只能在环境相对简单、噪声类型单一的应用场景中获得实际使用。

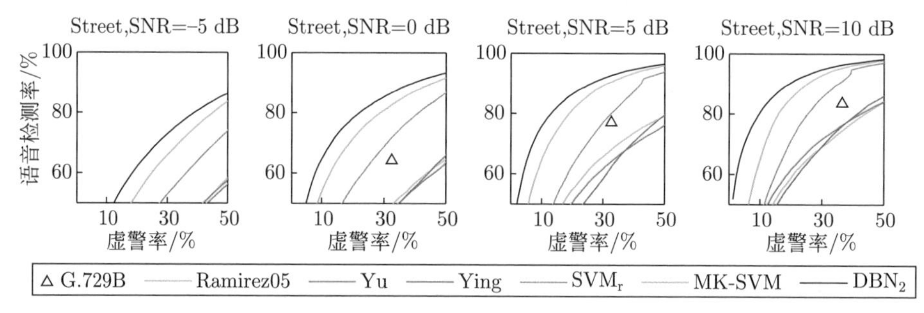


图 3.3 语音检测算法在 Babble、Car、Restaurant，以及 Street 噪声环境下的 ROC 曲线比较。其中 $\text{DBN}_2$ 表示包含两个隐藏层的 DBN 模型[51]

注意：本节介绍的无监督预训练+有监督反向传播的算法不仅是基于深度学习的语音检测的早期形式，还是基于深度学习的语音增强、语音分离等其他

表 3.1 语音检测算法在 Babble 和 Street 噪声环境中的检测精度比较（%）[51]

| 噪声类型 | SNR | G.729B | WF | FD | Sohn | Ramirez05 | Ramirez07 | Yu | Shin | Ying | $SVM_l$ | $SVM_r$ | MK-SVM | $DBN_1$ | $DBN_2$ | $DBN_3$ |
|---|---|---|---|---|---|---|---|---|---|---|---|---|---|---|---|---|
| Babble | −5 dB | 58.07 | 57.90 | 57.58 | 58.47 | 58.52 | 58.10 | 58.38 | 54.57 | 57.20 | 54.58 | 54.61 | 55.43 | **61.03** | **60.81** | 60.55 |
| | 0 dB | 65.38 | 61.48 | 56.96 | 63.96 | 65.30 | 64.08 | 64.95 | 65.50 | 62.46 | 64.53 | 64.46 | 65.02 | 69.01 | **69.24** | **69.38** |
| | 5 dB | 72.43 | 63.26 | 59.41 | 71.76 | 75.51 | 71.98 | 73.87 | 72.37 | 70.56 | 75.68 | 75.97 | 76.17 | **78.83** | **78.94** | **79.03** |
| | 10 dB | 74.18 | 62.57 | 55.62 | 78.00 | **82.04** | 79.17 | 81.26 | 77.99 | 77.57 | 79.95 | 79.53 | 80.18 | 80.99 | 81.23 | 80.78 |
| Street | −5 dB | 57.45 | 55.61 | 54.64 | 54.58 | 55.25 | 54.58 | 54.58 | 54.64 | 54.58 | 60.01 | 58.32 | 63.38 | 66.63 | **67.41** | **67.33** |
| | 0 dB | 65.71 | 55.24 | 54.68 | 57.43 | 58.28 | 56.65 | 57.59 | 59.48 | 58.94 | 67.20 | 67.98 | **73.35** | 73.15 | **73.76** | 72.83 |
| | 5 dB | 72.63 | 55.83 | 54.89 | 64.84 | 67.69 | 64.13 | 65.68 | 66.59 | 66.27 | 74.83 | 74.88 | 77.60 | 78.47 | **78.70** | **79.03** |
| | 10 dB | 74.45 | 55.63 | 54.87 | 70.07 | 69.52 | 68.05 | 71.05 | 74.80 | 70.51 | 78.86 | 78.12 | 79.10 | 80.42 | **80.86** | 80.49 |

语音降噪处理算法的早期形式。因为这些算法仅在有监督微调阶段的训练目标有所区别，所以本书在其余章节将不再一一详细介绍它们。

### 3.3.3 基于降噪深度神经网络的语音检测

基于 DBN 的语音检测问题在于其初始化网络的构建是从含噪语音到含噪语音的重构，这种初始化只能帮助神经网络避免梯度消失问题和过拟合问题。显然，这种从含噪语音到含噪语音的重构方式并不能为神经网络提供理想的初始点，所以神经网络的非凸优化造成的局部最优解问题难以通过 DBN 解决。

针对该问题，如图 3.4 所示，基于降噪深度神经网络（denoising deep neural networks，DDNN）的语音检测采用了降噪神经网络作为初始点，使得语音检测网络的有监督微调的初始点更偏向纯净语音[52]。该工作所采用的降噪神经网络甚至早于第 4 章将要介绍的基于深度学习的语音增强，可以认为是最早的基于深度学习的语音增强算法。下面详细介绍该算法。

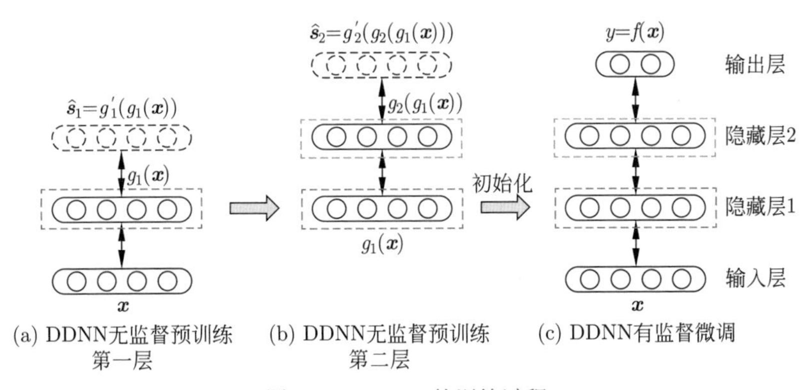


图 3.4 DDNN 的训练过程

1. 降噪神经网络

如图 3.4(a) 所示，DDNN 的底层模块联合优化下列两个函数：第一个函数 $g(\cdot)$ 将含噪语音 $\boldsymbol{x}$ 通过隐藏层映射为新的特征 $g(\boldsymbol{x})$；第二个函数 $g'(\cdot)$ 将隐藏层特征 $g(\boldsymbol{x})$ 映射到纯净语音 $\boldsymbol{s}$。其优化目标定义为

$$\min L\left(\boldsymbol{s}, \hat{\boldsymbol{s}}\right) \tag{3.15}$$

其中，$\hat{\boldsymbol{s}} = g'\left(g\left(\boldsymbol{x}\right)\right)$ 是降噪神经网络对纯净语音的估计；$L\left(\cdot,\cdot\right)$ 表示损失度量。文献 [52] 针对语音检测问题将 $L(\cdot)$ 定义为交叉熵损失：

$$L\left(\boldsymbol{s}, \hat{\boldsymbol{s}}\right) = -\sum_{d=1}^{D}\left(s_d \log \hat{s}_d + \left(1 - s_d\right)\log(1 - \hat{s}_d)\right) \tag{3.16}$$

其中，$\boldsymbol{s} = [s_1, s_2, \cdots, s_D]^{\mathrm{T}}$；$\hat{\boldsymbol{s}} = [\hat{s}_1, \hat{s}_2, \cdots, \hat{s}_D]^{\mathrm{T}}$。在之后的语音增强研究中，针对 $\boldsymbol{x}$ 和 $\boldsymbol{s}$ 是连续值的特点而普遍采用了最小均方误差损失，即 $L\left(\boldsymbol{s}, \hat{\boldsymbol{s}}\right) = \|\boldsymbol{s} - \hat{\boldsymbol{s}}\|^2$。

2. 降噪深度神经网络分层预训练

如果 DDNN 包含 $L$ 个隐藏层，则它需要自底向上地训练 $L$ 个降噪神经网络模块，依次记作 $\{g_1'(g_1(\cdot)), g_2'(g_2(\cdot)), \cdots, g_L'(g_L(\cdot))\}$。如图 3.4(a) 和图 3.4(b) 所示，在完成 $g_1'(g_1(\cdot))$ 的训练后，可以得到 $g_1(\boldsymbol{x})$。然后，丢弃 $g_1'(\cdot)$ 部分，并将 $g_1(\boldsymbol{x})$ 作为第二个降噪神经网络的输入，用于训练 $g_2'(g_2(\cdot))$。以此类推，当训练第 $l$ 个降噪神经网络的模块时，它的输入为

$$g_{l-1}(g_{l-2}\cdots g_2(g_1(\boldsymbol{x}))) \tag{3.17}$$

3. 降噪深度神经网络有监督微调

如图 3.4(c) 所示，在 $\{g_1(\cdot), g_2(\cdot), \cdots, g_L(\cdot)\}$ 分层预训练完成后，将这些分层预训练的模型用于深度神经网络的初始化：

$$\hat{y} = o(g_L(g_{L-1}\cdots g_2(g_1(\boldsymbol{x})))) \tag{3.18}$$

其中，$o(\cdot)$ 表示输出层。最后，使用标准的反向传播算法优化式 (3.18)。

### 3.3.4 基于多分辨率堆栈的语音检测模型框架

自基于 DBN 的语音检测技术提出以来，多种深度模型被用于语音检测，包括递归神经网络[53]、长短时记忆网络[67]、卷积神经网络[68-69]、多任务网络[70]与统计信号处理相结合的深度网络[71] 等。它们本质上是将第 2 章介绍的神经网络应用于语音检测，因此，这里不再一一叙述这些模型。本节将介绍一种可以与上述任意网络类型相结合的模型框架——多分辨率堆栈（multi-resolution stacking，MRS）[56]。

如图 3.5所示，MRS 是多个分类器集成（classifier ensemble）的堆叠（stack），每层的分类器集成称为一个模块（building block）。MRS 中的“分辨率”（resolution）一词是输入帧通过加窗扩展以包括其上下文信息的代名词。在 MRS 的训练阶段，假设训练 $S$ 个模块（图 3.5中，$S=3$），第 $s$ 个模块由 $K_s$ 个基础分类器（base classifier）组成，记作 $\{f_{s,k}(\cdot)\}_{k=1}^{K_s}$。该模块每个基础分类器都需要对输入帧做加窗扩展，各个基础分类器的窗长是不同的，即 $W_{s,1}\neq W_{s,2}\neq,\cdots,\neq W_{s,K_s}$，其中，$W_{s,k}$ 表示第 $k$ 个基础分类器的窗长。根

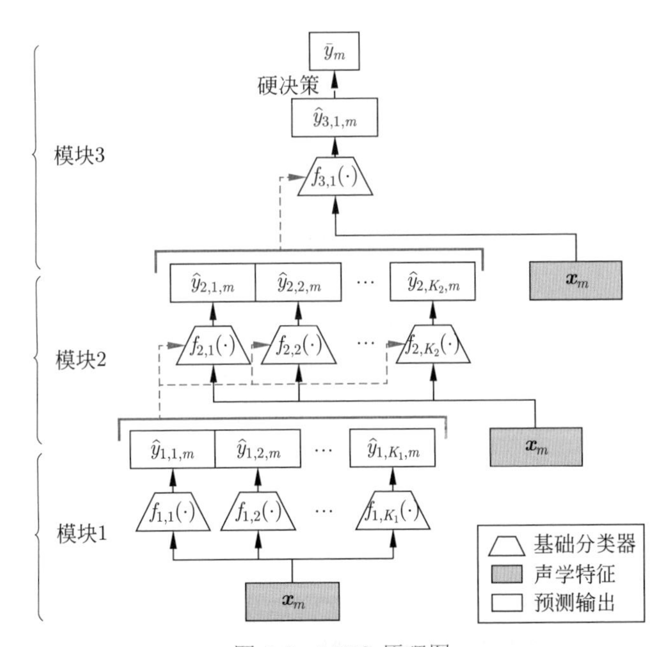


图 3.5 MRS 原理图

注：MRS 由多个叠加的模块构成；每个模块包括多个基础分类器；每个基础分类器的输入是与其相连的底部模块的预测输出和当前帧 $\boldsymbol{x}$ 经过加窗扩展后的新特征组成的高维向量[56]。

据以上设置，第 $k$ 个基础分类器 $f_{s,k}(\cdot)$ 的输入定义为

$$\boldsymbol{x}'_{s,k,m}=\begin{cases}\boldsymbol{v}_{s,k,m}, & s=1\\ \left[\hat{y}_{s-1,1,m},\hat{y}_{s-1,2,m},\cdots,\hat{y}_{s-1,K_{s-1},m},\boldsymbol{v}_{s,k,m}^{\mathrm{T}}\right]^{\mathrm{T}}, & s>1\end{cases} \tag{3.19}$$

其中，$\{\hat{y}_{s-1,k',m}\}_{k'=1}^{K_{s-1}}$ 是第 $(s-1)$ 个模块的预测输出；$\boldsymbol{v}_{s,k,m}$ 是原始声学特征 $\boldsymbol{x}_m$ 在窗长为 $W_{s,k}$ 时的扩展特征：

$$\boldsymbol{v}_{s,k,m}=\left[\boldsymbol{x}_{m-W_{s,k}}^{\mathrm{T}},\boldsymbol{x}_{m-W_{s,k}+1}^{\mathrm{T}}\cdots,\boldsymbol{x}_{m}^{\mathrm{T}},\cdots,\boldsymbol{x}_{m+W_{s,k}-1}^{\mathrm{T}},\boldsymbol{x}_{m+W_{s,k}}^{\mathrm{T}}\right]^{\mathrm{T}} \tag{3.20}$$

$f_{s,k}(\cdot)$ 训练完毕后，它为训练数据 $\boldsymbol{x}_m$ 产生一个概率输出 $\hat{y}_{s,k,m}$，作为上层模块输入的一部分。

MRS 中的基础分类器如果采用标准的前馈神经网络，则窗长 $W$ 的设置将会显著增大输入数据量；如果采用长短时记忆网络，则会造成训练速度慢等问题。为了能够同时降低训练数据量和减少训练时间，MRS 采用了一种窗内间隔采样的方法：

$$\begin{aligned}\boldsymbol{v}_{s,k,m}=\Big[&\boldsymbol{x}_{m-W_{s,k}}^{\mathrm{T}},\boldsymbol{x}_{m-W_{s,k}+u}^{\mathrm{T}},\cdots,\boldsymbol{x}_{m-1-u}^{\mathrm{T}},\boldsymbol{x}_{m-1}^{\mathrm{T}},\boldsymbol{x}_{m}^{\mathrm{T}},\\ &\boldsymbol{x}_{m+1}^{\mathrm{T}},\boldsymbol{x}_{m+1+u}^{\mathrm{T}},\cdots,\boldsymbol{x}_{m+W_{s,k}-u}^{\mathrm{T}},\boldsymbol{x}_{m+W_{s,k}}^{\mathrm{T}}\Big]^{\mathrm{T}}\end{aligned} \tag{3.21}$$

其中，$u$ 是预定义的整数。注意：上述定义中的 $\boldsymbol{x}_{m-1}$ 和 $\boldsymbol{x}_{m+1}$ 是需要包括在输入窗内的，否则会造成分类器精度的下降。经验表明，这种间隔采样的方法不仅不会降低基础分类器精度，反而还增加了基础分类器之间的差异性。这种降低预算复杂度的方式与前面 2.5.2 节介绍的膨胀卷积一致。

为了提高 MRS 基础分类器的预测精度，可以进一步对每个基础分类器的概率预测输出做平滑。例如，简单的加窗平滑为

$$\bar{\hat{y}}_{s,k,m}=\frac{1}{2W_{s,k}+1}\sum_{i=-W_{s,k}}^{W_{s,k}}\hat{y}_{s,k,m+i} \tag{3.22}$$

MRS 的设计初衷是充分挖掘上下文信息和集成学习的潜力。具体地，因为语音和非语音在短时帧窗内都具有随机性，所以仅通过帧内信息预测帧属性的方式并未充分挖掘深度神经网络的能力。从统计学角度看，降低随机性、提高预测精度的方式主要有两种：① 增加观测数据量；② 增加具有

差异性的分类器的数量。通过对输入帧向量做窗扩展，通过引入上下文信息使得更多的数据参与到帧属性的判决中的方式在语音检测技术的研究中已经有很长一段历史了。例如，短时能量、过零率、基频等具有代表性的声学特征[72]，以及统计信号的长时信息[38,73]、近期提出的递归神经网络[53]、长短时记忆网络[67] 等性能优越的算法都广泛采用了上下文信息。对于两类分类问题，只要分类器的精度比随机猜要好，则增加具有差异性的分类器数量可以有效降低预测方差，即 $\sigma^2_{\text{ensemble}} = \sigma^2_{\text{single}}/V$，因为预测风险可以分解为 $E(y-\hat{y}) = (y-E(\hat{y}))^2 + E((\hat{y}-E(\hat{y}))^2) = \text{Bias}^2(\hat{\mathrm{y}}) + \text{Var}(\hat{\mathrm{y}})$，所以降低方差即可降低预测风险。

表 3.2 列出了 MRS 与基于 SVM、DBN[51] 以及 bDNN[55] 语音检测算法的实验比较结果。通过表 3.2 可知，MRS 在所有的测试环境中均取得了最优性能，在低信噪比环境下的性能优势明显。

**表 3.2 MRS 与 3 种基于有监督学习的语音检测算法的 AUC（%）性能比较[56]**

| 噪声类型 | 信噪比 | SVM | DBN | bDNN | MRS |
|---|---|---|---|---|---|
| Babble | −5 dB | 70.14 | 72.21 | 81.55 | **82.51** |
| | 0 dB | 79.91 | 83.28 | 89.03 | **89.85** |
| | 5 dB | 88.14 | 89.99 | 92.72 | **92.93** |
| | 10 dB | 91.86 | 94.07 | 94.18 | **94.84** |
| | 15 dB | 93.58 | 95.33 | 95.21 | **95.36** |
| | 20 dB | 94.65 | 95.73 | 95.76 | **95.85** |
| Restaurant | −5 dB | 72.01 | 74.20 | 82.40 | **84.03** |
| | 0 dB | 81.11 | 81.14 | 88.07 | **89.81** |
| | 5 dB | 89.25 | 91.01 | 93.13 | **94.20** |
| | 10 dB | 91.78 | 93.25 | 94.80 | **95.45** |
| | 15 dB | 93.43 | 94.61 | 95.60 | **96.29** |
| | 20 dB | 94.92 | 95.57 | 96.13 | **96.73** |

## 3.4 语音检测模型的损失函数

当神经网络的网络结构固定以后，不同神经网络之间的差别集中于优化目标及输出层的误差梯度计算方法。本节将介绍 3 种语音检测技术中用到的优化目标及其误差梯度计算方法。

### 3.4.1 最小化交叉熵

将语音检测构造为有监督两类分类问题处理后，优化目标之一是最小化分类错误率的 0/1 损失。因为最小化 0/1 损失函数不可导，所以必须将该优化目标松弛到连续空间求解，使用逼近 0/1 损失的可导代理损失函数来代替 0/1 损失。一个常用的代理损失函数（surrogate function）是最小化交叉熵（minimum cross entropy，MCE）损失[51]：

$$\mathcal{J}_{\mathrm{MCE}} = \min -\frac{1}{n}\sum_{i=1}^{n}(y_i \log \hat{y}_i + (1-y_i)\log(1-\hat{y}_i)) \tag{3.23}$$

其中，$\hat{y}_i = f_\theta(\boldsymbol{x}_i)$；$\theta$ 是网络参数；$n$ 表示语音帧的数量。

将目标函数式(3.23)作为 DNN 的损失度量时，该目标可以使用梯度下降法进行优化。目标函数式(3.23)在第 $i$ 个样本上的梯度为

$$\nabla_{\mathrm{MCE}i} = -\frac{y_i - \hat{y}_i}{\hat{y}_i(1-\hat{y}_i)}\nabla f(\boldsymbol{x}_i) \tag{3.24}$$

其中，$\Delta f(\boldsymbol{x}_i)$ 为第 $i$ 个样本在输出层的梯度值，它与输出单元的类型有关。

### 3.4.2 最小均方误差

如果将分类问题看成是将输入数据映射到 0 和 1 这样两个离散点的回归问题，则可以使用常用的最小均方误差估计（minimum mean squared error，MMSE）作为神经网络的优化目标[56]：

$$\mathcal{J}_{\mathrm{MMSE}} = \min \frac{1}{n}\sum_{i=1}^{n}\|y_i - \hat{y}_i\|_2^2 \tag{3.25}$$

其中，操作符 $\|\cdot\|_2$ 表示 $\ell_2$ 范数。

将目标函数式(3.25)作为 DNN 的损失度量时，该目标函数在第 $i$ 个样本上的梯度为

$$\nabla_{\mathrm{MMSE}i} = -2(y_i - \hat{y}_i)\nabla f(\boldsymbol{x}_i) \tag{3.26}$$

### 3.4.3 最大化 ROC 曲线下面积

尽管有监督语音检测被构造为分类问题，但分类错误率却并不是语音检测

的常用评价指标。这是因为分类错误率是在特定的判决门限下计算得到的，但是在实际使用语音检测算法时，判决门限是随着具体应用对象和噪声环境的变化而动态变化的。能够反映语音检测在任意可能的判决门限下的检测性能的评价指标是 ROC 曲线和 AUC。本节介绍一种能够直接最大化 AUC（MaxAUC）的语音检测优化目标[74]。

正如 3.2.2 节的介绍，MaxAUC 即最大化图 3.1中的阴影部分面积，即

$$\max \frac{1}{N_{\text{speech}}N_{\text{nonspeech}}}\sum_{i=1}^{N_{\text{speech}}}\sum_{j=1}^{N_{\text{nonspeech}}} g(f(\boldsymbol{x}_i^+), f(\boldsymbol{x}_j^-)) \tag{3.27}$$

其中，$\boldsymbol{x}_i^+$ 表示第 $i$ 个语音帧；$\boldsymbol{x}_j^-$ 表示第 $j$ 个噪声帧；$g(f(\boldsymbol{x}_i^+), f(\boldsymbol{x}_j^-))$ 定义为

$$g(f(\boldsymbol{x}_i^+), f(\boldsymbol{x}_j^-)) = \begin{cases} 1, & f(\boldsymbol{x}_i^+) > f(\boldsymbol{x}_j^-) \\ 0, & \text{其他} \end{cases} \tag{3.28}$$

因为函数 $g(f(\boldsymbol{x}_i^+), f(\boldsymbol{x}_j^-))$ 是不可导的，所以需要将其松弛替换为可导函数。一种松弛函数是 Sigmoid 函数：

$$g_{\text{sigm}}(f(\boldsymbol{x}_i^+), f(\boldsymbol{x}_j^-)) = \frac{1}{1+\mathrm{e}^{-\beta\left(f(\boldsymbol{x}_i^+)-f(\boldsymbol{x}_j^-)\right)}} \tag{3.29}$$

其对应的 MaxAUC 优化目标为

$$\begin{aligned}\mathcal{J}_{\text{MaxAUC}_{\text{sigm}}} &= \max \frac{1}{N_{\text{speech}}N_{\text{nonspeech}}}\sum_{i=1}^{N_{\text{speech}}}\sum_{j=1}^{N_{\text{nonspeech}}} g_{\text{sigm}}(f(\boldsymbol{x}_i^+), f(\boldsymbol{x}_j^-)) \\ &= 1-\min \frac{1}{N_{\text{speech}}N_{\text{nonspeech}}}\sum_{i=1}^{N_{\text{speech}}}\sum_{j=1}^{N_{\text{nonspeech}}} g_{\text{sigm}}(f(\boldsymbol{x}_i^+), f(\boldsymbol{x}_j^-))\end{aligned} \tag{3.30}$$

其中，$\beta > 0$ 是可调参数。当 $\beta < 1$ 时，函数式(3.29)特别平滑而难以很好地逼近阶跃函数式(3.28)。$\beta$ 的值越大，则函数式(3.29)对式(3.28) 的逼近就越好。但是，当 $\beta$ 特别大时，式(3.30)的梯度容易出现因计算机系统存储精度而造成数值问题。实际使用时，$\beta = 2$ 是推荐值。对目标函数式(3.30)求梯度可得其第 $(i, j)$ 个样本对的梯度值为

$$\nabla_{\text{sigm}_{i,j}} = \frac{1}{PN}\left(\beta\left(1+\mathrm{e}^{-\beta\left(f(\boldsymbol{x}_i^+)-f(\boldsymbol{x}_j^-)\right)}\right)\mathrm{e}^{-\beta\left(f(\boldsymbol{x}_i^+)-f(\boldsymbol{x}_j^-)\right)}\left(\nabla f(\boldsymbol{x}_i^+)-\nabla f(\boldsymbol{x}_j^-)\right)\right) \tag{3.31}$$

另一个松弛函数是 $p$ 阶 hinge 损失函数：

$$g_{\text{hinge}}(f(\boldsymbol{x}_i^+), f(\boldsymbol{x}_j^-)) = \begin{cases} \left(-(f(\boldsymbol{x}_i^+) - f(\boldsymbol{x}_j^-) - \gamma)\right)^p, & f(\boldsymbol{x}_i^+) - f(\boldsymbol{x}_j^-) < \gamma \\ 0, & \text{其他} \end{cases} \tag{3.32}$$

其中，$0 < \gamma \leqslant 1$ 是预定义的区分性间隔，它表明当 $f(\boldsymbol{x}_i^+) < \gamma + f(\boldsymbol{x}_j^-)$ 时，“语音-噪声对” $(f(\boldsymbol{x}_i^+), f(\boldsymbol{x}_j^-))$ 是被 $f(\cdot)$ 判别错误的对；$p > 1$ 是可调参数，该参数旨在将不同的“语音-噪声对”所造成的损失赋予不同的权重。hinge 损失函数对应的 MaxAUC 优化目标为

$$\mathcal{J}_{\text{MaxAUC}_{\text{hinge}}} = \min_{\alpha} \frac{1}{PN} \sum_{i=1}^{P} \sum_{j=1}^{N} g_{\text{hinge}}(f(\boldsymbol{x}_i^+), f(\boldsymbol{x}_j^-)) \tag{3.33}$$

目标函数式(3.33)在第 $(i,j)$ 个样本对上的梯度为

$$\nabla_{\text{hinge}_{i,j}} = -\frac{p}{PN} \Pi(i,j) \left(\nabla f(\boldsymbol{x}_i^+) - \nabla f(\boldsymbol{x}_j^-)\right) \tag{3.34}$$

其中，$\nabla f(\boldsymbol{x})$ 表示 $f(\boldsymbol{x})$ 的输出层梯度；$\Pi(i,j)$ 定义为

$$\Pi(i,j) = \begin{cases} 1, & f(\boldsymbol{x}_i^+) - f(\boldsymbol{x}_j^-) < \delta \\ 0, & \text{其他} \end{cases}. \tag{3.35}$$

表 3.3 给出了上述 3 种优化目标的比较结果。由表可知，MaxAUC 性能最优。

**表 3.3 语音检测优化目标的 AUC 性能比较**

| 噪声类型 | 信噪比 | MCE | MMSE | $\text{MaxAUC}_{\text{sigm}}$ | $\text{MaxAUC}_{\text{hinge}}$ |
|---|---|---|---|---|---|
| Babble | −10 dB | 0.5319 | 0.5381 | **0.5631** | 0.5561 |
| | −5 dB | 0.6006 | 0.6097 | **0.6450** | 0.6359 |
| | 0 dB | 0.7092 | 0.7109 | **0.7431** | 0.7363 |
| | 5 dB | 0.8036 | 0.8046 | **0.8226** | 0.8187 |
| | 10 dB | 0.8652 | 0.8673 | **0.8762** | 0.8726 |
| | 15 dB | 0.9028 | 0.9021 | **0.9071** | 0.9044 |
| | 20 dB | 0.9208 | 0.9191 | **0.9214** | 0.9204 |

续表

| 噪声类型 | 信噪比 | MCE | MMSE | $\text{MaxAUC}_{\text{sigm}}$ | $\text{MaxAUC}_{\text{hinge}}$ |
|---|---|---|---|---|---|
| Factory | −10 dB | 0.6321 | 0.6303 | 0.6399 | **0.6400** |
| | −5 dB | 0.7275 | 0.7260 | 0.7314 | **0.7341** |
| | 0 dB | 0.8078 | 0.8072 | 0.8071 | **0.8114** |
| | 5 dB | 0.8616 | 0.8611 | 0.8587 | **0.8628** |
| | 10 dB | 0.8967 | 0.8955 | 0.8936 | **0.8968** |
| | 15 dB | **0.9162** | 0.9139 | 0.9132 | 0.9151 |
| | 20 dB | **0.9263** | 0.9235 | 0.9236 | 0.9247 |

## 3.5 语音检测的声学特征

与大多数基于深度学习的语音信号处理任务类似，很多声学特征及其组合都可以应用于语音检测任务。本节介绍两种在语音检测任务中有其特殊性的特征，第一种特征是在 TIA/EIA/IS-127 语音通信标准中被推荐使用的短时傅里叶变换的频带选择特征，另一种特征是具有强抗噪能力且在语音检测任务中表现突出的多分辨率类耳蜗频谱特征。

### 3.5.1 短时傅里叶变换的频带选择

短时傅里叶变换（short-time Fourier transform，STFT）是语音检测的常用特征，但该特征的维度随着帧长的增大和采样率的提高而变大，导致语音检测系统的时间复杂度随之提高。为了有效降低时间复杂度，一种常用的方法是根据 TIA/EIA/IS-127 语音通信标准[75] 选择语音占比高的 STFT 频带，具体如下。

当语音信号的 STFT 特征维度为 128 维（窄带信号）时，抽取 STFT 的下列 16 维频带作为语音检测的特征：

$$f_H = \{3,5,7,9,11,13,16,19,22,26,30,35,41,48,55,63\} \tag{3.36}$$

当语音信号的 STFT 特征维度为 512 维（宽带信号）时，抽取 STFT 的下列 61 维频带作为语音检测的特征：

$$\begin{aligned} f_H =\{&1,2,3,4,5,6,8,10,12,14,16,18,20,22,24,26,28,30,32,34,36,38,40,\\ &42,44,46,48,50,52,54,56,58,61,64,67,70,73,76,79,83,87,91,95,99,104,\\ &109,114,120,126,132,140,148,156,165,175,185,196,208,220,234,248\} \end{aligned} \tag{3.37}$$

### 3.5.2 多分辨率类耳蜗频谱特征

多分辨率类耳蜗频谱特征（multi-resolution cochleagram，MRCG）[56] 的核心思想是同时抽取类耳蜗频谱特征的局部和全局信息，其中局部信息是使用较小的帧长和较小的平滑窗得到的，抽取的特征称为高分辨率类耳蜗频谱特征。全局信息是通过较大的帧长或者较大的平滑窗得到的，抽取的特征称为低分辨率类耳蜗频谱特征。研究表明，低分辨率类耳蜗频谱特征（如帧长为 200 ms）能够更好地检测到含噪语音的模式分类信息，而高分辨率类耳蜗频谱特征对低分辨率类耳蜗频谱特征丢失的局部信息起到补充作用。

如图 3.6(a) 所示，MRCG 将 4 个类耳蜗频谱特征连接在一起。第 1 个和第 4 个类耳蜗频谱特征由两个帧长分别为 20 ms 和 200 ms 的 $U$ 通道伽马通滤波器组（Gammatone filterbank）产生（$U$ 通常设置为 8)。第 2 个和第 3

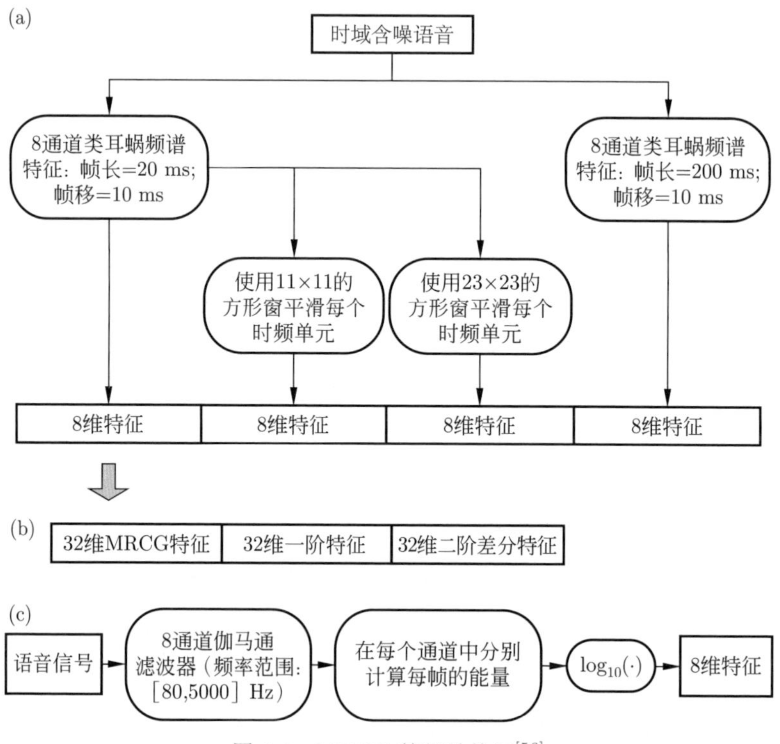


图 3.6 MRCG 特征结构图[56]

注：(a) 2 维的 MRCG 的抽取过程。“$(2W+1)\times(2W+1)$ 方形平滑窗”的含义是计算以某时频单元为中心的方形窗口区间内的所有时频单元的平均值，用以替代处于中心位置的时频单元的值；(b) 通过计算 32 维 MRCG 的一阶和二阶差分系数将 MRCG 扩展为 96 维的特征；(c) 8 维类耳蜗频谱特征的计算流程。

个类耳蜗频谱特征是对第一个类耳蜗频谱特征做平滑得到的，平滑窗大小分别为 $11\times 11$ 和 $23\times 23$。

如图 3.6(b) 所示，在计算出 $4\times U$ 维的 MRCG 特征后，通过进一步计算其一阶和二阶差分系数可以将该特征扩展为 $12\times U$ 维的新特征。差分系数的计算方法如下：

$$\Delta x_n=\frac{(x_{n+1}-x_{n-1})+2(x_{n+2}-x_{n-2})}{10} \tag{3.38}$$

其中，$x_k$ 是某个频带的第 $k$ 个时间单元。二阶特征的计算是将式(3.38)应用于一阶特征。

图 3.6(a) 中的 $U$ 维类耳蜗频谱特征的计算方法详见图 3.6(c)。该方法首先使用 8 个频带的伽马通滤波器组对含噪语音进行滤波，然后对滤波后的 8 通道数据按帧长 $K$ 进行分帧并计算帧能量 $\sum_{k=1}^{K}s_{c,k}^2$，最后计算能量的对数值 $\log_{10}(\cdot)$，其中 $s_{c,k}$ 表示第 $c$ 个通道的某帧数据的第 $k$ 个采样点的值[76]。

表 3.4 给出了使用了 MRCG 声学特征的语音检测算法的性能。将表 3.4 与

**表 3.4 当声学特征为 MRCG 时，语音检测优化目标的 AUC 性能比较**[74]

| 噪声类型 | 信噪比 | MRCG+MCE | MRCG+MMSE | MRCG+ MaxAUC$_{\text{sigm}}$ | MRCG+ MaxAUC$_{\text{hinge}}$ |
|---|---|---|---|---|---|
| Babble | −10 dB | 0.6168 | 0.6139 | 0.6213 | 0.6241 |
| | −5 dB | 0.7018 | 0.6965 | 0.7071 | 0.7112 |
| | 0 dB | 0.7872 | 0.7809 | 0.7926 | 0.7976 |
| | 5 dB | 0.8498 | 0.8437 | 0.8548 | 0.8614 |
| | 10 dB | 0.8902 | 0.8843 | 0.8930 | 0.8999 |
| | 15 dB | 0.9149 | 0.9100 | 0.9159 | 0.9215 |
| | 20 dB | 0.9320 | 0.9281 | 0.9323 | 0.9361 |
| Factory | −10 dB | 0.7518 | 0.7431 | 0.7523 | 0.7546 |
| | −5 dB | 0.8312 | 0.8246 | 0.8337 | 0.8354 |
| | 0 dB | 0.8760 | 0.8719 | 0.8787 | 0.8798 |
| | 5 dB | 0.9000 | 0.8969 | 0.9020 | 0.9033 |
| | 10 dB | 0.9152 | 0.9130 | 0.9163 | 0.9181 |
| | 15 dB | 0.9272 | 0.9254 | 0.9276 | 0.9297 |
| | 20 dB | 0.9373 | 0.9356 | 0.9375 | 0.9395 |

使用了 STFT 的特征的实验结果（表 3.3）比较，可知 MRCG 特征显著优于 STFT 特征。

## 3.6 模型的泛化能力

泛化能力体现在模型在未知测试环境的性能，是衡量机器学习算法性能的核心。基于深度学习的鲁棒语音处理算法的泛化能力主要体现在测试数据的噪声环境或语言环境与训练数据不匹配时算法的性能。因为上述不匹配情况非常普遍，所以算法的泛化能力决定了其在现实环境中的实用性。提升模型泛化能力的方法主要有以下 4 种。

（1）模型自适应法[57]。该方法旨在寻找映射函数 $\phi(\cdot)$，使得经过映射函数后的源域数据分布 $\phi\left(\mathcal{X}^{(s)}\right)$ 与测试阶段的目标域数据分布 $\phi\left(\mathcal{X}^{(t)}\right)$ 尽可能匹配。实验研究表明，该方法仅用少量的训练数据即可显著提高深度神经网络在训练和测试显著不匹配环境下的泛化能力。

（2）输入特征平滑法[56,74]。该方法对输入特征做平滑，以减小训练数据和测试数据中的随机噪声。平滑方法有两种，一种是对窗内数据进行加窗平均，另一种是使用考虑了上下文相关信息的深度神经网络。例如，双向长短时记忆网络（BLSTM）等[74]。

（3）大规模噪声无关训练法[56,74]。该方法旨在寻找尽可能多的噪声类型和噪声数据量，并将其与纯净的语音数据做随机混合，从而构造大规模噪声无关的训练数据库，以达到任意测试环境都与训练数据中的某些噪声场景具有一定相关性的目的。

（4）输出判决值平滑法。对输出判决值进行加窗平滑有多种方式。传统方法在 VAD 进行硬判决以后，使用某种预定义的经验策略对非语音段中误判为语音的非语音帧进行纠错处理、对语音段的段前和段后增加保护窗口（hang-over 策略），以及将语音段内误判为非语音的语音帧进行纠错处理。例如，G.729B、ETSI AFE 标准中的方法、bDNN 的输出判决值平滑法。Hang-over 保护窗的大小也可以使用隐马尔可夫模型动态调节[32]。

表 3.5 给出了在训练和测试噪声环境和语种都不匹配情况下的语音检测性能。由表 3.5 可知，通过噪声无关训练法训练的语音检测算法具有较强的泛化能力，能够满足实际应用需求。

表 3.5 在英文语料库上通过大规模噪声无关训练法训练的语音检测算法在中文语料库和不匹配噪声环境下的 AUC 性能比较 [74]

| 噪声类型 | 信噪比 | MCE | MMSE | $\mathrm{MaxAUC_{sigm}}$ | $\mathrm{MaxAUC_{hinge}}$ |
|---|---|---|---|---|---|
| Babble | −10 dB | 0.6276 | 0.6209 | 0.6324 | 0.6370 |
| | −5 dB | 0.7238 | 0.7073 | 0.7278 | 0.7362 |
| | 0 dB | 0.8165 | 0.7947 | 0.8184 | 0.8269 |
| | 5 dB | 0.8763 | 0.8586 | 0.8774 | 0.8826 |
| | 10 dB | 0.9061 | 0.8974 | 0.9080 | 0.9110 |
| | 15 dB | 0.9223 | 0.9197 | 0.9246 | 0.9280 |
| | 20 dB | 0.9358 | 0.9345 | 0.9369 | 0.9414 |
| Factory | −10 dB | 0.7542 | 0.7479 | 0.7618 | 0.7658 |
| | −5 dB | 0.8355 | 0.8284 | 0.8414 | 0.8457 |
| | 0 dB | 0.8813 | 0.8761 | 0.8846 | 0.8873 |
| | 5 dB | 0.9053 | 0.9017 | 0.9075 | 0.9089 |
| | 10 dB | 0.9201 | 0.9176 | 0.9219 | 0.9231 |
| | 15 dB | 0.9314 | 0.9296 | 0.9330 | 0.9349 |
| | 20 dB | 0.9410 | 0.9390 | 0.9421 | 0.9445 |

注：深度模型是 BLSTM，声学特征是 MRCG。MCE、MMSE 和 MaxAUC 表示不同的优化目标

## 3.7 本章小结

本章从深度神经网络模型、优化目标、声学特征和泛化能力四方面叙述了基于深度学习的语音检测算法。在深度神经网络模型方面，首先介绍了最早的深度置信网络模型和降噪深度神经网络，这两项工作首次展示了深度神经网络在对抗噪声方面的潜力；然后，介绍了能够充分利用上下文信息的多分辨率堆栈框架，该框架与各种深度神经网络模型兼容。在优化目标方面，分别介绍了最小化交叉熵损失 MCE、最小均方误差损失 MMSE 以及最大化 ROC 曲线下面积 MaxAUC，其中 MaxAUC 因为可以直接优化语音检测的评价指标 AUC，所以在多数场景中取得最佳性能。在声学特征方面，首先介绍了 IS-127 语音通信标准中的短时傅里叶变换声学特征的维度选择方案，该方案能在较小的性能损失条件下显著降低计算复杂度和存储复杂度；然后，介绍了多分辨率类耳蜗频谱特征 MRCG，类耳蜗频谱特征是一种对噪声相对鲁棒的声学特征，

MRCG 在类耳蜗频谱特征的基础上，进一步利用不同大小的平滑窗对应的不同频谱分辨率之间的互补性增强抗噪声能力。在泛化能力方面，总结了提升模型泛化能力的 4 种主要途径，分别是模型自适应、输入特征平滑法、大规模噪声无关训练法、输出判决值平滑法，其中大规模噪声无关训练法能显著提升模型的泛化能力，在现实环境中使用语音检测算法时往往需要综合运用这 4 种方法。

# 第4章　单通道语音增强

## 4.1　引　　言

语音在空气中的传播过程易受加性噪声及混响干扰。加性噪声一般是指其他声源产生并叠加在目标语音上的噪声，不管有没有目标语音，噪声都是客观存在的；混响是指目标语音在传播过程中因碰到墙壁、天花板等障碍物发生反射而产生的声音[77]，它与目标语音是频域相乘的关系，随着目标声源停止发声而逐渐消失。噪声会造成人们的语音可懂度下降。在某些强噪声干扰环境下，如工厂、工地、战场等，噪声会严重影响人们的正常交流；即使在某些噪声干扰不那么强的环境中，也可能因目标声音传到设备时很微弱而影响语音的可懂度，如窃听。对听力受损人群而言，这种情况会更加严重。

语音增强旨在通过设计音频信号处理算法来提高因噪声干扰（如环境噪声、混响等）而恶化的语音信号的清晰度和整体感知质量。它是信号处理中的基础任务，在现实生活中有广泛应用，如听觉辅助（hearing prosthesis）、语音通信、语音识别和声纹识别。在近几十年内，语音增强在信号处理领域得到了广泛研究。根据麦克风的数量，语音增强方法可以分为单通道语音增强和多通道语音增强[78]。其中，单通道语音增强只使用一个麦克风接收信号；多通道语音增强使用多个麦克风接收信号。本章仅讨论单通道语音增强，包括去加性噪声和去混响两部分。

单通道语音增强的两种传统方法是统计信号处理方法[79] 和计算听觉场景分析[80]（computational auditory scene analysis, CASA）。统计信号处理方法通过分析语音和噪声的统计特性，利用噪声估计方法将纯净语音从含噪语音中提取出来[79–81]。这类语音增强方法中最简单、应用最广泛的是谱减法[82]（spectral subtraction）。这类方法的性能依赖准确的噪声估计，它通常假设噪声是平稳的，即噪声的频谱特性不随时间的变化而变化。然而，这一假设在实际情况中很难得到满足，因此限制了这类方法的应用范围。计算听觉场景分析模拟人类听觉系统的场景分析过程。该类方法依据听觉场景分析的感知原理[83]，将听觉场景分析分成分片（segmentation）和分组（grouping）两个步骤，并利用诸如音高和发音的分组标志（grouping cues），如串联算法，通过交替进行基音估计和基于基音的分组并连接进行语音增强[84]。

近期，受计算听觉场景分析中的时间-频率掩模（简记作时频掩模，time-frequency masking）概念的启发[85–87]，语音增强被构造为一个以时间 -频率掩模为训练目标的有监督学习问题。计算听觉场景分析中的一个主要目标是理想二值掩模（ideal binary mask，IBM）。它表示在含噪语音的时频表示的任意一个时频单元（time-frequency unit）中，目标语音能否主导当前的时频单元，即该时频单元的信噪比是否高于某一门限。受人耳听觉掩蔽机理的启发，有关的听觉测试研究也表明，研究者将 IBM 应用于含噪语音能显著提升听力正常人群和听力受损人群的语音理解度。如果将 IBM 作为有监督学习机器的训练目标，则语音增强就被构造为一个将时频单元分类成语音和噪声两类的二类分类问题。IBM 是有监督语音增强方法的第一个被使用的训练目标，后续很多更高效的训练目标接连被提出，详见 4.3.2 节。

去混响问题作为语音增强中的一个特殊问题，在过去很长一段时间内，也得到了研究者们的深入研究。例如，Carlos 和 Hynck 将去加性噪声的思想运用到去混响的研究中，提出了一种以纯净语音的包络调制为目标的去混响技术[88]。Oldooz 等借鉴了时频掩模在去加性噪声中的作用，提出了一种基于二值掩模的去混响方法[89]。Naylor 在 *Speech Dereverberation* 一书中总结了一些传统的去混响算法，包括基于统计模型的方法、线性预测编码方法、贝叶斯方法等[90]。

随着深度学习的发展、海量数据的出现，以及计算能力的提升，基于深度学习的语音增强作为有监督方法中的一个主流分支近年来得到了广泛研究，在某些任务上已经显著超越了传统的语音增强方法[91]。这类方法始于 Wang 等在 2012 年用深度神经网络估计含噪语音信号的 IBM 的一篇会议论文[92]。随后，Han 等在 2014 年使用深度神经网络学习从含混响语音到纯净语音的谱映射，用于语音的去混响[93]。实验结果表明，使用深度学习方法增强的语音可懂度得以显著提高[94–95]。自此，基于深度学习的语音增强方法开始受到研究者的广泛关注。

基于深度学习的语音增强作为一个有监督学习的问题需要考虑以下三部分[78]：学习机器、声学特征、训练目标。学习机器用于建立从含噪语音到纯净语音之间的映射关系；声学特征用于表征噪声环境下能反映语谱图结构信息；训练目标是指深度神经网络的输出，这是近年来研究的重点，也是区别不同算法的核心点之一。本章首先介绍的内容为优化目标，然后阐述一些具有代表性的单通道语音增强和去混响算法。

# 4.2 基本知识

## 4.2.1 信号模型

语音信号的干扰主要来自环境噪声和混响，下面介绍受干扰条件下语音的信号模型。

### 1. 含加性噪声的语音信号

在不考虑卷积噪声（如混响）的情况下，可以认为含噪语音中的噪声来自加性噪声。这时，含噪语音、纯净语音及加性噪声在时域上的关系为

$$y(t) = x(t) + n(t) \tag{4.1}$$

其中，$t$ 表示时间；$y(t)$ 表示麦克风接收到的含噪语音的时域信号；$x(t)$ 表示 $y(t)$ 中包含的纯净语音分量；$n(t)$ 表示 $y(t)$ 中包含的加性噪声分量。

### 2. 含混响的语音信号

声源发出的声音会以球面波的形式向外扩散，经过障碍物的反射会形成多径效应。麦克风除了接收声源直接到达的声音外，还会接收经过墙面、天花板等障碍物表面反射的声音。如图 4.1 所示，一般情况下，可以将麦克风接收到的混响语音信号分为直达声、早期混响和晚期混响。其中，直达声是指声源发出的声音信号直接到达麦克风的部分；早期混响是指经过一个或多个反射面反射产生的声波，通常是由距麦克风较近的反射面反射而来的；晚期混响是声波经多次反射后叠加在一起形成的，是在直达声到达较长时间后接收到的。混响语音信号相当于纯净语音信号和房间冲激响应（room impulse response，RIR）的卷积[96]：

$$y(t) = h(t) * s(t) \tag{4.2}$$

其中，$*$ 表示卷积；$y(t)$ 表示麦克风接收到的混响语音；$s(t)$ 表示声源处发出的纯净语音；$h(t)$ 表示 RIR，它可以分解为直达声、早期混响、晚期混响的脉冲响应之和：

$$h(t)=h_{\rm d}(t)+h_{\rm e}(t)+h_{\rm l}(t) \tag{4.3}$$

其中，$h_{\rm d}(t)$、$h_{\rm e}(t)$ 和 $h_{\rm l}(t)$ 分别表示直达声、早期混响和晚期混响的脉冲响应。如图 4.1 所示，直达声的脉冲响应 $h_{\rm d}(t)$ 从脉冲响应开始到第一次脉冲后大约 1ms 结束。早期混响脉冲响应 $h_{\rm e}(t)$ 从直达声脉冲响应 $h_{\rm d}(t)$ 结束后持续大约 50ms，晚期混响脉冲响应 $h_{\rm l}(t)$ 从早期混响脉冲响应 $h_{\rm e}(t)$ 结束持续到 $h(t)$ 结束。其实，直达声、早期混响、晚期混响的脉冲响应的长度与 $h(t)$ 的长度是一样的，只是各部分在上述定义范围外的值为 0 而已。将式(4.3)代入式(4.2)可得

$$\begin{aligned} y(t) &= h_{\rm d}(t)*s(t)+h_{\rm e}(t)*s(t)+h_{\rm l}(t)*s(t)\\ &= x(t)+n_{\rm e}(t)+n_{\rm l}(t)\\ &\triangleq x(t)+n(t) \end{aligned} \tag{4.4}$$

其中，$x(t)$ 表示直达声；$n_{\rm e}(t)$ 和 $n_{\rm l}(t)$ 分别表示早期混响和晚期混响[78]；$n(t)=n_{\rm e}(t)+n_{\rm l}(t)$ 表示混响噪声。对比式(4.1)与式(4.4)可知，两种类型的噪声数学形式可以统一。

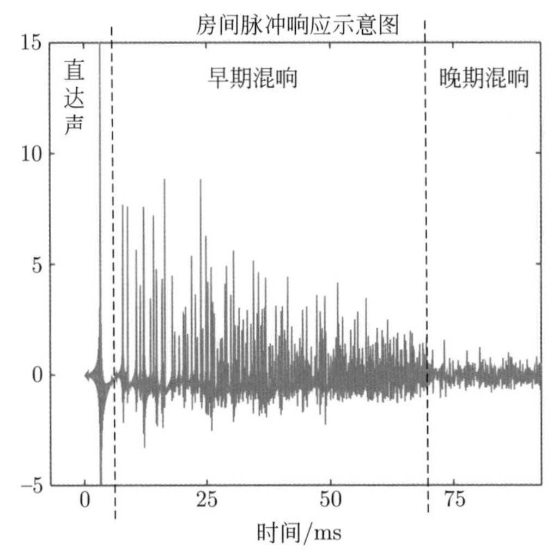


图 4.1 RIR 的三个组成部分：直达声、早期混响、晚期混响各自的脉冲响应[77]

### 3. 同时包含加性噪声和混响的语音信号

当混响和加性噪声同时存在时，含加性噪声和混响的语音信号 $y(t)$ 可以表示为

$$y(t) = h_s(t) * s(t) + \beta h_v(t) * v(t) \tag{4.5}$$

其中，$v(t)$ 表示噪声源发出的加性噪声；$h_s(t)$ 和 $h_v(t)$ 分别为纯净语音和加性噪声的 RIR；参数 $\beta$ 是一个反映信噪比大小的常量。将式(4.3)应用于式(4.5)可得

$$\begin{aligned} y(t) &= h_{\mathrm{d}}(t) * s(t) + n_{\mathrm{e}}(t) + n_{\mathrm{l}}(t) + n_v(t) & (4.6) \\ &= x(t) + n(t) & (4.7) \end{aligned}$$

其中，$n_v(t) = \beta h_v(t) * v(t)$ 表示麦克风接收到的加性噪声；$n(t) = n_{\mathrm{e}}(t) + n_{\mathrm{l}}(t) + n_v(t)$ 既包括早期和晚期混响噪声 $(n_{\mathrm{e}}(t) + n_{\mathrm{l}}(t))$，也包括加性噪声 $n_v(t)$。

因为式(4.7)在上述所有的噪声环境下都适用，所以通常以式(4.7)作为信号模型。当需要特别强调混响或者研究面向混响的语音增强算法时，会采用式(4.6)。

## 4.2.2 评价指标

语音增强的评价指标可以分为两类：信号层面的指标和感知层面的指标。

### 1. 信号层面的评价指标

在信号层面，评价指标旨在衡量语音信号增强的程度或者干扰源衰减的程度。常用指标包括衡量语音损失和噪声残差[79, 97]的有源失真比（source-to-distortion ratio，SDR）、源干扰比（source-to-interference ratio，SIR）、源伪影比（source-to-artifact ratio，SAR）[98]。

$$\mathrm{SDR} = 10 \log_{10} \frac{\|\boldsymbol{x}\|^2}{\|\boldsymbol{x} - \hat{\boldsymbol{x}}\|^2} \tag{4.8}$$

其中，$\hat{\boldsymbol{x}}$ 表示增强语音。

SDR 将增强语音与纯净语音之差视为失真，失真越小，说明增强语音的质量越高。但其存在一个问题，如果两段语音的波形形状一致，只是尺度（幅度）有区别，那么两者听起来除了响度不同外不会有其他区别，但按照 SDR 的计算

公式却会有较大失真[99]。针对这个问题，尺度不变信号失真比（scale-invariant signal-to-distortion ratio, SI-SDR）用一个尺度因子对纯净语音进行修正，使失真部分与纯净语音向量正交，从而避免了上述问题。SI-SDR 的计算公式为

$$\text{SI-SDR} = 10\log_{10}\frac{\|\boldsymbol{e}_{\text{target}}\|^2}{\|\boldsymbol{e}_{\text{res}}\|^2} = 10\log_{10}\frac{\|\alpha\boldsymbol{x}\|^2}{\|\alpha\boldsymbol{x}-\hat{\boldsymbol{x}}\|^2} \tag{4.9}$$

其中，$\alpha=\dfrac{\hat{\boldsymbol{x}}^{\mathrm{T}}\boldsymbol{x}}{\|\boldsymbol{x}\|^2}$ 是尺度因子。

评价去混响效果的常用指标是分段频率加权信噪比（frequency-weighted segmental speech-to-noise ratio，fwSNR），它按频带计算信噪比的加权求和为

$$\text{fwSNR} = \frac{\displaystyle\sum_{f=1}^{F} W(f)\left(\frac{1}{M}\sum_{m=1}^{M}\left(10\log_{10}\frac{|X(m,f)|^2}{|X(m,f)-\hat{X}(m,f)|^2}\right)\right)}{\displaystyle\sum_{f=1}^{F} W(f)} \tag{4.10}$$

其中，$F$ 表示频带数目；$M$ 表示语音信号的总帧数；$|X(m,f)|$ 表示纯净信号在第 $m$ 帧、第 $f$ 个频带上的频谱幅度；$\hat{X}(m,f)$ 表示增强语音的频谱幅度；$W(f)$ 表示第 $f$ 个频带的权重。

### 2. 感知层面的评价指标

在感知层面，评价指标需要定量反映人们对增强后的语音的感知和理解的程度，主要包括两类：语音质量和语音可懂度。常见的语音质量评价指标包括平均主观评价得分（mean option score，MOS）和语音质量感知评价[100]（perceptual evaluation of speech quality，PESQ），常见的语音可懂度评价指标包括短时客观可懂度[101]（short-time objective intelligibility，STOI）、语音检测率减语音虚警率[102]（speech hit rate minus false alarm rate，HIT-FA）。

MOS 评价指标是主观评价，即人对语音质量的真实反映。有线电话的话音质量标准定为 4 分。如果使用一种算法将话音压缩后，一个没有受过专门训练的人无法区分话音是否经过压缩，则认为该压缩后的话音质量达到了和有线电话质量相同的水平，即话音质量达到了 4 分。在实际网络中，无线话音的 MOS 值为 2.5~4 分。表 4.1 给出了 MOS 判分五级标准及相应的用语描述。

受测试条件和测试人员主观因素的影响及实时性需求的限制，其实施起来往往十分费时费力，因此人们又提出了客观评估算法来模拟主观评估。

表 4.1 MOS 判分五级标准及相应的用语描述

| MOS 得分 | 语 音 质 量 | 失 真 程 度 |
| --- | --- | --- |
| 5 | 优 | 不易觉察 |
| 4 | 良 | 刚刚觉察但不讨厌 |
| 3 | 一般 | 可觉察但稍微讨厌 |
| 2 | 差 | 讨厌但能忍受 |
| 1 | 极差 | 非常讨厌且不能忍受 |

PESQ 是国际电信联盟（ITU）在 2001 年提出的一种语音质量客观评估算法[100]。它是目前与 MOS 评分相关度最高的客观语音质量评估算法，其相关度为 0.97。PESQ 应用听觉变换来产生响度谱（loudness spectrum)，并将参考信号（即纯净语音）的响度谱与增强语音的响度谱进行对比，生成一个范围从 −0.5 变化到 4.5 的评分，对应着对主观 MOS 的预测。

STOI 是近几年最常用的语音可懂度的客观评价标准。STOI 测量参考语音和增强语音的短时时间包络的相关性[101, 103]。STOI 的取值范围为 0~1，这可以被解释为可懂度的百分比。尽管 STOI 有高估可懂度评分的倾向[104–105]，但目前尚无其他指标能显示出比 STOI 更好地与语音的主观理解度的相关性。

定义 HIT-FA 为以 IBM ① 为参考目标时，时频单元中语音被正确分类的比例（speech hit rate，HIT）与语音被错误分类的比例（false alarm rate，FA）的差值[102]。文献 [102] 的研究表明 IBM 及其 HIT-FA 与语音可懂度、发音指数（articulation index）存在很好的相关性。

## 4.3 频域语音增强

本节重点介绍训练目标和深度神经网络算法。

### 4.3.1 算法框架

基于深度学习的语音增强算法的基础模型可以表示为

① IBM 的定义详见本书 4.3.2节。

$$\hat{x}(t) = f(y(t)) \tag{4.11}$$

其中，$y(t)$ 为麦克风接收到的含噪语音；$f(\cdot)$ 为语音增强算法；$\hat{x}(t)$ 为 $y(t)$ 中包含的纯净语音的直达声分量的估计。

在训练 $f(\cdot)$ 阶段，通常假设式(4.7)中所包含的语音的各个分量都是已知的。$f(\cdot)$ 的设计与训练通常包括以下 4 个步骤。

（1）抽取声学特征。从 $y(t)$ 中抽取声学特征作为深度神经网络训练的输入特征。常见的声学特征包括短时傅里叶变换的幅度谱（STFT-MAG）、梅尔倒谱系数（MFCC）、伽马通滤波器倒谱系数（GFCC）等。近年来，涌现了一些将时域信号直接输入网络的端到端方法，该类方法不再需要声学特征的抽取。

（2）定义训练目标。一种常见的方法是从 $y(t)$、$x(t)$、$n(t)$ 中抽取短时傅里叶变换的复频谱，用于构造深度神经网络的训练目标。

（3）挑选合适的深度神经网络。常见的深度神经网络已在本书第 2 章中介绍，本章将在此基础上侧重介绍如何将深度神经网络应用于语音增强任务。

（4）定义损失函数。这需要根据神经网络训练目标的不同采用不同的损失函数。常见的损失函数包括面向分类任务的最小交叉熵损失、面向回归任务的最小均方误差损失，其定义详见 3.4 节。

### 4.3.2 训练目标

基于有监督训练的语音增强的训练目标应符合特定任务的要求，并且具有明确的物理意义。下面介绍 8 种常见的训练目标[106]。如无特殊说明，它们都采用短时傅里叶变换将式(4.6)变换到时频域：

$$Y(t,f) = X(t,f) + N(t,f) \tag{4.12}$$

其中，$Y(t,f)$ 表示含噪语音的时频谱；$X(t,f)$ 表示纯净语音的时频谱；$N(t,f)$ 表示噪声的时频谱；$t$ 和 $f$ 分别表示时间帧和频率。

#### 1. IBM

因为 DNN 难以直接处理复数域的时频谱，所以一种常见的方法是采用极坐标将时频谱分解为幅度谱 $|Y(t,f)|$、$|X(t,f)|$、$|N(t,f)|$ 和相位谱 $\angle Y(t,f)$、$\angle X(t,f)$、$\angle N(t,f)$。

理想二值掩模（IBM）定义于含噪语音的二维幅度图上：

$$\mathrm{IBM}(t,f)=\begin{cases}1, & \mathrm{SNR}(t,f)>\mathrm{LC}\\ 0, & \text{其他}\end{cases} \tag{4.13}$$

其中，$t$ 代表时间；$f$ 代表频率；$\mathrm{SNR}(t,f)$ 表示在 $t$ 时刻和第 $f$ 个频带上的信噪比（signal-to-noise ratio，SNR），可以从训练数据中直接得到。如果 $(t,f)$ 单元的 SNR 超过局部标准（local criterion，LC）或阈值，则 IBM 将 1 分配给该时频单元，否则将 0 分配给该时频单元。图 4.2(a) 给出了一个 64 通道耳蜗图的 IBM。DNN 以 IBM 为训练目标时将语音增强当作分类问题处理，采用了最小化交叉熵作为损失函数。

在测试阶段，在得到 DNN 的输出 $\widehat{\mathrm{IBM}}(t,f)$ 以后，首先使用式 (4.14) 增强含噪语音的幅度谱：

$$|\hat{X}(t,f)|=\widehat{\mathrm{IBM}}(t,f)|Y(t,f)| \tag{4.14}$$

其中，$\widehat{\mathrm{IBM}}(t,f)$ 表示 $\mathrm{IBM}(t,f)$ 的估计；$|\hat{X}(t,f)|$ 表示 $|X(t,f)|$ 的估计。然后，使用短时傅里叶逆变换 $\mathrm{ISTFT}(\cdot)$ 重构时域信号：

$$\hat{x}(t_{\mathrm{time}})=\mathrm{ISTFT}(|\hat{X}(t,f)|,\angle Y(t,f)) \tag{4.15}$$

其中，$\hat{x}(t_{\mathrm{time}})$ 表示 $x(t_{\mathrm{time}})$ 的估计。为了区别时频域的时间帧 $t$，时域采样用 $t_{\mathrm{time}}$ 表示。式(4.15) 采用了含噪语音的相位谱 $\angle Y(t,f)$ 重构时域信号，这是因为 $\angle Y(t,f)$ 没有清晰的语谱图结构，难以对其直接增强。

IBM 是基于深度学习的语音增强的第一个训练目标。该目标首次在计算听觉场景分析的研究中被提出，其灵感部分来源于听觉场景分析中的独占分配原则[107]、部分来源于人类听觉中的听觉掩蔽现象，即在两个时间、频率相近的声音信号中，能量低的信号会被能量高的信号掩蔽[108]。噪声环境下的听觉实验表明，IBM 能够同时提升听力正常的人和有听力障碍的人的语音可懂度。同时，一系列实验表明，IBM 能显著提高语音可懂度。例如，2006 年，Brungart 等发现听力正常的人可以在 1~3 个干扰说话人环境中实现近乎完美的语音可懂度[109]。Anzalone 等观察到 IBM 可以显著改善听力正常和听力受损人群的语音接收阈值[110]。2009 年，Wang 等发现 IBM 可以将听力受损人群的语音可懂度提高到和听力正常人群相当的水平[111]。

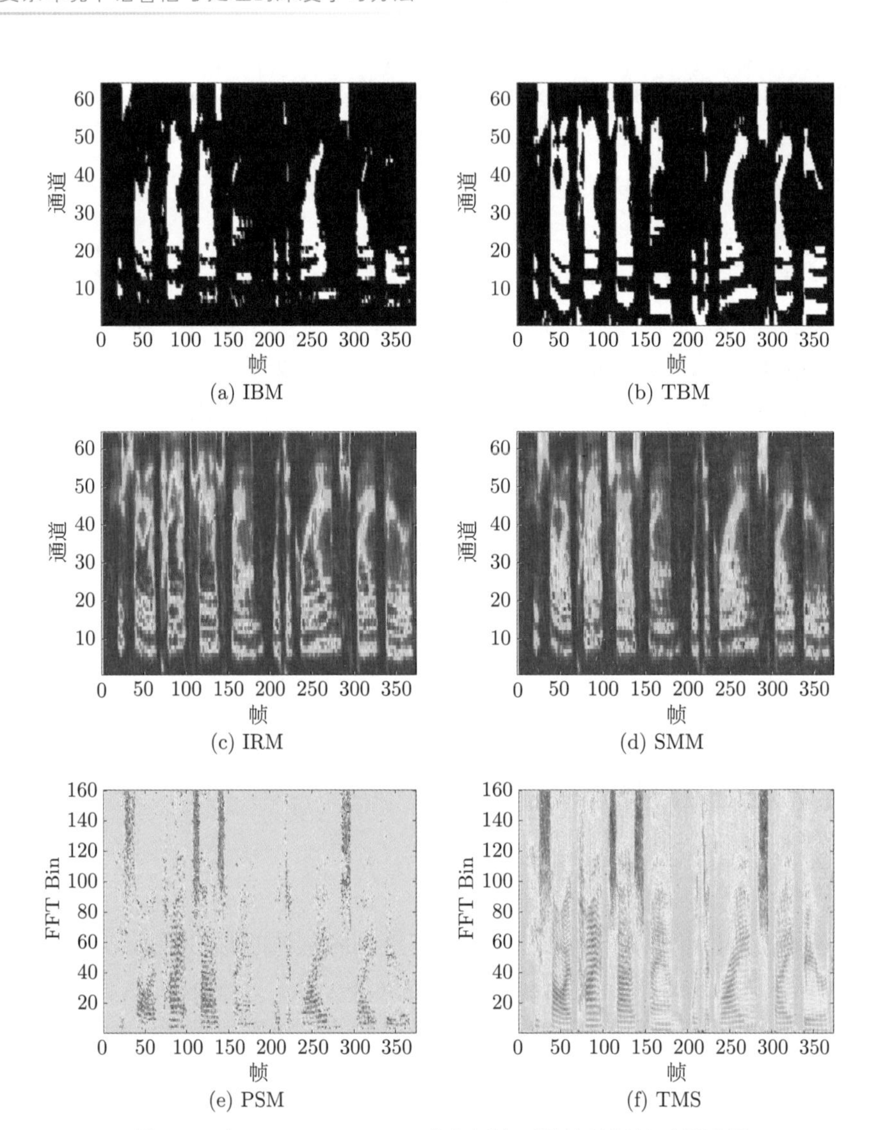


图 4.2 在 −5dB、Factory 噪声环境下训练目标的时频谱图

### 2. TBM

目标二值掩模（target binary mask，TBM）与 IBM 类似，也采用 0-1 二值对所有时频单元进行标记：

$$\mathrm{TBM}(t,f)=\begin{cases}1, & X(t,f)>\beta\overline{X}(f)\\ 0, & \text{其他}\end{cases} \tag{4.16}$$

其中，$\beta$ 表示相对标准（relative criterion，RC），通常位于 ±5dB 范围内；$\overline{X}(f)$ 表示在第 $f$ 个频带纯净语音能量的平均值[112]。与 IBM 的不同之处在于，TBM 将每个时频单元的语音能量与在该频率处语音能量的平均值进行比较，当语音能量大于语音能量平均值时，$\text{TBM}(t,f)$ 取 1，反之取 0。图 4.2(b) 给出了一个 TBM 的例子。

在测试阶段，首先将式(4.14)中的 $\widehat{\text{IBM}}(t,f)$ 替换为 TBM 的估计以得到增强的幅度谱，然后使用式(4.15)得到增强的时域语音信号。

### 3. IRM

虽然已经有很多研究证明了二值掩模对机器和人类听觉的改善有利，但是基于二值掩模的分离方法在音乐噪声这类环境中会引起语音失真。为了克服二值掩模的缺陷，人们又提出理想比率掩模（ideal ratio mask，IRM）作为有监督语音分离的训练目标。IRM 的取值在 0 到 1 之间平滑变化，因此 IRM 被称作 IBM 的软版本[113]（soft version）。与 IBM 相比，IRM 与心理学和感知机制更接近，并且还有许多计算优势[114]，其定义为

$$\text{IRM}(t,f) = \left(\frac{|X(t,f)|^2}{|X(t,f)|^2 + |N(t,f)|^2}\right)^{\beta} \tag{4.17}$$

其中，可调参数 $\beta$ 可以对掩模进行缩放。实验表明，$\beta = 0.5$ 的经验结果最好。

注意：当 $\beta = 1$ 时，IRM 类似一个经典的维纳滤波器，是目标语音的最佳估计。图 4.2(c) 给出了一个 IRM 的例子。

在测试阶段，首先将式(4.14)中的 $\widehat{\text{IBM}}(t,f)$ 替换为 IRM 的估计以得到增强的幅度谱，然后使用式(4.15)得到增强的时域语音信号。

### 4. cIRM

上述掩模都构建于“幅度谱 + 相位谱”的极坐标系中。当信噪比低于 0 dB 时，噪声比纯净语音更大程度地影响含噪语音的相位谱，此时，如果使用含噪语音的相位谱重构时域信号会造成重构信号的信噪比下降。但是，如图 4.3 所示，含噪语音的相位谱没有清晰的结构，这导致很难直接使用 DNN 增强相位谱。

针对上述问题，Williamson 等[115–117] 提出使用直角坐标系将复频谱分解为“实部 + 虚部”的方案，由图 4.3 可知，复频谱的实部和虚部具有与幅度谱类似的语谱图结构。然后，他们进一步提出了定义于直角坐标系中的复杂理想

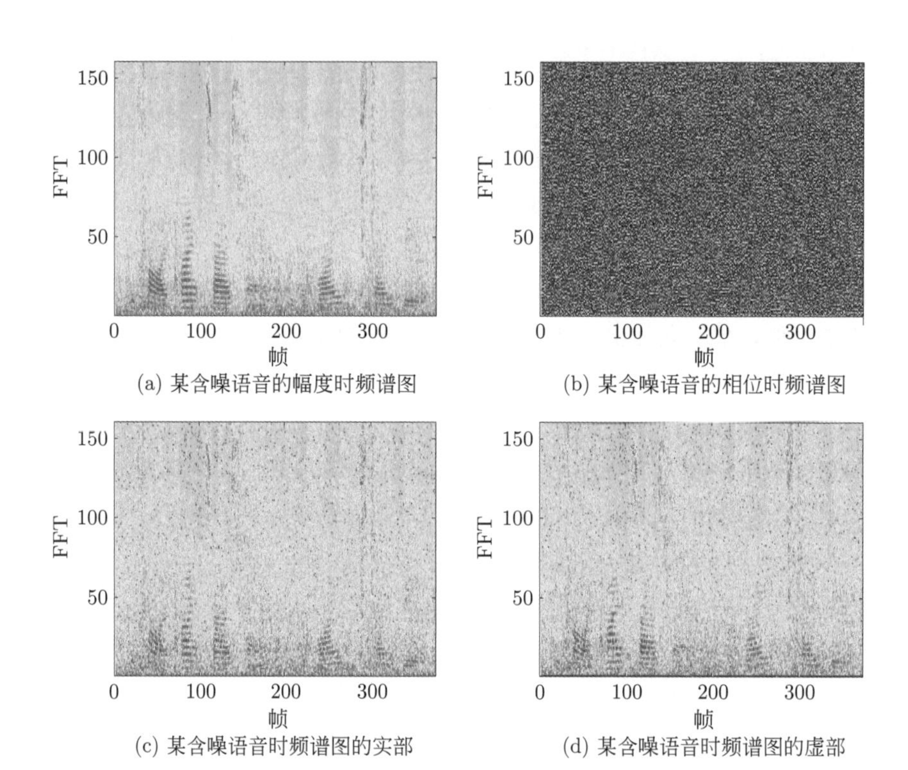

(a) 某含噪语音的幅度时频谱图
(b) 某含噪语音的相位时频谱图
(c) 某含噪语音时频谱图的实部
(d) 某含噪语音时频谱图的虚部

图 4.3 时频谱图

比率掩模（complex ideal ratio mask，cIRM）。cIRM 能够在理想情况下从嘈杂的语音中完美地重建纯净语音[115–117]:

$$X(t,f) = \text{cIRM}(t,f) * Y(t,f) \tag{4.18}$$

其中，$X$ 与 $Y$ 分别表示纯净语音和含噪语音的时频域表示；$*$ 表示复数乘法；cIRM 的定义为

$$\text{cIRM} = \frac{Y_{\text{r}}X_r + Y_{\text{i}}X_{\text{i}}}{Y_{\text{r}}^2 + Y_{\text{i}}^2} + \text{i}\frac{Y_{\text{r}}X_{\text{i}} - Y_{\text{i}}X_{\text{r}}}{Y_{\text{r}}^2 + Y_{\text{i}}^2} \tag{4.19}$$

其中，$Y_{\text{r}}$ 和 $Y_{\text{i}}$ 分别表示 $Y$ 的实部和虚部；$X_{\text{r}}$ 和 $X_{\text{i}}$ 分别表示 $X$ 的实部和虚部。由式(4.19)可知，cIRM 包含实部和虚部，这两部分可以在实数域中分别使用 DNN 进行单独估计。因为复数域 cIRM 的值是无界的，所以实际使用时应使用某种形式的压缩来限制掩模的取值范围，如切线双曲线或反曲函数[115–116]。

在测试阶段，假设 DNN 的输出是 $\widehat{\text{cIRM}}(t,f)$，则由式(4.18) 可以得到

$X(t,f)$ 的估计 $\hat{X}(t,f)$。将 $\hat{X}(t,f)$ 代入式(4.24) 可得增强的时域语音信号。

### 5. SMM

一种自然的幅度谱掩膜形式是频域幅度谱掩模（spectral magnitude mask，SMM，在文献 [106] 中也被称为 FFT-MASK）。纯净语音的幅度谱值也可以掩膜的形式描述：

$$|X(t,f)| = \text{SMM}(t,f)|Y(t,f)| \tag{4.20}$$

其中，$|Y(t,f)|$ 表示含噪语音的幅度谱。

$$\text{SMM}(t,f) = \frac{|X(t,f)|}{|Y(t,f)|} \tag{4.21}$$

深度神经网络的训练可以以 $|X(t,f)|$ 为训练目标，或者以掩模 $\text{SMM}(t,f)$ 为训练目标，并使用式(4.20) 恢复纯净语音的幅度谱。因为幅度谱的幅值动态范围大，所以需要限制幅值的动态范围以便于模型训练。一种常用方法是对优化目标取对数运算[118]。图 4.2(d) 给出了 SMM 的一个例子。

在测试阶段，首先将式(4.14)中的 $\widehat{\text{IBM}}(t,f)$ 替换为 SMM 的估计以得到增强的幅度谱，然后使用式(4.15)得到增强的时域语音信号。

注意：因为 SMM 的取值范围不在一个有界区间内，所以需要在深度神经网络中使用线性输出激活函数。为了在反向传播训练中获得更好的数值稳定性，通常会将 SMM 的取值区间限制在某个给定范围内，并对不在该范围内的幅值进行限幅（例如大于 10 的值被强制设置为 10）。

### 6. PSM

相敏掩模（phase-sensitive mask，PSM）在 SMM 的基础上引入纯净语音与含噪语音的相位差[119]。在训练阶段，PSM 定义为

$$\text{PSM}(t,f) = \frac{|X(t,f)|}{|Y(t,f)|}\cos\theta(t,f) \tag{4.22}$$

其中，$\theta(t,f)$ 表示该时频单元的纯净语音的相位与含噪语音的相位之差。

在测试阶段，假设 DNN 输出 PSM 的估计为 $\widehat{\text{PSM}}(t,f)$，那么纯净语音的时频谱可由式 (4.23) 得到。

$$\hat{X}(t,f) = \widehat{\text{PSM}}(t,f)Y(t,f) \tag{4.23}$$

然后对 $\hat{X}(t,f)$ 应用短时傅里叶逆变换 ISTFT(·) 得到增强的时域语音信号：

$$\hat{x}(t_{\text{time}}) = \text{ISTFT}(\hat{X}(t,f)) \tag{4.24}$$

通过 PSM 得到的估计信号具有比 SMM 更高的信噪比。图 4.2(e) 给出了 PSM 的一个例子。

### 7. TMS

目标幅度谱（target magnitude spectrum，TMS）以纯净语音的 STFT 幅度谱 $|X(t,f)|$ 作为训练目标，属于频谱映射类训练目标[93, 118]。由于 TMS 的目标值的动态范围大，通常使用对数操作来压缩目标值的动态范围，并将对数功率谱按维度归一化为零均值和单位方差[120]：

$$\text{TMS}(t,f) = \frac{\log(|X(t,f)|) - \mu_{\text{train}}(f)}{\sigma_{\text{train}}(f)} \tag{4.25}$$

其中，$\mu_{\text{train}}(f)$ 和 $\sigma_{\text{train}}(f)$ 是在训练数据上求得的第 $f$ 个频带的所有时频单元的均值和标准差。图 4.2(f) 给出了 TMS 的一个例子。

在测试阶段，在得到 TMS 的估计 $\widehat{\text{TMS}}(t,f)$ 后，使用式(4.25) 的逆过程得到幅度谱的估计 $|\hat{X}(t,f)|$：

$$|\hat{X}(t,f)| = \exp\left(\widehat{\text{TMS}}(t,f)\sigma_{\text{train}}(f) + \mu_{\text{train}}(f)\right) \tag{4.26}$$

然后使用式(4.15)得到增强的时域语音信号。实验表明，以 TMS 与 SMM 作为目标的语音增强效果接近。

### 8. SA

信号近似（signal approximation，SA）将比率掩模（ratio mask，RM）作为神经网络的输出。RM 与 IRM 的构造原理类似，但与 IRM 不同的是，无须从训练数据中显式地构造 IRM，而是将其隐藏在神经网络的损失函数中[121]：

$$\text{SA}(t,f) = (\text{RM}(t,f)|Y(t,f)| - |X(t,f)|)^2 \tag{4.27}$$

其中，$\text{RM}(t,f)$ 表示由神经网络估计得到的比率掩模。式(4.27)的物理含义是最小化估计语音与纯净语音之间的最小均方误差，其中估计语音由含噪语音的幅度谱与 RM 的乘积表示。SA 是一种结合了比率掩模和频谱映射的训练目标。SA 与 IRM 的测试阶段相同。

下面简述基于深度学习的语音增强算法的训练目标近年来的发展。2012年，Wang 等首次提出使用 IBM 作为深度神经网络的训练目标[92,94]。2013 年，在 ICASSP 会议上，Narayanan 等将深层神经网络的学习目标从 IBM 变为了 IRM[122] 取得了更好的增强效果，Zhang 等提出直接使用纯净语音的多特征时频谱作为语音检测模型预训练阶段的训练目标[52]。同年，Lu 等在一篇 Interspeech 论文[123] 中使用了深度自编码器学习从带噪语音的梅尔频率功率谱（Mel-frequency power spectrum，MPS）到纯净语音的梅尔频率功率谱的映射。随后，Xu 等使用深层神经网络学习从含噪语音的对数功率谱（log power spectrum，LPS）到纯净语音的对数功率谱的映射关系[118]。后续很多研究都沿着时频掩模和特征映射这两个方向进行。Wang 等在 2014 年比较了 IBM、TBM、IRM 等多种优化目标，得出结论：在参与比较的训练目标中，IRM 可获取最佳语音质量和可懂度[106]。2016 年，Williamson 等提出了 cIRM，该训练目标优于 IRM[115]。除了上述方法，最近提出的端到端语音增强也引起了广泛关注。它的神经网络的输入是含噪的时域信号，输出是增强后的时域信号。直接使用时域信号避免了在使用短时傅里叶逆变换需要使用含噪相位的弊端。

### 4.3.3 语音增强模型

#### 1. 基于分类模型的频域语音增强算法

已有研究表明将 IBM 应用于含噪语音能够显著提升语音的可懂度和语音质量，因此早期的语音增强和分离问题被构造为分类问题[83]。基于分类模型的语音增强算法框架如图 4.4所示，该算法将语音的时频谱表示的每个频带都当作一个二类分类问题处理，其每个频带的处理过程如下。

（1）从含噪语音中抽取时频域声学特征。

（2）使用基于最小化交叉熵损失函数的深度神经网络从声学特征中抽取时频单元的新特征表示。

（3）在训练阶段，以 IBM 为训练目标训练分类器；在测试阶段，使用分类器将时频单元特征分为语音和非语音两类。

（4）在测试阶段，将 $\widehat{\text{IBM}}$ 应用于含噪语音的时频谱，得到增强语音。

基于深度学习的语音增强的早期工作就是以 IBM 为训练目标[92,94,124]，其算法框架如图 4.4 所示。首先，从时域信号中抽取多个特性互补的特征组成被称作 COMB 的时频特征。然后，以 COMB 特征为输入，以 64 通道类耳蜗时频谱特征（cochleagram）的 IBM 为训练目标，为每个通道训练一个前馈深度

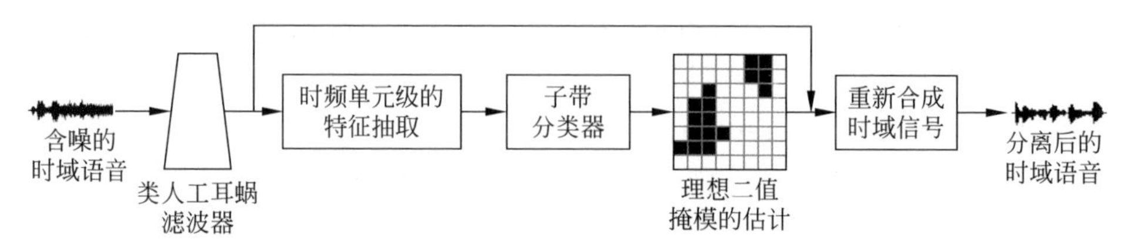


图 4.4 基于分类模型的语音增强框架[94]

神经网络。该深度神经网络采用“RBM 无监督分层预训练 + 有监督微调”的训练方法，用以克服深度神经网络的梯度消失和训练速度慢的问题。最后，如图 4.5 所示，将 COMB 特征和深度神经网络的最顶部隐藏层的输出连接在一起，作为线性支持向量机（linear SVM）的输入特征，以 IBM 为训练目标，训练一个线性支持向量机。在测试阶段，线性支持向量机的输出 $\widehat{\text{IBM}}$ 被用于重构增强的时域语音信号。

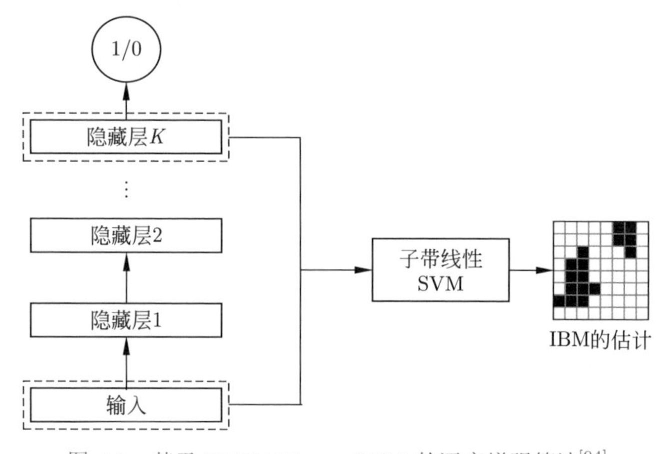


图 4.5 基于 DNN+Linear SVM 的语音增强算法[94]

这里有个问题：每个频带已经使用深度神经网络预测 IBM，为何不直接使用深度神经网络预测 IBM，而要另外训练一个支持向量机？这是因为早期的深度神经网络缺少正则项的约束，其输出层本质上也仅是一个线性分类器。显然，支持向量机作为一种具有正则项约束和清晰几何解释的两类分类器，比深度神经网络的输出层具有更好的泛化能力，实验效果也验证了这一点。当然，如果出于系统简化的目的，当然可以直接使用深度神经网络的输出 $\widehat{\text{IBM}}$ 用于重构增强的时域语音信号。

文献 [94] 采用的支持向量机将 COMB 也作为输入特征的一部分。该特征中可能存在的噪声和非线性变换不利于支持向量机取得最佳的分类性能。因此，Healy 等使用深度神经网络代替了线性支持向量机用于估计 IBM[95]，其系统结构如图 4.6 所示。图 4.7 给出了在 −5dB 信噪比下一段含噪语音及其增强语音的时频谱图。由图 4.7 可得，基于分类模型的语音增强算法能够显著抑制噪声。

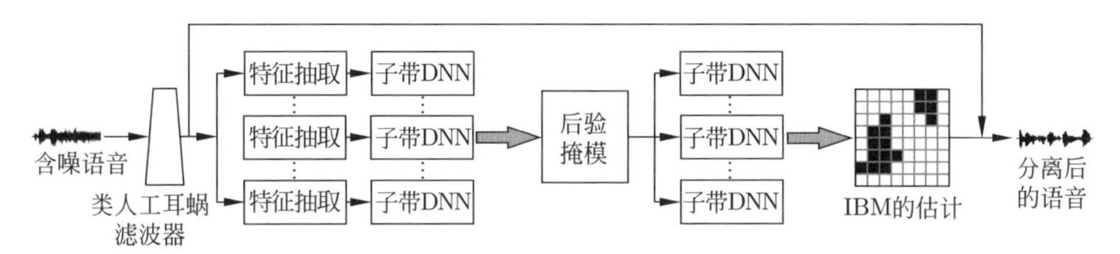


图 4.6 Healy 等提出的基于分类模型的语音增强算法[95]

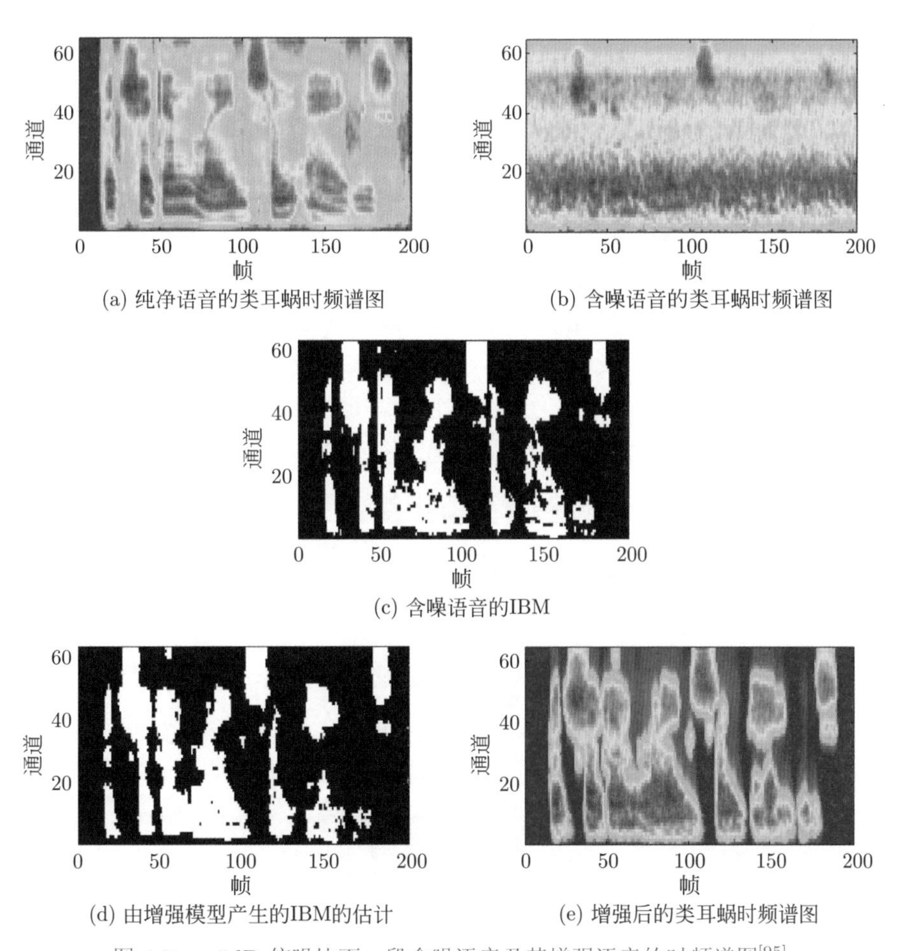


图 4.7 −5dB 信噪比下一段含噪语音及其增强语音的时频谱图[95]

### 2. 基于回归模型的频域语音增强算法

如果以语音时频谱或其比率掩膜作为训练目标，则语音增强算法是被构造为以最小均方误差损失为损失函数的回归模型。它通常具有以下基本步骤。

（1）从含噪语音中抽取时频域声学特征。

（2）在训练阶段，选取（或设计）某个连续空间中的训练目标，训练基于最小均方误差损失（或与其近似的损失函数）的深度神经网络回归模型。

（3）在测试阶段，使用神经网络得到掩模或频谱估计，并将估计值应用于含噪语音的时频谱，得到增强语音。

与基于分类模型的语音增强算法采用 IBM 作为训练目标不同，基于回归模型的语音增强算法的训练目标分布在某个连续空间中，如多维实数域或复数域。其表现形式也更加灵活多样，包括 IRM、SMM、cIRM、SA 等掩模类的训练目标和频谱映射类的训练目标。下面举两个例子：

深度自编码器[123]（deep autoencoder，DAE）学习从含噪语音的梅尔功率谱到纯净语音的梅尔功率谱的频谱映射。DAE 采用了“有监督分层预训练 + 有监督联合微调”的训练策略：① 在分层预训练阶段，如图 4.8 所示，对于每个隐藏层的训练，DAE 使用其下层的输出作为其输入（如果该隐藏层是 DAE 的最底层，则采用含噪语音的梅尔功率谱作为输入特征），使用纯净语音的时频谱作为目标，训练一个单层的神经网络；② 在分层预训练完成后，使用反向传播算法对整个网络进行微调。上述过程与基于降噪深度神经网络的语音检测

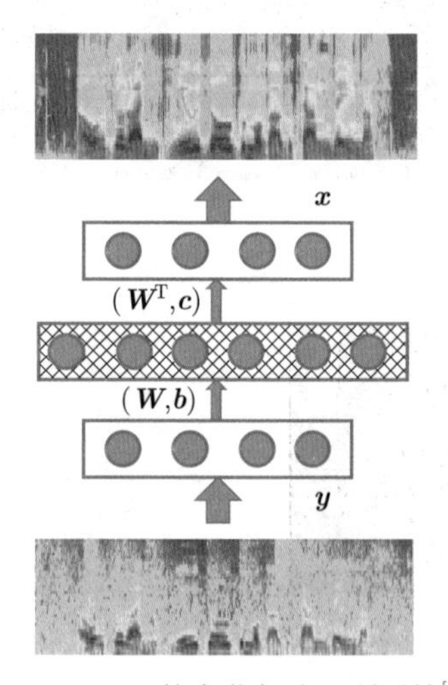


图 4.8 DAE 的有监督分层预训练[123]

算法相似，详见本书 3.3.3 节所述。图 4.9 给出了基于 DAE 与传统最小均方误差（MMSE）的语音增强算法对比的实验结果。由图 4.9 可知，经过深度自编码器增强的语音信号比经过 MMSE 方法增强的语音信号具有更小的失真和噪声残留。

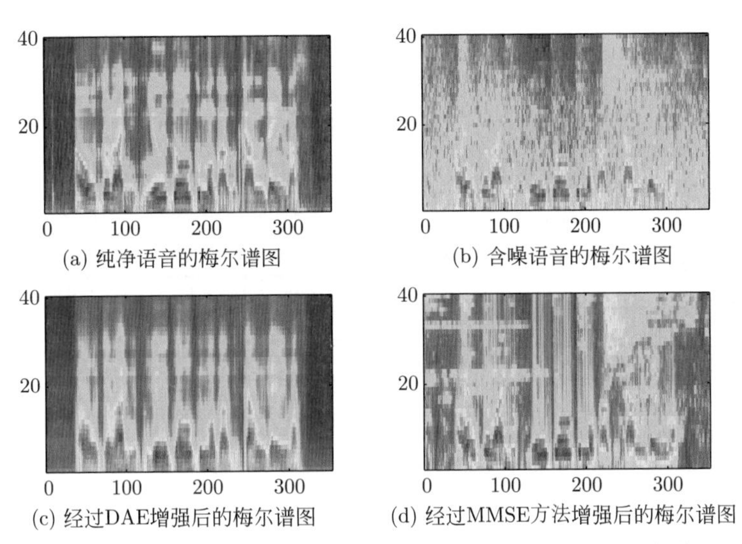


图 4.9 DAE 与 MMSE 的语音增强算法的梅尔谱图比较[123]

基于 RBM 预训练的深度神经网络学习，是从含噪语音的对数功率谱到纯净语音的对数功率谱的映射[118,120]。算法的系统框图如图 4.10 所示。与 DAE[123] 采用梅尔谱作为声学特征不同，RBM 预训练模型[118,120] 采用了对数功率谱作为声学特征和训练目标；在测试阶段，该方法从增强的对数功率谱中恢复出增强的幅度谱，与原始的含噪相位谱一起作为短时傅里叶逆变换以重构时域语音。该特征的优点在于，当重构时域特征时，该特征采用的短时傅里叶逆变换比其他特征造成的损失小。RBM 的预训练过程参见本书 3.3.2 节。

### 4.3.4 语音去混响模型

根据训练目标的不同，语音去混响方法可以分为以下两类：基于谱映射的方法和基于掩模的方法。本节将分别介绍这两类方法，以及同时处理加性噪声和混响的方法。

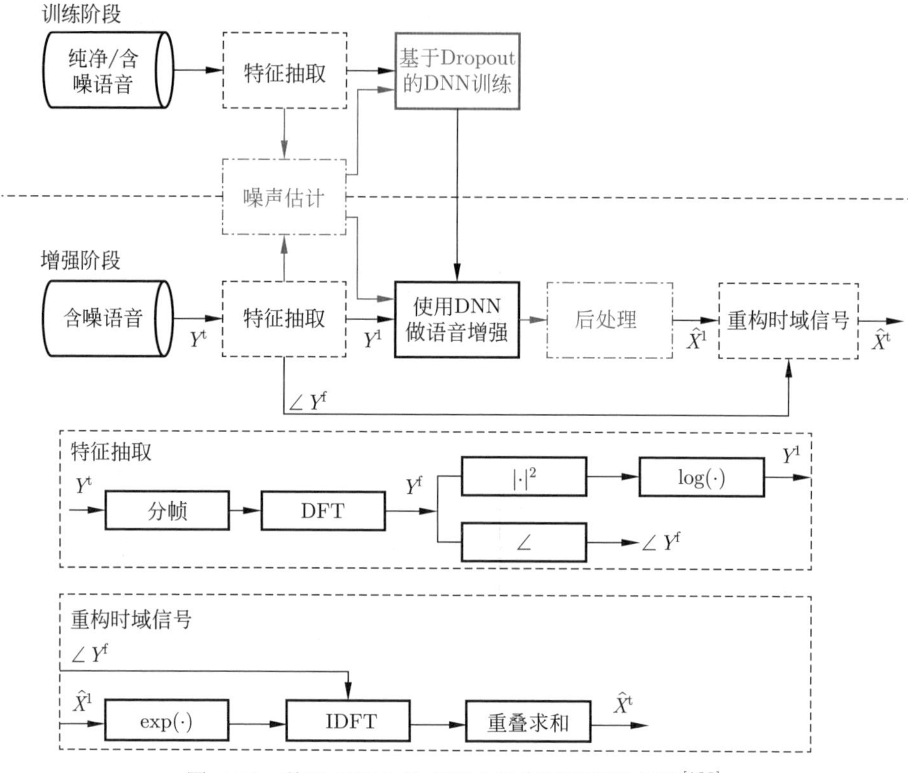


图 4.10 基于 RBM 的 DNN 语音增强系统框图[120]

### 1. 谱映射方法

2014 年，Han 等使用深度神经网络进行语音去混响[93,125]。该方法学习从含混响语音到纯净语音的频谱映射函数，被称为谱映射方法。它的基本步骤如下。

（1）提取时频域特征，如耳蜗谱、短时傅里叶变换的幅度谱。

（2）对含混响语音的声学特征加窗 $\boldsymbol{y}(t)$，以包含上下文信息：

$$\tilde{\boldsymbol{y}}(t)=[\boldsymbol{y}(t-W)^{\mathrm{T}},\cdots,\boldsymbol{y}(t)^{\mathrm{T}},\cdots,\boldsymbol{y}(t+W)^{\mathrm{T}}]^{\mathrm{T}} \tag{4.28}$$

其中，$W$ 表示半窗长的大小。

（3）在训练阶段，以 $\tilde{\boldsymbol{y}}(t)$ 作为输入特征，以 $\boldsymbol{y}(t)$ 对应的纯净语音的时频特征 $\boldsymbol{x}(t)$ 作为训练目标，训练深度神经网络。

（4）在测试阶段，以 $\tilde{\boldsymbol{y}}(t)$ 作为深度神经网络的输入特征，得到纯净语音的估计 $\hat{\boldsymbol{x}}(t)$，使用 $\hat{\boldsymbol{x}}(t)$ 重构时域语音[83]。

上述加窗操作对于语音去混响很重要。这是因为声源经不同传播路径到达接收端的时延不同，所以应尽可能将所有传播路径包含在输入特征中。在实际使用上述算法时，应尽可能将窗长 $W$ 设置大一些。文献 [125] 在帧移为 10 ms 条件下将窗长 $W$ 设置为 5，对应时长为 110 ms。其采用的深度神经网络的结构图如图 4.11 所示。值得注意的是，在使用短时傅里叶逆变换重构时域语音时，为了处理增强语音的幅度谱与含噪语音的相位谱因不匹配而造成语音质量下降的问题，文献 [125] 采用了一种循环使用傅里叶变换和傅里叶逆变换的后处理方法来减少这一不匹配的程度。具体地，该后处理方法的每个循环先采用傅里叶逆变换得到时域语音，然后使用傅里叶变换将该时域语音分解为幅度谱和相位谱，再通过傅里叶逆变换将上述幅度谱和相位谱合成为时域语音。

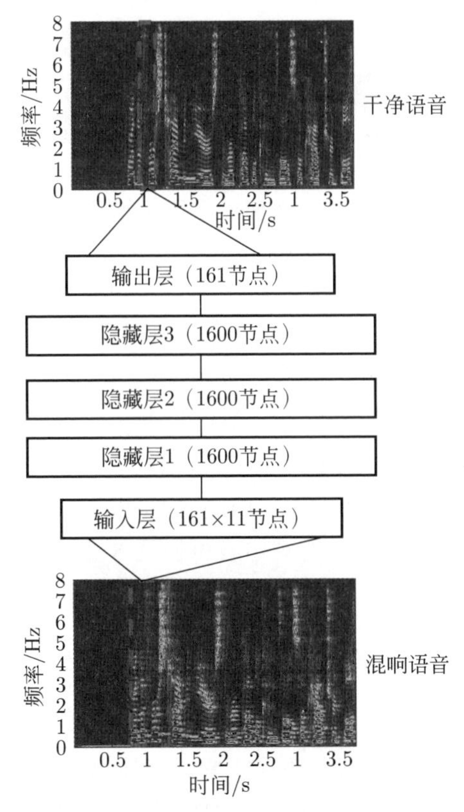


图 4.11 用于去混响的 DNN 结构图[125]

图 4.12给出了语音去混响实验的对数幅度谱图。由图 4.12 可知，语音的混响部分被大幅削弱，语音和静音帧之间的边界也清晰可见。图 4.13给出了基

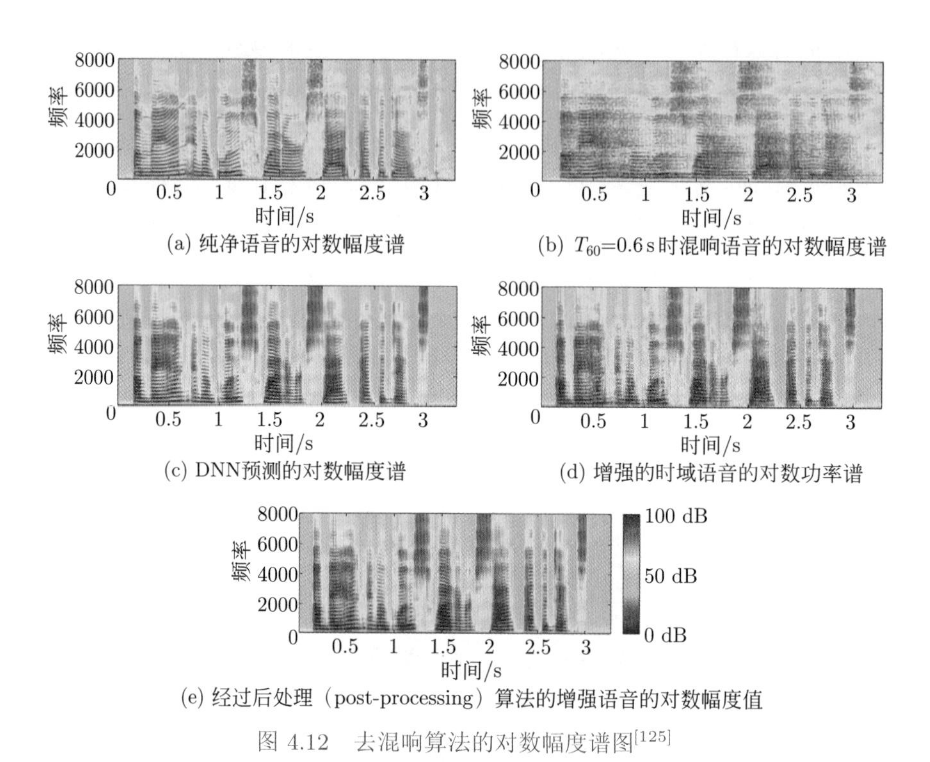


(a) 纯净语音的对数幅度谱

(b) $T_{60}$=0.6 s时混响语音的对数幅度谱

(c) DNN预测的对数幅度谱

(d) 增强的时域语音的对数功率谱

(e) 经过后处理（post-processing）算法的增强语音的对数幅度值

图 4.12　去混响算法的对数幅度谱图[125]

于深度学习的谱映射方法的实验结果。参与比较的三种方法分别是：① 2013 年，Hazrati 等提出的利用混响语音的方差特征与自适应门限的比较来计算比率掩模的去混响方法[89]；② 2006 年，Wu 和 Wang 提出的利用反向滤波器和谱减法分别抑制早期混响和晚期混响的双阶段方法[126]；③ 2013 年，Roman 等提出的使用 IBM 去混响方法[127]。由图 4.13 可知，基于深度学习的谱映射方法在语音信噪比、语音质量、客观语音可懂度 3 个指标上都显著超过了传统方法。

### 2. 掩模方法

2017 年，Williamson 等提出使用深度神经网络学习从含混响语音的时频谱到 cIRM 的映射关系的掩模方法[77]。它的基本步骤与基于谱映射的方法的核心差别在于使用的优化目标不同。以 cIRM 为目标的优点是能够同时增强时频谱的实部分量和虚部分量，弥补了频谱映射方法只增强幅度谱而没有增强相位谱的不足。其神经网络的结构如图 4.14 所示，该神经网络有两个输出，分别对应实部分量的掩模和虚部分量的掩模。

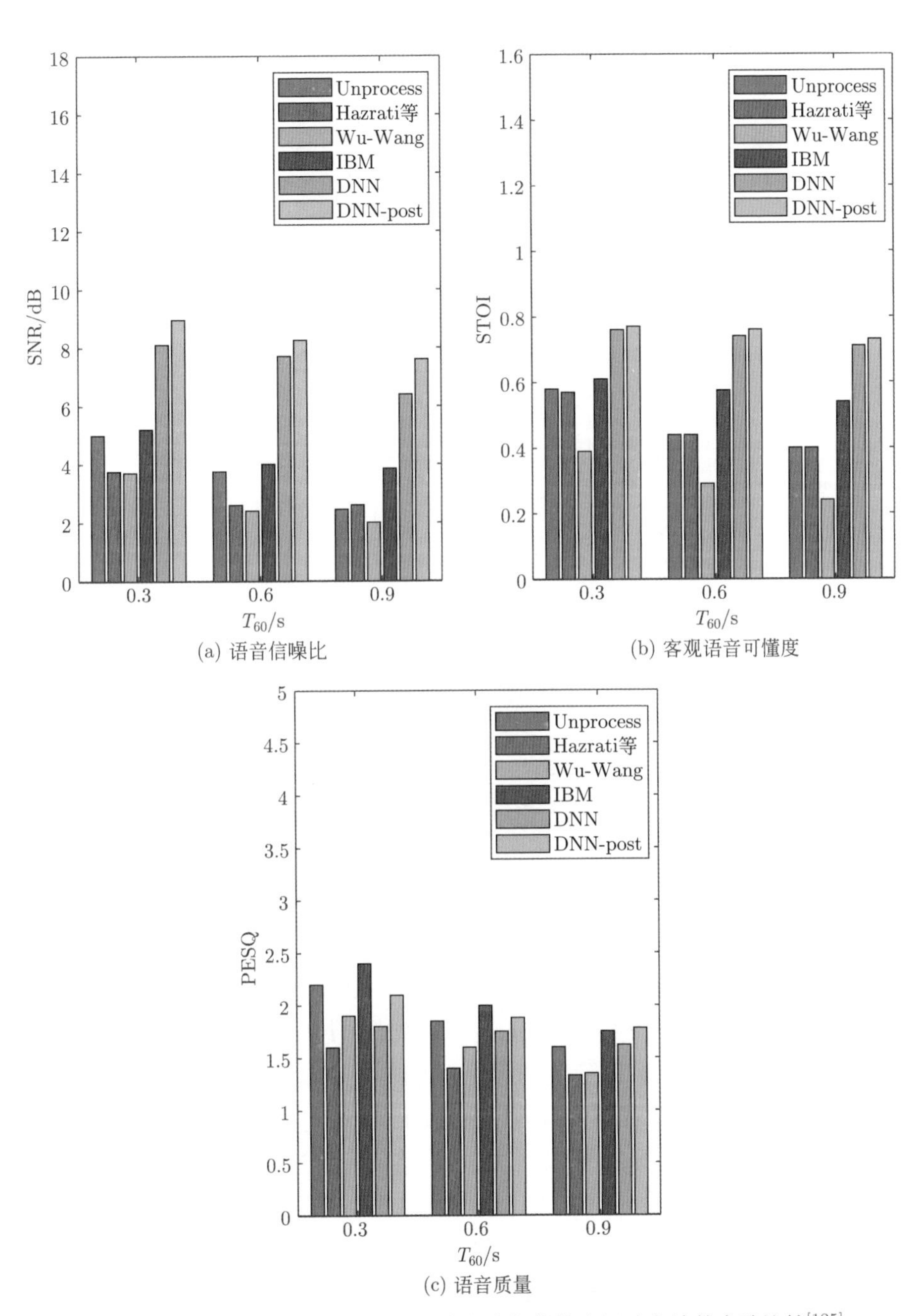


图 4.13 基于深度学习的语音去混响方法与传统去混响方法的实验比较[125]

注：Unprocess 表示未经处理的混响语音，Hazrati 等[89]、Wu-Wang[126]、IBM[127] 分别表示 3 种参与比较的传统信号处理方法

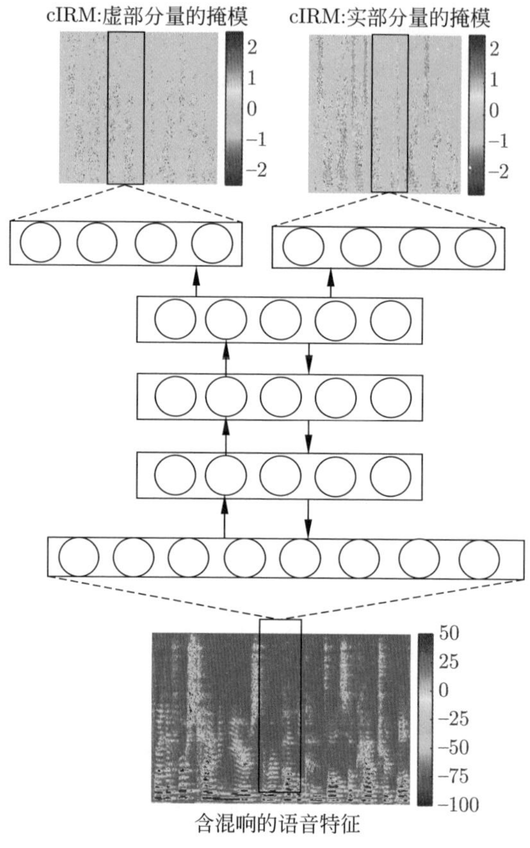


图 4.14 用于估计 cIRM 的 DNN 结构图[77]

图 4.15 给出了基于深度学习的掩模方法 cIRM 的实验结果。参与比较的两种方法分别是：① 2012 年，Yoshioka 等提出的使用加权误差估计（weighted prediction error，WPE）消除晚期混响的方法[128]；② 2014 年，Han 等提出的谱映射方法[93]（deep learning based spectral mapping，DSM）。图 4.15 给出了混响环境下 WPE、DSM、cIRM 三种方法相较未经处理的语音在指标 PESQ、STOI、fwSNR 上的提升。由图 4.15 可见，同参与比较的两种方法相比，cIRM 方法对语音质量的改善最明显，对语音客观可懂度和频域加权信噪比的改善随着混响时间 $T_{60}$ 的增大而增强，这与 cIRM 能够全面地增强时频谱有着必然的联系。

图 4.16 给出了在混响与加性噪声同时存在的环境下 3 种方法相较于未处理语音在指标 PESQ、STOI、fwSNR 上的提升。由图 4.16 可见，cIRM 在语

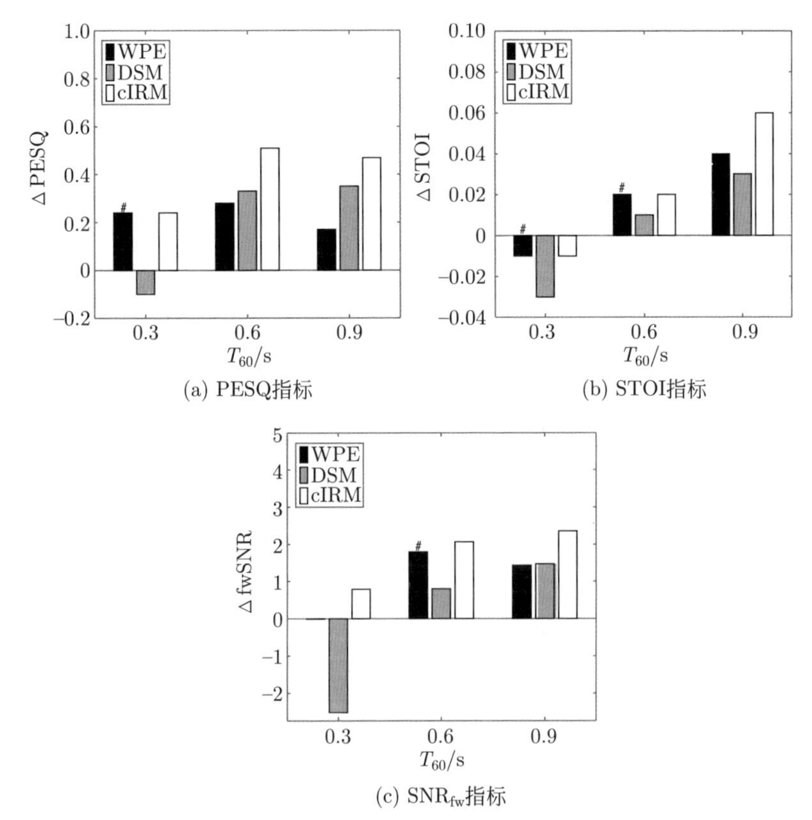


(a) PESQ指标

(b) STOI指标

(c) $SNR_{fw}$指标

图 4.15 在仿真的混响环境下 WPE、DSM、cIRM 三种方法相较于未经处理的语音在指标 PESQ、STOI、fwSNR 上的提升[77]

注：标记有“#”的方法表示在采用置信区间的 $p$ 值为 0.05 的单向 ANOVA 检验时，该方法的实验结果与 cIRM 的实验结果没有统计学意义上的差异

音质量和可懂度指标上都显著超过了参与比较的两种方法，但在分段信噪比上与 DSM 的性能接近。值得注意的是，WPE 方法在加性噪声存在的情况下几乎是失效的，这是因为 WPE 方法是为去混响问题而专门设计的，没有考虑去加性噪声的问题；与此对应的是，基于深度学习的谱映射方法和掩模方法既可以用于去混响，也可以用于同时去加性噪声和混响，这取决于目标函数的定义和训练数据集的准备。

最近也有一些将谱映射和掩模方法结合的研究。例如，Zhao 等在实验中发现谱映射的方法比基于 IRM 的掩模方法的去混响效果好，但基于 IRM 的掩模方法比谱映射方法的去加性噪声效果好。因此，Zhao 等提出了一种双阶段联合训练优化的方法，在第一阶段用基于 IRM 的掩模方法去噪声，在第二

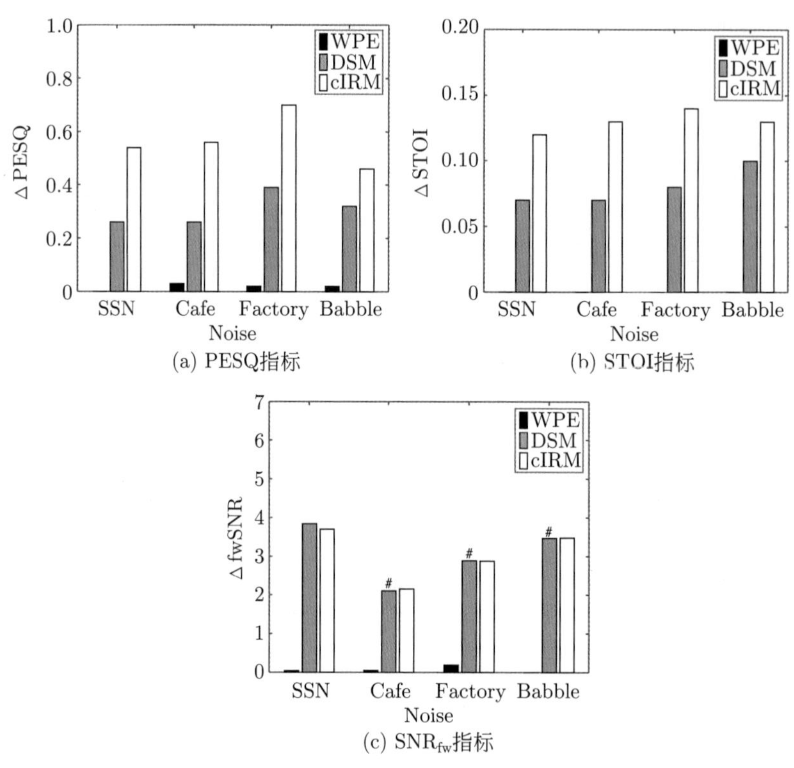

(a) PESQ指标

(b) STOI指标

(c) $SNR_{fw}$指标

图 4.16 在混响与加性噪声同时存在的环境下 3 种方法相较于未经处理的语音在指标 PESQ、STOI、fwSNR 上的提升[77]

阶段用谱映射的方法去混响。在训练阶段，该方法首先分别训练去加性噪声模型和去混响模型，然后再将它们联合训练[129]。

## 4.4 时域语音增强

端到端的时域语音增强算法不再从时域波形抽取时频谱特征，而是直接学习含噪语音的时域波形到纯净语音的时域波形的映射。这种方法避免了频域语音增强方法从增强后的频谱特征重构时域语音时，需要使用含噪语音的相位谱的问题；一些时域语音增强算法还具有短时延优点，能够满足实时语音通信的需求。与基于分类和回归模型的算法侧重于训练目标不同，端到端时域语音增强是随着近年来深度模型的改进而发展起来的。因此，它的侧重点在于新的深度模型结构。

### 4.4.1 关键问题

2017 年，Fu 等提出将不需要全连接输出层的全卷积网络[130]（fully convolutional network, FCN）用于时域语音增强[131]。从信号处理理论的角度来看，频域滤波相当于时域卷积，因此直接将卷积计算用于原始时域波形，或许可以替代先进行频谱变换再进行语音增强的传统方法。全连接结构无法很好地保留局部信息以提取高频成分，而全卷积网络能够同时对低频和高频成分建模。最终，将网络设置为 4 层一维卷积，每层有 15 个大小为 11 的卷积核——不同卷积核能捕捉不同频率成分的信息，且随着层数增加，每个节点的感受野逐渐增大。

虽然实验证明全卷积网络在对时域波形的建模效果方面要优于全连接网络和卷积神经网络，但一个问题是时域语音数据的采样点非常多。如果想要在建模时获得足够大的感受野，则需要的卷积层也将非常多。为了提高建模效率，时序卷积网络（temporal convolutional network, TCN）应运而生[132]，并随后被广泛用于各种序列建模任务。它的核心是多尺度膨胀卷积，图 4.17 对比了它与全卷积的区别，其具体形式在本书 2.5.4节有详细描述。与 TCN 思想一致的还有 WaveNet[133–134]。受 WaveNet 的启发，Dario 等首先提出将时序卷积网络用于时域语音增强[135]。论文中使用 3 个连续的时序卷积网络模块进行特征提取，每个模块内有 10 层膨胀卷积，膨胀系数依次为 $1, 2, \cdots, 512$，卷积核大小均为 3。由上可知，Dario 等提出的模型最后一层的节点的感受野包含 6139 个采样点，而同样深度与卷积核大小的全卷积网络的感受野只包含 61 个采样点。可见，时序卷积网络使用相同的参数量获得了指数倍增加的感受野，为时域语音建模提供了高效的解决方案。

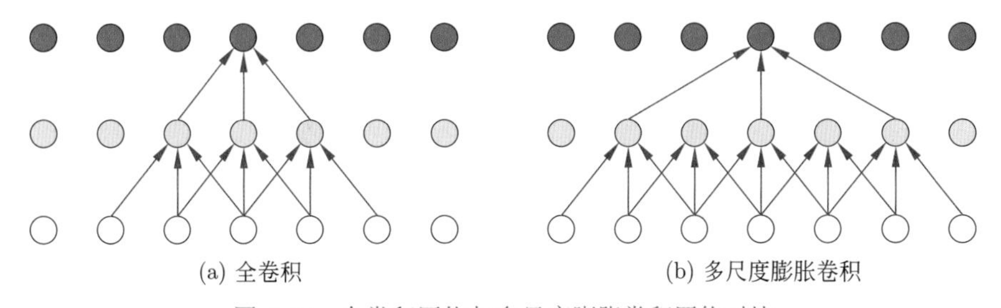


图 4.17 全卷积网络与多尺度膨胀卷积网络对比

除了使用卷积外，循环神经网络也常用于处理时间序列建模问题。例如，文献 [136] 以时域波形作为输入，在经过一维卷积编码后，使用 LSTM 网络进行特征提取。但此类网络的特点是只能按照时间的先后顺序串行处理，难以并行运算，相比于可并行运算的卷积操作来说，运行效率比较低。

### 4.4.2 卷积模型

卷积模型是近年来时域语音增强的主要架构[137–140]。下面介绍两种时域卷积模型：U-Net[141] 和 TasNet[136]。

#### 1. U-Net

U-Net 最早用于医学图像分割问题。下面首先介绍其在医学图像分割中的原型，然后介绍其在语音增强中的应用。如图 4.18 所示，在医学图像分割任务中，它的网络结构呈 U 形，故而命名为 U-Net。它包括左右两部分网络：其中左侧网络将输入逐渐压缩到低维特征，称为编码器；右侧网络从低维特征中恢复出目标数据，称为解码器。它的编码器部分通过交替进行卷积和最大池化，从而不断减小特征图的大小、增加特征图的通道数量，最后得到一个通道数量较多的小尺寸特征张量。它的解码器则执行相反的过程，通过交替进行上采样和卷积实现反卷积（详见本书 2.5.2 节所述），将特征图的大小和维度逐渐恢复，最后得到一个比输入数据的尺寸略小的特征图，此特征图即为图像分割的结果。

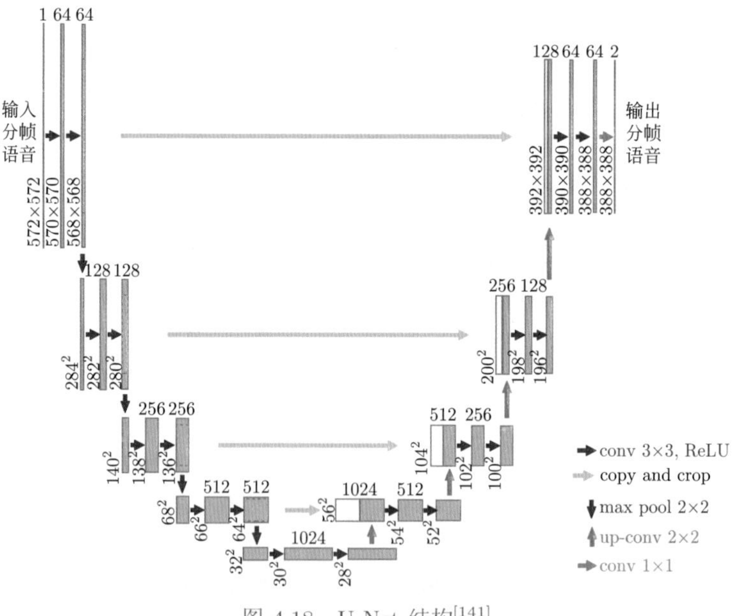


图 4.18 U-Net 结构[141]

U-Net 模型的一个关键结构是跳跃连接，即对于解码器的每层而言，它上采样后的特征图会与编码器对应层的同维度特征图进行拼接，作为其后续网络的新特征，如图 4.18中的灰色连线 [①]。之所以要进行跳跃连接是因为网络在编码器压缩特征的过程中会损失一些细节信息，从而使解码器扩张得到的特征在细节上模糊。上述拼接操作使得编码器特征中的细节信息能够直接流入解码器中，从而解决了这个问题。同时，这种连接也促进了反向传播时的梯度流动，有助于网络训练。

受 U-Net 的启发，SEGAN（speech enhancement generative adversarial network）将这种网络结构用于时域语音增强。两者的思路基本一致，但实现细节略有不同。如图 4.19 所示，编码器每层通过对特征边缘补零以及跨步卷积（stride convolution，一种与池化操作功能接近的卷积运算），使特征的大小逐层减半，同时通道数增加；解码器每层通过反卷积使特征的大小逐层加倍，同时通道数降低，最后使输出的尺寸（即增强语音）与输入（即含噪语音）一致。

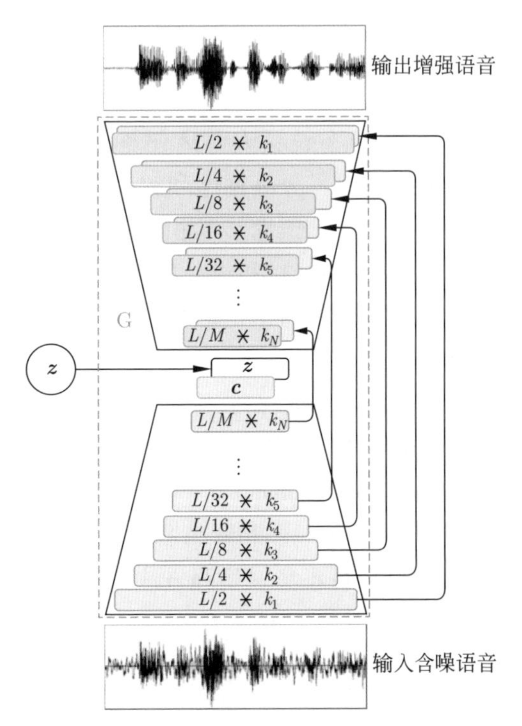


图 4.19　SEGAN 生成器结构[137]

① 编码器特征在与解码器特征拼接前，需要进行裁剪，以使编码器和解码器的特征维度相同。

网络中的跳跃连接的作用与 U-Net 完全一致。SEGAN 的另一个特点是它采用了生成对抗模型（GAN）进行训练（详见本书 2.8 节），其中上述编码器-解码器网络是其生成器，因此编码器得到的中间特征 $\boldsymbol{c}$ 需与一个具有既定先验分布的随机隐向量（latent vector）$\boldsymbol{z}$ 拼接后再进行解码。

文献 [142] 使用了与 SEGAN 的生成器一样的网络结构进行时域语音增强，区别是文献 [142] 使用频域损失而不是时域损失（如 MSE 等）进行训练。在该结构的基础上，TCNN[140] 在编码器和解码器之间插入了本书 4.4.1 节提到的时序卷积模块，使每帧特征都能获取长时的依赖信息。需要注意的是，U-Net 结构在卷积的过程中是需要在特征边缘补零的，同时在反卷积的过程中需要在每个特征点之间插入零。文献 [138] 指出这种做法相当于人工引入了新的噪声，导致生成的语音质量下降。因此，文献 [138] 提出的 Wave-U-Net 在卷积的过程中不进行补零，以避免这种额外噪声。但是，这也会导致最后输出的语音比输入的含噪语音更短。为了解决这个问题，要求在切分输入语音片段时要有部分重叠。

#### 2. TasNet

TasNet 是一种最初被用于多说话人分离任务的时域端到端网络，之后被应用于语音增强。它由编码器、分离网络和解码器三部分组成，详见本书 6.4.3 节所述。它的编码器是一个一维跨步卷积层，解码器是一个一维反卷积层，分别用于将输入语音编码到特征域和将分离（增强）后的特征重建为语音波形。编码器和解码器之间的分离网络是影响语音增强性能的关键部分，为了提取长时宽、多尺度的特征，TasNet 依次提出了使用 LSTM[136]、TCN[143]、DPRNN[144] 作为分离网络的特征提取器。然后，将提取的特征作为掩膜对分离网络的输入特征进行掩蔽操作估计出纯净语音特征。

虽然 U-Net 和 TasNet 都采用了编码器、解码器，但它们的编码器和解码器的作用是不一样的。U-Net 的编码器和解码器直接完成语音增强的功能，而 TasNet 的编码器和解码器只代替了频域增强方法的时频变换，其增强功能仍依赖于专门设计的语音增强网络。

### 4.4.3 损失函数

#### 1. 时域损失

时域增强网络端到端地将含噪语音波形转换为增强后的语音波形，因此最直接的损失函数形式就是衡量增强后的语音波形与纯净语音波形之间的差异。两者都是一维向量，将其看作回归问题，最常用的损失函数就是平均绝对误差（time domain mean absolute error, T-MAE）和均方误差（time domain mean squared error, T-MSE），其计算式分别如下：

$$\mathcal{L}_{\text{T-MAE}} = E_{\boldsymbol{x},\hat{\boldsymbol{x}}}[\|\boldsymbol{x} - \hat{\boldsymbol{x}}\|_1] \tag{4.29}$$

$$\mathcal{L}_{\text{T-MSE}} = E_{\boldsymbol{x},\hat{\boldsymbol{x}}}[\|\boldsymbol{x} - \hat{\boldsymbol{x}}\|_2^2] \tag{4.30}$$

其中，$\boldsymbol{x}$ 和 $\hat{\boldsymbol{x}}$ 分别为参考纯净语音和增强后的语音；$\|\cdot\|_1$ 和 $\|\cdot\|_2$ 分别代表 $\ell_1$ 范数和 $\ell_2$ 范数。

TasNet 直接将优化评价指标 SI-SDR 作为损失函数：

$$\mathcal{L}_{\text{SI-SNR}} = 10\log_{10}\frac{\|\boldsymbol{x}_{\text{target}}\|^2}{\|\boldsymbol{e}_{\text{noise}}\|^2} \tag{4.31}$$

其中，

$$\boldsymbol{x}_{\text{target}} = \frac{\langle\hat{\boldsymbol{x}},\boldsymbol{x}\rangle\boldsymbol{x}}{\|\boldsymbol{x}\|^2}\boldsymbol{e}_{\text{noise}} = \hat{\boldsymbol{x}} - \boldsymbol{x}_{\text{target}} \tag{4.32}$$

文献 [145] 证明了这种损失函数等价于时域的对数 MSE（time domain log MSE，T-LMSE）：

$$\mathcal{L}_{\text{T-LMSE}} = 10\log_{10}E_{\boldsymbol{x},\hat{\boldsymbol{x}}}[\|\boldsymbol{x} - \hat{\boldsymbol{x}}\|_2^2] \tag{4.33}$$

### 2. 频域损失

实验中发现，采用时域的损失函数会导致一些音素信息遭到破坏。对此，一种做法是将频域损失函数引入时域网络进行训练。例如，文献 [142] 使用增强语音和纯净语音的短时傅里叶变换幅度谱的平均绝对损失作为其全卷积时域增强网络的损失函数：

$$\mathcal{L}_{\text{MAE}} = E_{\boldsymbol{X},\hat{\boldsymbol{X}}}[\|\boldsymbol{X} - \hat{\boldsymbol{X}}\|_1] \tag{4.34}$$

其中，$\boldsymbol{X}$ 和 $\hat{\boldsymbol{X}}$ 分别为纯净语音和增强后的语音的短时傅里叶变换幅度谱。

### 3. 生成对抗损失

SEGAN[137] 除了计算时域损失外，还要计算特殊的对抗损失。具体地，

SEGAN 的生成器 $G(\cdot)$ 是一个时域增强全卷积自编码器。如果直接使用传统的回归损失，如 MAE 或 MSE 训练一个 U-Net，相当于已经假设生成器的输出符合某种特定分布（如高斯分布）。实际上，真实语音分布可能是个更复杂的非标准分布。但是，传统的回归损失限制了生成器输出其他分布的能力。对此，作者采用了对抗训练的方式，通过额外训练一个判别器 $D(\cdot)$，用于判决一段语音是否是真实的纯净语音，并将判决信息传递回生成器。生成器通过判别器返回的信息，进一步增强其输出分布接近纯净语音的真实分布的能力。关于 GAN 的详细介绍参见本书 2.8 节，这里仅给出 SEGAN 的损失函数的形式：

$$\mathcal{L}_D = \frac{1}{2}E_{\boldsymbol{x},\boldsymbol{y}\sim p_{\text{data}}(\boldsymbol{x},\boldsymbol{y})}[(D(\boldsymbol{x},\boldsymbol{y})-1)^2] + \frac{1}{2}E_{\boldsymbol{z}\sim p_{\boldsymbol{z}}(\boldsymbol{z}),\boldsymbol{y}\sim p_{\text{data}}(\boldsymbol{y})}[D(G(\boldsymbol{z},\boldsymbol{y}),\boldsymbol{y})^2] \tag{4.35}$$

$$\mathcal{L}_G = \frac{1}{2}E_{\boldsymbol{z}\sim p_{\boldsymbol{z}}(\boldsymbol{z}),\boldsymbol{y}\sim p_{\text{data}}(\boldsymbol{y})}[(D(G(\boldsymbol{z},\boldsymbol{y}),\boldsymbol{y})-1)^2] + \lambda\|G(\boldsymbol{z},\boldsymbol{y})-\boldsymbol{x})\|_1 \tag{4.36}$$

其中，$\boldsymbol{x}$ 为纯净语音；$\boldsymbol{y}$ 为含噪语音；$\boldsymbol{z}$ 为随机隐向量。式 (4.35) 是判别器的损失函数。式 (4.36) 是生成器的损失函数，它由对抗损失和时域损失 T-MAE 两部分组成，二者的比例通过超参数 $\lambda$ 进行调节。

## 4.5 本章小结

本章从语音增强的基本概念入手，全面阐述了近年来基于深度学习的单通道语音增强的关键方法和研究进展。在频域语音增强方面，介绍了训练目标和基本模型。其中，介绍了 IBM、TBM、IRM、SMM、PSM、cIRM、TMS 和 SA 共 8 种时频域语音增强目标。这些目标中，除了 TMS 是以纯净语音的时频谱为优化目标以外，其他 7 种都是时频掩膜方法。本书按照时间发展顺序先后介绍了基于分类的频域语音增强模型、基于回归的频域语音增强模型。因为语音去混响问题在深度学习框架下已经与语音增强问题没有太大的差别，所以简要介绍了基于谱映射的方法和基于时频掩膜的方法，重点反映了语音去混响与语音增强在训练目标的构造上的一点区别。在时域语音增强方面，首先分析了为什么卷积网络会是时域语音增强的首选模型，然后重点介绍了 U-Net 网络及其改进，最后介绍了时域语音增强的损失函数。

# 第5章　多通道语音增强

## 5.1 引　言

由于设备的限制，多通道语音增强方法是在单通道语音增强方法之后发展起来的。多通道语音增强利用声源的方位信息，对非感兴趣方向的噪声有较好的抑制效果。传统的多通道语音增强包括波束形成、多通道维纳滤波器等算法。波束形成历史悠久，在声呐、雷达、地震、通信等[146]很多领域都有广泛应用。语音增强领域的波束形成旨在保留语音到达方向的信号能量，同时抑制其他方向的噪声干扰。根据波束形成器的系数是否固定不变，波束形成算法可以分为固定波束形成和自适应波束形成。固定波束形成算法是最早的波束形成算法，当麦克风阵列的阵型和目标信号方向确定后，滤波器的权值系数便随之确定。一种经典的固定波束形成方法是延时求和方法（delay and sum technique）。它分为两个子步骤：同步和加权求和。首先，它利用声信号到达麦克风的时间不同的特点，选择一个麦克风作为基准麦克风，计算声信号到达其他麦克风与到达基准麦克风的差值，然后将差值加到各个麦克风中，以同步各个麦克风阵元的信号；然后，它将多个麦克风采集的信号按照目标方向的相位信息叠加，利用非目标方向信号的相位不同、相互抵消的原理减弱非目标方向的信号。非目标方向信号的衰减量取决于麦克风的数量与间隔，通常麦克风数量越多、阵元间距越大，噪声的衰减量越大。因为麦克风的权重系数固定，所以延时求和方法的去噪能力有限。针对该问题，自适应波束形成算法根据输入信号的变化动态调整麦克风的加权系数。常见方法包括最小方差无失真响应[147]（minimum variance distortionless response，MVDR）、线性约束最小方差[148]（linearly constrained minimum variance，LCMV）、广义旁瓣相消器[149]（generalized sidelobe canceller，GSC）、多通道维纳滤波器[150]（multi-channel Wiener filtering，MWF）。但是，上述自适应波束形成算法的性能通常依赖较好的自适应噪声估计，这是一个在复杂声学场景和低信噪比环境下很难解决的问题。

自 2014 年 Jiang 等[151] 将深度神经网络用于多通道语音增强以来，基于深度学习的多通道语音增强技术获得了蓬勃发展。目前，基于深度学习的多通道语音增强根据空间信息的利用方式不同可以分为空间特征提取法和波束形成法，根据麦克风阵列的不同类型可以分为固定麦克风阵列法和自组织麦克风阵列法。本章将分别介绍上述基于深度学习的方法。

## 5.2 信号模型

多通道信号模型是单通道信号模型的拓展。它的信号模型必须考虑混响。假设一个麦克风阵列由 $M$ 个麦克风组成，它们共享同一个语音源 $s(k)$，但各个通道的房间冲激响应函数（RIR）和噪声干扰不同，其中 $k$ 表示第 $k$ 个时间采样点。本节以上述假设为基础，将本书 4.2.1节的包含加性噪声和混响的单通道信号模型式(4.6) 拓展到多通道信号模型：

$$y_m(k) = c_m(k) * s(k) + n_m(k) \tag{5.1}$$

$$= x_m(k) + n_m(k), \quad \forall m = 1, 2, \cdots, M \tag{5.2}$$

其中，$y_m(k)$ 表示第 $m$ 个通道接收到的声信号；$c_m(k)$ 表示第 $m$ 个通道的直达声的脉冲响应；$n_m(k)$ 既包括 $s(k)$ 到达第 $m$ 个通道的早期和晚期混响噪声，也包括该通道接收到的加性噪声。

本章所讨论的算法多数工作于 STFT 时频域。将式 (5.1) 和式 (5.2) 经过时频变换后可得多通道信号的时频域模型为

$$y_m(t,f) = c_m(t,f)s(t,f) + n_m(t,f) \tag{5.3}$$

$$= x_m(t,f) + n_m(t,f), \quad \forall m = 1, 2, \cdots, M \tag{5.4}$$

如果令 $\boldsymbol{y}(t,f) = [y_1(t,f), y_2(t,f), \cdots, y_M(t,f)]^{\mathrm{T}}$，$\boldsymbol{c}(t,f) = [c_1(t,f), c_2(t,f), \cdots, c_M(t,f)]^{\mathrm{T}}$，$\boldsymbol{n}(t,f) = [n_1(t,f), n_2(t,f), \cdots, n_M(t,f)]^{\mathrm{T}}$，则式 (5.3) 和式 (5.4) 可进一步简写为

$$\boldsymbol{y}(t,f) = \boldsymbol{c}(t,f)s(t,f) + \boldsymbol{n}(t,f) \tag{5.5}$$

$$= \boldsymbol{x}(t,f) + \boldsymbol{n}(t,f) \tag{5.6}$$

# 5.3 空间特征提取法

空间特征提取法于 2014 年被提出，开创了基于深度学习的多通道语音增强研究[151]。该类方法首先使用两个相同的听觉滤波器组抽取左右耳通道的时频域特征，然后从左右耳通道的时频域特征中抽取双耳时间差（interaural time differences，ITD）、双耳声级差（interaural level/intensity differences，ILD/IID）、双耳相位差（interaural phase difference，IPD）等空间特征，最后将上述特征与各个通道的频谱特征拼接以后作为基于深度学习的单通道语音增强的输入。下面首先介绍基于伽马通滤波器组（Gammatone filterbank）和 STFT 的空间特征提取方法，然后介绍近年来空间特征提取法所采用的深度模型。

## 5.3.1 空间特征

### 1. 基于伽马通滤波器组的空间特征

基于伽马通滤波器组的空间特征抽取方法[151] 首先使用伽马通滤波器组进行仿人类耳廓的听觉处理。该滤波器组的冲激响应函数为

$$g(f,s)=\begin{cases} s^{n-1}\mathrm{e}^{-2\pi b_f s}\cos\left(2\pi\omega_f s\right), & s\geqslant 0 \\ 0, & 其他 \end{cases} \quad \forall f=1,2,\cdots,F \tag{5.7}$$

其中，$s$ 表示第 $s$ 个采样点；$f$ 表示滤波器组中的第 $f$ 个滤波器；$F$ 表示滤波器的数量；$\omega_f$ 和 $b_f$ 分别表示第 $f$ 个滤波器的中心频率和带宽；$n$ 表示滤波器的阶。在文献 [151] 中，$F=64$，$\omega_f\in[50,8000]$ Hz，$n=4$。这种仿人耳廓的听觉处理方法是计算听觉场景分析中的常用方法。经过伽马通滤波器组以后的时频域信号进一步通过半波整流器 $\max(x,0)$ 和平方根 $\sqrt{x}$ 操作来模拟神经细胞的电活动和饱和效应。接着，每个频带的信号被分成帧长为 20 ms、帧移为 10 ms 的时间帧。这样，信号的每个时频单元是一个向量。例如，在 16 kHz 的采样率下，每个时频单元 $\boldsymbol{x}(t,f)$ 含有 320 个采样点。

假设输入的左通道信号为 $y_{\mathrm{l}}(k)$、右通道信号为 $y_{\mathrm{r}}(k)$，则经过伽马通滤波器组以后的左通道信号表示为 $y_{\mathrm{l}}(t,f,k)$、右通道信号表示为 $y_{\mathrm{r}}(t,f,k)$，其中 $k$ 表示第 $f$ 个频带的第 $t$ 帧的第 $k$ 个采样点。

1）双耳时间差

双耳时间差（ITD）是指声源发出的声波到双耳的传输时间差。计算双耳时间差的方法很多，如上升沿法、互相关法、群延时法等。本节仅介绍互相关法。

首先计算双耳信号的归一化互相关函数（cross-correlation function，CCF）：

$$\mathrm{CCF}(t,f,\tau)=\frac{\sum_k \left(y_{\mathrm{l}}(t,f,k)-\bar{y}_{\mathrm{l}}(t,f)\right)\left(y_{\mathrm{r}}(t,f,k-\tau)-\bar{y}_{\mathrm{r}}(t,f)\right)}{\sqrt{\sum_k \left(y_{\mathrm{l}}(t,f,k)-\bar{y}_{\mathrm{l}}(t,f)\right)^2}\sqrt{\sum_k \left(y_{\mathrm{r}}(t,f,k-\tau)-\bar{y}_{r}(t,f)\right)^2}} \tag{5.8}$$

其中，$\bar{y}(t,f)$ 表示对第 $f$ 频带第 $t$ 帧中的所有采样点求均值；$\tau$ 表示时延。在文献 [151] 中，$\tau$ 的取值为 $-1\sim 1$ ms，所以在 16 kHz 采样频率的条件下可以得到 33 个互相关函数值，在忽略了 $\tau=-1$ ms 之后，可以得出每个时频单元包含 32 维 CCF 特征。双耳时间差是每个时频单元的 32 维 CCF 特征的最大值所对应的 $\tau$：

$$\mathrm{ITD}(t,f)=\arg\max_{\tau}\mathrm{CCF}(c,t,\tau) \tag{5.9}$$

2）双耳声级差

双耳声级差（ILD/IID）是指声源发出的声波传递到双耳之间的声音强弱之差（单位：dB）：

$$\mathrm{ILD}(t,f)=10\log_{10}\frac{\sum_k y_{\mathrm{l}}^2(t,f,k)}{\sum_k y_{\mathrm{r}}^2(t,f,k)} \tag{5.10}$$

### 2. 基于短时傅里叶变换的空间特征

基于短时傅里叶变换的空间特征首先对每个通道做 STFT：

$$y(t,f)=\sum_{k=-\infty}^{\infty} y(k)w(k-t)\mathrm{e}^{-\mathrm{j}\omega_f k} \tag{5.11}$$

其中，$\omega_f$ 表示 STFT 的第 $f$ 个频带的角度频率；$w(k)$ 是窗函数，常用的窗函数为 Hamming 窗。经过 STFT 以后的左右通道信号时频谱的每个时频单元是一个复数标量，分别记作 $y_{\mathrm{l}}(t,f)$ 和 $y_{\mathrm{r}}(t,f)$。

1）双耳时间差

STFT 域的双耳时间差有一个很简单的计算方法为

$$\mathrm{ITD}\,(t,f)=\frac{\angle y_{\mathrm{l}}(t,f)-\angle y_{\mathrm{r}}(t,f)}{\omega_f} \tag{5.12}$$

其中，$\angle y(t,f)$ 表示复数 $y(t,f)$ 的角度值。

2）双耳声级差

STFT 域的双耳声级差的计算方法为

$$\mathrm{ILD}\,(t,f)=10\log_{10}\frac{y_{\mathrm{l}}^2\,(t,f)}{y_{\mathrm{r}}^2\,(t,f)} \tag{5.13}$$

3）双耳相位差

STFT 域的双耳相位差（IPD）的计算方法为

$$\begin{aligned}\mathrm{cosIPD}\,(t,f)&=\cos\left(\angle y_{\mathrm{l}}(t,f)-\angle y_{\mathrm{r}}(t,f)\right)\\ \mathrm{sinIPD}\,(t,f)&=\sin\left(\angle y_{\mathrm{l}}(t,f)-\angle y_{\mathrm{r}}(t,f)\right)\end{aligned} \tag{5.14}$$

注意：给定声源时，cosIPD 和 sinIPD 的时频谱图有较大不同，所以在实际使用时可以将它们联合起来。

### 5.3.2 深度模型

Jiang 等[151] 抽取了基于伽马通滤波器组的 ITD 和 ILD 作为空域特征，然后从每个通道抽取了基于伽马通滤波器组的频域特征 ——伽马通滤波器组倒谱系数（Gammatone filterbank cepstral coefficients，GFCC），共同作为深度神经网络的输入特征。文献 [151] 之所以选择基于伽马通滤波器组的空域和频域特征，是因为伽马通滤波器组具有较好的抗噪声作用。在深度神经网络方面，如图 5.1 所示，文献 [151] 使用 DBN 作为单通道语音增强器，使用理想二值掩膜 IBM 作为训练目标，为每个频带都训练了一个 DBN。关于 DBN 模型的描述详见本书 3.3.2 节。文献 [151] 首次将深度学习用于解决多通道语音增强/分离问题，具有开创意义。

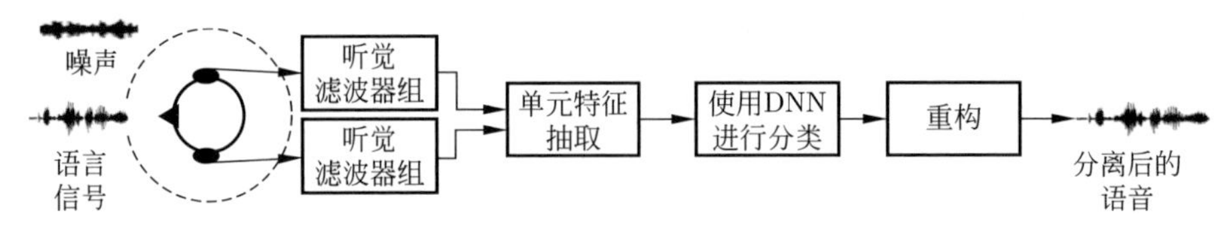


图 5.1 基于 DNN 的双通道语音增强系统示意图[151]

图 5.2给出了增强前后的耳蜗图。由图 5.2可见，增强后的耳蜗图（图 5.2(c)）与纯净语音的耳蜗图（图 5.2(b)）具有很强的相似性。表 5.1展示了文献 [151] 提出的算法与多种非神经网络的代表性多通道语音增强/分离算法的比较结果。由表 5.1 可知，与非深度学习的方法相比，文献 [151] 提出的算法得到了大约 5 dB 的信噪比相对提升。

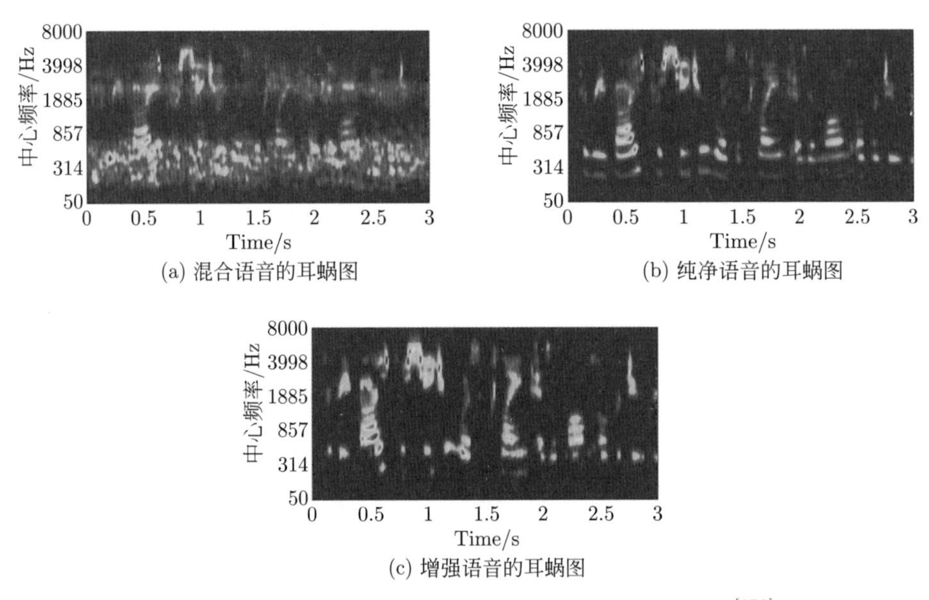


(a) 混合语音的耳蜗图 (b) 纯净语音的耳蜗图

(c) 增强语音的耳蜗图

图 5.2 在信噪比为 0 dB 环境下空间特征法的分离结果[151]

**表 5.1 基于深度学习的空间特征法与传统多通道语音增强算法在多声源、输入信噪比为 −5 dB、混响环境 $T_{60} = 0.3$ s 条件下的输出信噪比（单位：dB）比较**

| 声源数量 | Proposed[151] | Woodruff-Wang[152] | Roman 等[153] | MESSL[154] | DUET[155] |
|---|---|---|---|---|---|
| 2 | 6.32 | 1.58 | −2.06 | 2.73 | 0.14 |
| 3 | 4.76 | 0.17 | −1.61 | −0.23 | 0.49 |
| 5 | 5.51 | 0.92 | −2.14 | 0.55 | 0.54 |

在文献 [151] 之后，很多空间特征法被提出，它们与文献 [151] 所提方法的框架相似，都包含双通道空间特征的提取和深度神经网络两部分。例如，2015 年，Araki 等[156] 抽取了包括 ILD、IPD 等 5 种双通道空间特征作为降噪深度自编码器（deep autoencoder，DAE）的输入特征。DAE 的输入是含噪语音的空间特征，优化目标是使得网络输出与纯净语音的单通道特征的均方误差最小。2016 年，Yu 等[157] 使用 ILD、IPD、混合向量的组合特征作为深度神经网络的输入。其中，混合向量是双通道的 STFT 特征的时频单元对，深度神经网络使用自动编码器作为无监督分层预训练，然后进行有监督微调。2016 年，Fan 等[158] 改进了 ILD，并结合了左通道的对数功率谱频谱特征作为深度神经网络的输入，优化目标是使得网络输出与纯净语音的对数功率谱的均方误差最小。2017 年，Zhang 和 Wang[159] 将左通道和右通道的输入信号送入两个不同的模块用来做频谱和空间分析。与一般的单通道谱分析方法不同，这项研究是在一个固定的波束形成器上进行的，波束形成器本身可以通过补充单通道特征来避免背景噪声的干扰。上述工作也都逐渐改进了深度神经网络模型，在此不再赘述。

虽然上述方法都是在双通道麦克风阵列上开发的，但是也可以很容易将它们扩展到多通道麦克风阵列技术。当使用多通道麦克风阵列时，可以指定一个麦克风作为参考麦克风，用于与其他麦克风分别组成双通道麦克风阵列，并从每个双通道麦克风阵列抽取一个双通道特征，作为深度神经网络输入的一部分。

## 5.4　波束形成方法

波束形成可以分为固定波束形成和自适应波束形成。固定波束形成的定义是：在波束形成的过程中，滤波器的权值固定不变。也就是说，当麦克风阵列形状确定并且目标语音的方向确定后，波束形成器的权值也随之确定。自适应波束形成的定义是：滤波器的权值可以随环境的变化而自适应调整，这样得到的波束形成器的鲁棒性较好。传统自适应波束形成的关键难题是如何进行可靠的噪声估计，它不仅需要可靠的声源定位，还需要在声源定位的基础上进行噪声统计量的无监督估计。这在信噪比低、噪声类型复杂，以及有混响环境下是很难做到的。更进一步地，传统自适应波束形成的噪声统计量是无监督估计的结果，没有考虑语音与非语音的不同，限制了其作为语音识别前端的作用。

基于深度学习的波束形成方法是一种结合了深度学习的噪声估计能力的自适应波束形成方法。该方法分为两个步骤，第一个步骤使用神经网络做单通道的噪声估计，第二个步骤将噪声估计的结果应用于自适应波束形成。该方法在一定程度上缓解了传统自适应波束形成的多个难题，有利于得到更准确的滤波器系数，所以总体上取得了更好的增强效果。本节先介绍两种经典的自适应波束形成器，然后介绍深度学习与自适应波束形成的结合方法。

### 5.4.1 自适应波束形成器

本节将分别介绍两种最常见的自适应波束形成器：最小方差无失真响应（minimum variance distortionless response，MVDR）波束形成器和广义特征值（generalized eigenvalue，GEV）波束形成器。

#### 1. 基本原理

假设声场中有一个点声源和一个包含 $M$ 个麦克风的阵列，那么该阵列接收到的信号在 STFT 域可以被写为

$$\begin{aligned}\boldsymbol{y}(t,f) &= \boldsymbol{c}(f)\,s(t,f)+\boldsymbol{n}(t,f)\\ &= \boldsymbol{x}(t,f)+\boldsymbol{n}(t,f)\end{aligned} \tag{5.15}$$

其中，$\boldsymbol{y}(t,f)$ 和 $\boldsymbol{n}(t,f)$ 分别表示麦克风阵列接收的带噪语音和加性噪声在第 $t$ 帧和第 $f$ 个频带的 $M$ 维空间向量；$s(t,f)$ 表示参考麦克风接收到的直达声的时频单元；$\boldsymbol{c}(f)$ 表示阵列的导向向量；$\boldsymbol{x}(t,f)=\boldsymbol{c}(f)\,s(t,f)$ 表示阵列接收到的纯净语音信号。

自适应滤波器使用滤波器系数 $\boldsymbol{w}(f)$ 对接收到的信号 $\boldsymbol{y}(t,f)$ 进行滤波，以恢复语音信号：

$$\hat{s}(t,f)=\boldsymbol{w}(f)^{\mathrm{H}}\boldsymbol{y}(t,f),\quad \forall f=1,2,\cdots,F \tag{5.16}$$

其中，$\hat{s}(t,f)$ 是 $s(t,f)$ 的估计；$F$ 表示 STFT 的频带数量。

假设阵列的导向向量 $\boldsymbol{c}(f)$ 已知，则目标方向上的输出信噪比为

$$\mathrm{SNR}(f)=\frac{E\left[\left|\boldsymbol{w}(f)^{\mathrm{H}}\boldsymbol{c}(f)s(t,f)\right|^2\right]}{E\left[|\boldsymbol{w}(f)^{\mathrm{H}}\boldsymbol{n}(t,f)|^2\right]}=\frac{\sigma_{\mathrm{s}}^2|\boldsymbol{w}(f)^{\mathrm{H}}\boldsymbol{c}(f)|^2}{\boldsymbol{w}^{\mathrm{H}}(f)\boldsymbol{\Phi}_{\mathrm{n}}\boldsymbol{w}(f)} \tag{5.17}$$

其中，$E[\cdot]$ 表示期望；$\sigma_{\mathrm{s}}=E[|s(k)|^2]$ 表示麦克风接收到的信号所包含的纯净语音的功率；$\boldsymbol{\Phi}_{\mathrm{n}}$ 表示噪声的空间协方差矩阵。式(5.17)的另一种写法为

$$\mathrm{SNR}(f)=\frac{E\left[\left|\boldsymbol{w}(f)^{\mathrm{H}}\boldsymbol{x}(t,f)\right|^2\right]}{E\left[|\boldsymbol{w}(f)^{\mathrm{H}}\boldsymbol{n}(t,f)|^2\right]}=\frac{\boldsymbol{w}(f)^{\mathrm{H}}\boldsymbol{\Phi}_{\boldsymbol{x}}\boldsymbol{w}(f)}{\boldsymbol{w}(f)^{\mathrm{H}}\boldsymbol{\Phi}_{\mathrm{n}}\boldsymbol{w}(f)} \tag{5.18}$$

其中，$\boldsymbol{\Phi}_{\boldsymbol{x}}$ 表示接收到的纯净语音的空间协方差矩阵。

2. 最小方差无失真响应波束形成器

MVDR 的优化目标是使得滤波器在目标方向上的信号畸变最小，该目标可以通过约束最小化公式(5.17)的分母，同时约束其分子为一个常量来实现：

$$\begin{aligned}&\boldsymbol{w}_{\mathrm{opt}}(f)=\arg\min_{\boldsymbol{w}(f)}\boldsymbol{w}(f)^{\mathrm{H}}\boldsymbol{\Phi}_{\mathrm{n}}(f)\boldsymbol{w}(f)\\&\text{s.t.}\quad \boldsymbol{w}(f)^{\mathrm{H}}\boldsymbol{c}(f)=1\end{aligned} \tag{5.19}$$

其中，$\boldsymbol{w}(\cdot)^{\mathrm{H}}$ 表示共轭转置；$\boldsymbol{\Phi}_{\mathrm{n}}$ 表示噪声的空间协方差矩阵。式(5.19)存在下列闭式解：

$$\boldsymbol{w}_{\mathrm{opt}}(f)=\frac{\boldsymbol{\Phi}_{\mathrm{n}}(f)^{-1}\boldsymbol{c}(f)}{\boldsymbol{c}(f)^{\mathrm{H}}\boldsymbol{\Phi}_{\mathrm{n}}(f)^{-1}\boldsymbol{c}(f)} \tag{5.20}$$

3. 广义特征值波束形成器

GEV 波束形成器的优化目标是最大化输出信噪比，即

$$\boldsymbol{w}_{\mathrm{opt}}(f)=\arg\max_{\boldsymbol{w}(f)}\frac{\boldsymbol{w}(f)^{\mathrm{H}}\boldsymbol{\Phi}_{\boldsymbol{x}}(f)\boldsymbol{w}(f)}{\boldsymbol{w}(f)^{\mathrm{H}}\boldsymbol{\Phi}_{\mathrm{n}}(f)\boldsymbol{w}(f)} \tag{5.21}$$

这个优化问题的求解可以归纳为一个广义特征值问题，其解为

$$\boldsymbol{w}_{\mathrm{opt}}(f)=\mathrm{eig}\left(\boldsymbol{\Phi}_{\mathrm{n}}^{-1}(f)\boldsymbol{\Phi}_{\boldsymbol{x}}(f)\right) \tag{5.22}$$

其中，$\mathrm{eig}(\cdot)$ 表示求最大特征值所对应的特征向量操作。GEV 波束形成器的优点在于不需要语音源到麦克风的声学传递函数的性质，以及不需要噪声的空间相关性假设。

不同于 MVDR 的是，GEV 波束形成器会引入语音失真。解决该问题需

要引入一个后滤波器。一种常见的后滤波器是盲分析归一化（blind analytic normalization，BAN）单通道后滤波器，具体公式为

$$g_{\mathrm{BAN}}(f)=\frac{\sqrt{\boldsymbol{w}_{\mathrm{opt}}(f)^{\mathrm{H}}\boldsymbol{\Phi}_{\mathrm{n}}(f)\,\boldsymbol{\Phi}_{\mathrm{n}}(f)\,\boldsymbol{w}_{\mathrm{opt}}(f)/M}}{\boldsymbol{w}_{\mathrm{opt}}(f)^{\mathrm{H}}\boldsymbol{\Phi}_{\mathrm{n}}(f)\,\boldsymbol{w}_{\mathrm{opt}}(f)} \tag{5.23}$$

经过 BAN 滤波器后的增强语音为

$$\hat{s}(t,f)=g_{\mathrm{BAN}}(f)\boldsymbol{w}_{\mathrm{opt}}(f)^{\mathrm{H}}\boldsymbol{y}(t,f) \tag{5.24}$$

如果可以完全消除语音失真，则 GEV 波束形成器最终能达到 MVDR 波束形成器的增强效果。

### 5.4.2 噪声估计

实际使用 MVDR 或 GEV 时，$\boldsymbol{\Phi}_{\boldsymbol{x}}(f)$、$\boldsymbol{\Phi}_{\mathrm{n}}(f)$ 和 $\boldsymbol{c}(f)$ 都是未知的，需要通过噪声估计器计算。具体过程如下：首先，为每个通道求解一个单通道的噪声估计器 $g_m(\cdot)$，并从原始含噪语音中得到每个通道的噪声幅度谱：

$$\hat{n}_m(t,f)=g_m(y_m(t,f)),\qquad \forall m=1,2,\cdots,M \tag{5.25}$$

其中，$\hat{n}_m(t,f)$ 表示第 $m$ 个通道的噪声谱的估计；$y_m(t,f)$ 表示第 $m$ 个通道接收的含噪语音的时频谱。然后，令 $\hat{\boldsymbol{n}}(t,f)=[\hat{n}_1(t,f),\hat{n}_2(t,f),\cdots,\hat{n}_M(t,f)]^{\mathrm{T}}$，可得噪声的空间协方差矩阵 $\boldsymbol{\Phi}_{\mathrm{n}}(f)$ 的估计为

$$\hat{\boldsymbol{\Phi}}_{\mathrm{n}}(f)=\sum_t\hat{\boldsymbol{n}}(t,f)\hat{\boldsymbol{n}}(t,f)^{\mathrm{H}} \tag{5.26}$$

由 $\boldsymbol{y}(t,f)=\boldsymbol{x}(t,f)+\boldsymbol{n}(t,f)$ 可推出：

$$\boldsymbol{\Phi}_{\boldsymbol{y}}(f)=\boldsymbol{\Phi}_{\boldsymbol{x}}(f)+\boldsymbol{\Phi}_{\mathrm{n}}(f) \tag{5.27}$$

用 $\hat{\boldsymbol{\Phi}}_{\mathrm{n}}(f)$ 代替式 (5.27) 中的 $\boldsymbol{\Phi}_{\mathrm{n}}(f)$，并将式(5.26) 代入式(5.27)可得纯净语音的空间自相关矩阵的估计：

$$\hat{\boldsymbol{\Phi}}_{\boldsymbol{x}}(f)=\boldsymbol{\Phi}_{\boldsymbol{y}}(f)-\hat{\boldsymbol{\Phi}}_{\mathrm{n}}(f) \tag{5.28}$$

导向向量的估计 $\hat{\boldsymbol{c}}(f)$ 是 $\hat{\boldsymbol{\Phi}}_{\boldsymbol{x}}(f)$ 的最大特征值所对应的特征向量：

$$\hat{\boldsymbol{c}}(f)=\operatorname{eig}\left(\hat{\boldsymbol{\Phi}}_{\boldsymbol{x}}(f)\right) \tag{5.29}$$

将 $\hat{\boldsymbol{c}}(f)$ 和式(5.26)中的 $\hat{\boldsymbol{\Phi}}_{\mathrm{n}}(f)$ 代入式 (5.20)即可求解 MVDR 的滤波器系数；同理，将式(5.27)中的 $\hat{\boldsymbol{\Phi}}_{\boldsymbol{x}}(f)$ 和式(5.26)中的 $\hat{\boldsymbol{\Phi}}_{\mathrm{n}}(f)$ 代入式(5.22)即可求解 GEV 的滤波器系数。

从上述分析可知，噪声估计 $g_m(\cdot)$ 在 MVDR 滤波器的求解过程中至关重要，然而这又是个很难的问题。历史上有非常多的工作都关注如何得到准确的噪声估计。近期，使用深度神经网络作为噪声估计器的深度波束形成方法取得了良好的效果，详见本书 5.4.3 节所述。

### 5.4.3 基于神经网络的波束形成方法

基于神经网络的波束形成方法的核心思想是使用有监督训练的深度神经网络替代本书 5.4.1节中的单通道噪声估计 $g(\cdot)$。下面着重介绍基于深度神经网络的噪声估计器及相应的语音/噪声空间协方差矩阵的估计方法。

基于深度学习的噪声估计器的学习目标是语音/噪声的时频掩模，不同的优化目标和时频掩模已在前面内容中详细介绍，在此不再赘述。下面以 IRM 为例，在训练阶段，基于深度学习的噪声估计器以 IRM 为训练目标：

$$\operatorname{IRM}(t,f)=\frac{|\boldsymbol{x}(t,f)|}{|\boldsymbol{x}(t,f)|+|\boldsymbol{n}(t,f)|} \tag{5.30}$$

其中，$|\boldsymbol{x}(t,f)|$ 和 $|\boldsymbol{n}(t,f)|$ 分别表示纯净语音的幅度谱和噪声的幅度谱。在测试阶段，深度神经网络噪声估计器输出 IRM 的估计 $\widehat{\operatorname{IRM}}_m(t,f)$。不同于式(5.26)和式(5.28)，基于深度学习的波束形成方法通常使用式 (5.31) 和式 (5.32) 估计语音和噪声的协方差矩阵：

$$\hat{\boldsymbol{\Phi}}_{\boldsymbol{x}}(f)=\frac{1}{\sum_t \eta(t,f)}\sum_t \eta(t,f)\,\boldsymbol{y}(t,f)\,\boldsymbol{y}(t,f)^{\mathrm{H}} \tag{5.31}$$

$$\hat{\boldsymbol{\Phi}}_{\mathrm{n}}(f)=\frac{1}{\sum_t \xi(t,f)}\sum_t \xi(t,f)\,\boldsymbol{y}(t,f)\,\boldsymbol{y}(t,f)^{\mathrm{H}} \tag{5.32}$$

其中，$\eta(t,f)$ 和 $\xi(t,f)$ 定义如下：

$$\eta(t,f)=\prod_{m=1}^{M}\widehat{\mathrm{IRM}}_m(t,f) \tag{5.33}$$

$$\xi(t,f)=\prod_{m=1}^{M}\left(1-\widehat{\mathrm{IRM}}_m(t,f)\right) \tag{5.34}$$

以上介绍了基于深度学习的波束形成方法的基本框架，下面介绍近年来该类方法的发展情况。在 2016 年的 ICASSP 会议中[160]，有两个相互独立的研究将基于 DNN 的单通道语音增强与传统波束形成进行结合。文献 [160] 使用了基于 LSTM 的单通道噪声估计器，在训练阶段使用 IBM 作为训练目标，在测试阶段首先分别估计语音和噪声的二值掩模，然后通过中位数运算将多个二值掩模变换为一个掩模值，最后将该掩模用于估计语音和噪声的空间协方差矩阵。图 5.3 给出了 MVDR 和 GEV 波束形成器的性能进行了比较。由图 5.3 可知，GEV 的输出信噪比高于 MVDR 的输出信噪比。因为 GEV+BAN 后滤波器本质上等同于 MVDR，所以文献 [160] 分析认为，使用 IBM 作为 LSTM 的训练目标是造成性能差异的原因。后续研究发现，即使使用 IRM 作为训练目标，GEV+BAN 得到的增强结果仍然明显优于 MVDR，这一差异在主观听感测试中尤其明显。该方法于 2016 年的 ChiME-4 噪声环境下的语音识别竞赛中获得应用。表 5.2 给出了基于深度学习的 MVDR 和传统自适应波束形成在语音识别率上的影响。具体地，ChiME-4 采用了 6 通道麦克风阵列进行前端拾音，并使用传统自适应波束形成做语音增强，语音识别的词错误率为 11.51%。文献 [161] 仅通过将传统自适应波束形成替换为基于深度学习的 MVDR，就可

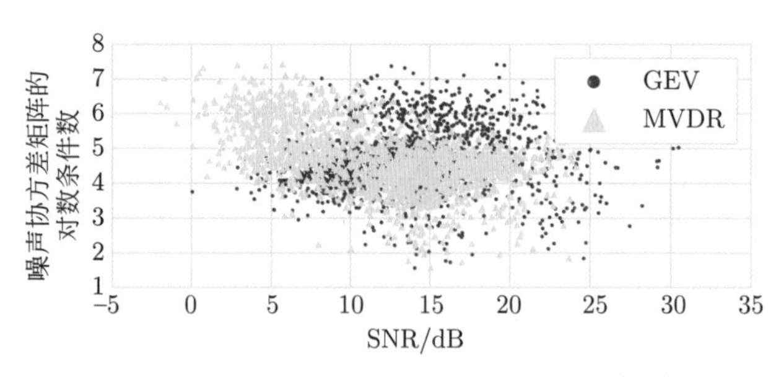


图 5.3 MVDR 和 GEV 输出的散点图[160]

将语音识别的词错误率降至 5.66%；而进一步改进语音识别的声学模型，并采用说话人自适应技术也仅能帮助词错误率相对下降 31.98%，展示了基于深度学习的波束形成方法的有效性。

**表 5.2 基于深度学习的波束形成方法对语音识别的性能影响**

| 仅使用了基于深度学习的波束形成前端 | 进一步使用其他多种技术改进语音识别系统 |
|---|---|
| $\dfrac{11.51-\mathbf{5.66}}{11.51}\times 100\%=50.83\%$ | $\dfrac{5.66-\mathbf{3.85}}{5.66}\times 100\%=31.98\%$ |

注：ChiME-4 的 6 通道基准系统采用了传统波束形成方法，词错误率为 11.51%。文献 [161] 所使用的不同技术对降低语音识别系统的词错误率所做的相对贡献。

上述研究引出了后续很多将传统波束形成器和基于深度学习的噪声估计相结合的方法。例如，Erdogan 等[162] 讨论了多通道掩模的不同组合方法对性能的影响。这项研究的流程图如图 5.4 所示。本节介绍两种掩模方法：Multi-mask 和 Single-mask 的定义如下。

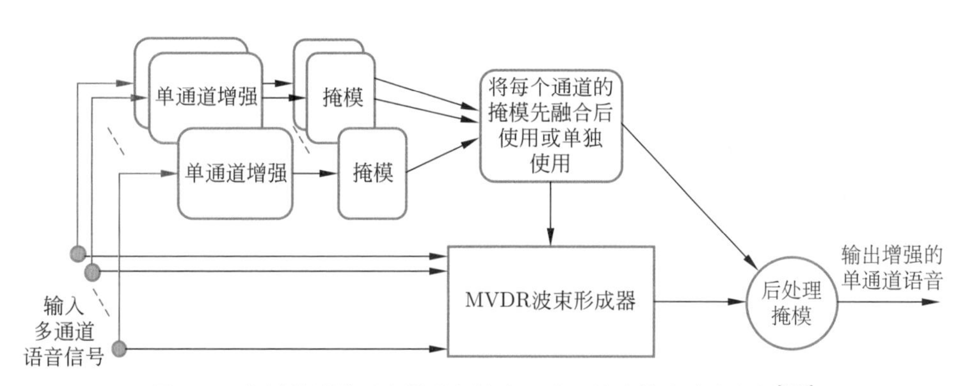


图 5.4 使用单通道语音增强和波束形成器结合的方法流程图[162]

（1）**Multi-mask**：基于单通道深度神经网络的噪声估计器首先为每个通道的信号都产生一个时频掩模，记作 $\widehat{\mathrm{IRM}}_1(t,f),\widehat{\mathrm{IRM}}_2(t,f),\cdots,\widehat{\mathrm{IRM}}_M(t,f)$。Multi-mask 将这 $M$ 个掩模分别应用于各自通道，用于估计滤波器参数。

（2）**Single-mask**：在噪声估计器产生 $\widehat{\mathrm{IRM}}_1(t,f),\widehat{\mathrm{IRM}}_2(t,f),\cdots,\widehat{\mathrm{IRM}}_M(t,f)$ 以后，通过下式产生唯一的掩模，并将该掩模应用于所有通道，用于估计滤波器参数。

$$\widehat{\mathrm{IRM}}(t,f)=\max\left(\widehat{\mathrm{IRM}}_1(t,f),\widehat{\mathrm{IRM}}_2(t,f),\cdots,\widehat{\mathrm{IRM}}_M(t,f)\right) \tag{5.35}$$

表 5.3和表 5.4展示了 Multi-mask 和 Single-mask 对语音增强效果的影响。由表 5.3 和表 5.4 可知，使用 Single-mask 得到的语音质量要优于使用 Multi-mask 得到的语音质量。文献 [162] 还提出了多种其他的 Mask 策略，感兴趣的读者可自行学习。

**表 5.3 Multi-mask 和 Single-mask 策略对实验结果的影响，评价指标是 SDR（单位：dB）**[162]

| Mask 策略 | 仿真数据的开发集 | 真实数据的开发集 | 仿真数据的测试集 | 真实数据的测试集 |
|---|---|---|---|---|
| Single-mask | 15.04 | 5.87 | 14.36 | 5.02 |
| Multi-mask | 13.42 | 3.94 | 13.00 | 3.75 |

**表 5.4 Multi-mask 和 Single-mask 策略对实验结果的影响，评价指标是 STOI（单位：dB）**[162]

| Mask 策略 | 仿真数据的开发集 | 真实数据的开发集 | 仿真数据的测试集 | 真实数据的测试集 |
|---|---|---|---|---|
| Single-mask | 1.83 | 1.65 | 1.91 | **1.85** |
| Multi-mask | 1.73 | 1.50 | 1.77 | 1.70 |

Zhang 等[163] 提出将单通道噪声估计和自适应波束形成迭代优化的方法。该方法首先通过单通道噪声估计得到掩模，从而为 MVDR 提供所需的噪声空间协方差矩阵和导向向量，然后将 MVDR 的输出反馈回单通道噪声估计以进一步提高单通道噪声估计的性能。Pfeifenberger 等[164] 使用了带噪语音多个连续帧的主成分分量之间的余弦距离作为输入特征，使用 DNN 估计语音的存在概率，并将 DNN 的输出用于作为 GSC（generalized sidelobe canceller）自适应波束形成器的参量，得到了优于文献 [165] 的结果。Meng 等[166] 使用 LSTM 实时地预测自适应波束形成器的滤波器系数，在 CHiME-3 数据上的 ASR 结果优于基线系统，但是和最好（state-of-the-art）的结果仍然有一定的差距。Nakatani 等[167] 将基于 BLSTM 的掩模估计与基于复数高斯混合模型的空间聚类相结合，提升掩膜估计的准确度。Wang 等[168] 提出了将基于深度学习的空间特征法和波束形成法相结合的方法。除了上面概述的算法以外，还有很多其他算法，感兴趣的读者可参考文献 [169–172]，在此不一一介绍。

## 5.5 自组织麦克风阵列方法

5.3节和5.4节介绍的基于深度学习的多通道语音增强方法都是在传统麦克风阵列上进行的，如线形阵列和环形阵列。因为语音信号在空气中的衰减较快，所以当声源与麦克风阵列的距离增大时，无论何种语音增强方法实际上都是在解决一个远场、低信噪比、复杂声场环境下的困难问题。相较于解决这样一个困难问题，另一种研究思路是如何避免该困难问题的发生。例如，将麦克风阵列置于接近声源的位置能够显著提升信噪比、降低远场等复杂环境的发生概率。那么，如何在一个给定的物理空间中将麦克风阵列放置于接近声源的位置呢？自组织麦克风阵列（ad-hoc microphone array）为该问题提供了一个解决方案。如图5.5所示，自组织阵列是一组在给定物理空间中随机放置的麦克风，这些麦克风之间相互关联，能够在目标声源的周围自发地形成一个局部拾音阵列。和传统麦克风阵列相比，自组织麦克风阵列具有以下两个优点：① 同传统阵列的拾音效果受阵列距离、声源距离影响较大的问题相比，自组织阵列提供了一种可以在麦克风覆盖范围内均匀地提高语音质量的可能性；② 同传统阵列的设计受限于其应用设备的物理空间（如手机、鹅颈麦克风、智能音箱等）的问题相比，自组织麦克风阵列不受物理尺寸的影响。自组织麦克风阵列在现实生活（如会议室、智能家居、智慧城市等）中也有普遍存在的可能性，可以将任意物理空间的麦克风组织起来，以满足特定应用的需求。图5.6给出了传统阵列和自组织阵列之间差异的例子，图中用声源与自组织阵列中的每个麦克风的距离的平均值作为声源与自组织阵列的距离度量。该图可以说明上述观点：① 当一个声源和一个麦克风阵列随机分布于一个房间时，声源与自组织麦克风阵列的距离分布的方差小于麦克风与传统麦克风阵列之间距离分布的方

图5.5 自组织麦克风阵列示意图[173]

差，这表明自组织阵列受距离声源远近的影响较小，输出的语音质量更加稳定；② 自组织阵列显著降低了远场的发生概率，在该例中，传统阵列有 24% 的概率被放置在距离声源超过 10 m 的地方，而对于自组织阵列而言这一概率下降至 7%，自组织阵列中距离声源最近的麦克风与声源的距离平均约为 1.9 m、大于 5 m 的概率仅为 2%。

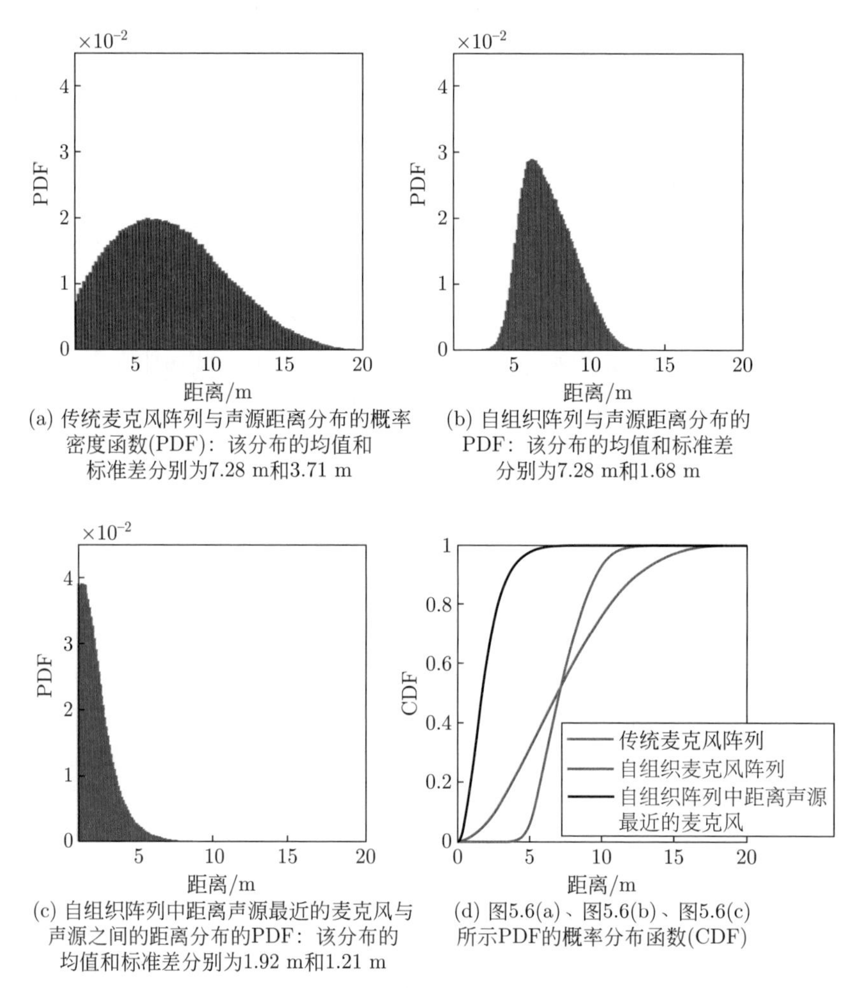


(a) 传统麦克风阵列与声源距离分布的概率密度函数(PDF)：该分布的均值和标准差分别为7.28 m和3.71 m

(b) 自组织阵列与声源距离分布的PDF：该分布的均值和标准差分别为7.28 m和1.68 m

(c) 自组织阵列中距离声源最近的麦克风与声源之间的距离分布的PDF：该分布的均值和标准差分别为1.92 m和1.21 m

(d) 图5.6(a)、图5.6(b)、图5.6(c)所示PDF的概率分布函数(CDF)

图 5.6 声源与麦克风阵列的距离分布

注：该蒙特卡罗仿真的物理空间包括一个方形房间、一个矩形房间和一个圆形房间。在任何一个房间中，声源与麦克风阵列的最远距离设置为 20 m，每个麦克风阵列由 16 个麦克风组成。

自组织麦克风阵列是一个刚刚兴起的研究方向，已有研究还处在雏形阶段[174–182]，有诸多问题亟待解决。例如，上述一些工作在理想的噪声估计或语音检测假设条件下研究通道选择问题，但在现实环境中这种理想假设并不存在，导致其研究结论无法满足实际需求。虽然有些工作尝试联合进行噪声估计和通道选择，但是其仍然需要设置很多先验假设并进行复杂的数学推导。例如，文献 [176] 使用了双向交替法（bi-alternating direction）方法求解 $\ell_1$ 范数正则化的分布式优化目标。将基于深度学习的多通道语音增强与自组织麦克风阵列结合是一个值得探索的研究方向。与传统的统计信号处理方法不同的是，基于深度学习的波束形成方法由于不需要知道阵列的参数信息，使其可以灵活地结合各种麦克风阵列，如线形阵列或环形列阵。自组织麦克风阵列可以显著降低远场环境出现的概率。

2018 年，Zhang[173] 首次将自组织阵列与基于深度学习的波束形成方法结合。因为声源和自组织阵列中的麦克风之间的距离变化大，所以麦克风接收到的语音质量变化也很大。但是，已有的基于深度学习的多通道语音增强算法并没有考虑通道选择问题。通道选择问题最早是在无线传感器网络（wireless sensor network, WSN）中提出的，后来成为自组织麦克风阵列中的关键问题[174–182]。文献 [173] 将通道选择问题引入基于自组织阵列和深度学习的多通道语音增强方法。该方法被称作深度自组织波束形成（deep ad-hoc beamforming，DAB）。其核心思想是使用一个通道选择向量 $\boldsymbol{p}=[p_1,p_2,\cdots,p_M]^{\mathrm{T}}$ 对多通道的含噪语音 $\boldsymbol{y}(t,f)=[y_1(t,f),y_2(t,f),\cdots,y_M(t,f)]^{\mathrm{T}}$ 进行滤波，从而抑制或直接丢弃语音信号质量低的通道。

### 5.5.1 深度自组织波束形成

图 5.7是深度自组织波束形成的示意图。首先，与多通道语音处理的信号模型式(5.5)相同，被自组织麦克风阵列接收到的信号在经过同步模块以后的物理模型 ①仍然表示为

$$\boldsymbol{y}(t,f)=\boldsymbol{c}(f)\,s(t,f)+\boldsymbol{n}(t,f) \tag{5.36}$$

其中，$s(t,f)$ 表示纯净语音在第 $t$ 时刻和第 $f$ 个频带的短时傅里叶变换值；$\boldsymbol{c}(f)$ 是从声源到麦克风阵列的一个 $M$ 维时不变空间传递函数；$\boldsymbol{c}(f)\,s(t,f)$ 表示目标信号的直达声；$\boldsymbol{n}(t,f)$ 包含噪声、早期混响和晚期混响。

① 自组织阵列的麦克风同步问题是一个很重要的问题。例如，设备本身造成的时延、丢帧、不同的功率放大器等。此处假设麦克风信号已经经过同步。

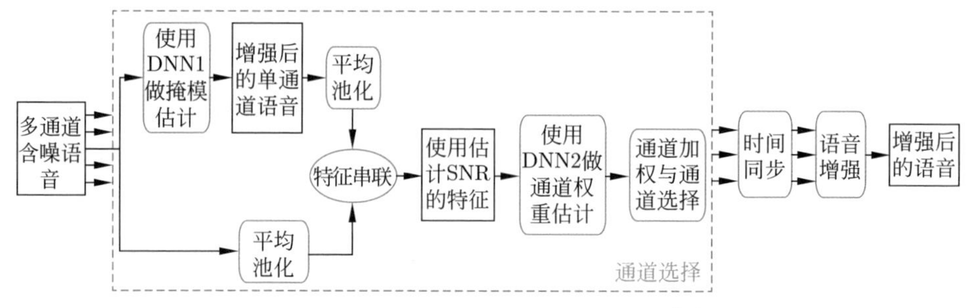


图 5.7 深度自组织波束形成的示意图[73]

注：红框内流程图表示通道选择算法。

DAB 首先使用了通道选择方法对接收到的信号进行处理，具体如下：

$$\boldsymbol{y}_{\boldsymbol{p}}(t,f)=\boldsymbol{p}\odot\boldsymbol{y}(t,f)=\boldsymbol{p}\odot\boldsymbol{x}(t,f)+\boldsymbol{p}\odot\boldsymbol{n}(t,f) \tag{5.37}$$

其中，$\boldsymbol{p}=[p_1,p_2,\cdots,p_M]^{\mathrm{T}}$ 是通道选择滤波器，具体可见图 5.7 中的红框部分；$\odot$ 表示按元素相乘的数学操作。在经过通道选择后，DAB 使用 $\boldsymbol{y}_{\boldsymbol{p}}$ 替代式(5.36)中的 $\boldsymbol{y}$。最后将 $\boldsymbol{y}_{\boldsymbol{p}}$ 作为基于深度学习的波束形成的输入信号采用本书 5.4 节所述方法进行增强处理。如果 $\boldsymbol{y}_{\boldsymbol{p}}$ 只包含一个通道的信号，那么 DAB 将该通道信号直接输出。下面介绍通道选择的两个步骤：通道权重估计和通道选择算法。

## 5.5.2 通道权重估计

DAB 首先使用一个深度神经网络噪声估计器，记作 DNN1，对每个通道的直达声进行掩模估计，然后将 DNN1 的输出和含噪语音的时频谱一起作为通道权重估计模型（channel reweighting model）的输入特征，用以预测通道的权重。详细过程如下。

给定一个包含 $U$ 帧的测试语句，第 $i$ 个通道接收的含噪语音和 DNN1 的输出（即直达声的估计）的时频特征分别为 $\{\tilde{\boldsymbol{y}}_i(t)\}_{t=1}^{U}$ 和 $\{\hat{\boldsymbol{x}}_i(t)\}_{t=1}^{U}$：

$$\tilde{\boldsymbol{y}}_i(t)=[|y|_i(t,1),|y|_i(t,2),\cdots,|y|_i(t,F)]^{\mathrm{T}} \tag{5.38}$$

$$\hat{\boldsymbol{x}}_i(t)=\left[\widehat{\mathrm{IRM}}_i(t,1),\widehat{\mathrm{IRM}}_i(t,2),\cdots,\widehat{\mathrm{IRM}}_i(t,F)\right]^{\mathrm{T}} \tag{5.39}$$

其中，$F$ 表示 STFT 的频带数量；$|y|_i(t,f)$ 表示 $\boldsymbol{y}(t,f)$ 的第 $i$ 个通道的幅度谱。

首先，将含噪语音的时频谱和 DNN1 输出的时频谱通过在时间轴上求平均的池化操作（average pooling）推导为两个向量：

$$\bar{\tilde{\boldsymbol{y}}}_i = \frac{1}{U}\sum_{t=1}^{U}\tilde{\boldsymbol{y}}_i(t) \tag{5.40}$$

$$\bar{\hat{\boldsymbol{x}}}_i = \frac{1}{U}\sum_{t=1}^{U}\hat{\boldsymbol{x}}_i(t) \tag{5.41}$$

将上述特征作为通道权重估计模型 $g(\cdot)$ 可得通道权重的估计 $q_i$：

$$q_i = g\left(\left[\bar{\tilde{\boldsymbol{y}}}_i^{\mathrm{T}}, \bar{\hat{\boldsymbol{x}}}_i^{\mathrm{T}}\right]^{\mathrm{T}}\right) \tag{5.42}$$

其中，$g(\cdot)$ 代表通道加权模型；$q_i$ 是第 $i$ 个通道的权重。

文献 [173] 采用了有监督深度神经网络作为 $g(\cdot)$，记作 DNN2。训练 $g(\cdot)$ 需要先定义一个训练目标，并准备一个训练集。训练目标即通道权重，可以是信噪比（SNR）、短时客观可懂度（STOI）等语音增强的指标，抑或是手机电池寿命等面向特定应用的指标。文献 [173] 使用了 SNR 的等价形式作为训练目标：

$$\frac{\sum_t |x|_{\text{time}}(t)}{\sum_t |x|_{\text{time}}(t) + \sum_t |n|_{\text{time}}(t)} \tag{5.43}$$

其中，$\{x_{\text{time}}(t)\}_t$ 和 $\{n_{\text{time}}(t)\}_t$ 分别表示含噪语音信号的直达声和加性噪声的时域表示。DNN2 的训练集要独立于 DNN1 的训练集以防止 DNN2 的训练产生过拟合。

综上所述，DNN1 和 DNN2 的训练与测试都是在单通道数据上进行的，这使得 DAB 可以在实际使用时灵活地加入更多的通道，而不必考虑阵列的麦克风数量和阵型。这是 DAB 的重要优点。

### 5.5.3 通道选择算法

在经过通道加权模型 $g(\cdot)$ 得到权重 $\boldsymbol{q} = [q_1, q_2, \cdots, q_M]^{\mathrm{T}}$ 以后，DAB 以 $\boldsymbol{q}$ 作为通道选择算法 $\delta(\cdot)$ 的输入，并输出通道选择滤波器的系数 $\boldsymbol{p}$，即 $\boldsymbol{p} = \delta(\boldsymbol{q})$。本节将介绍 6 种简单的通道选择函数。

#### 1. 1-best

最简单的通道选择方法是选择 SNR 最高的通道，具体公式如下：

$$p_i = \begin{cases} 1, & q_i = \max\limits_{1 \leqslant k \leqslant M} q_k \\ 0, & \text{其他} \end{cases} \quad \forall i = 1, 2, \cdots, M \tag{5.44}$$

因为该通道选择方法是只选择一个通道，所以无法进行 MVDR 波束形成。这时，直接输出该通道的含噪语音。

#### 2. All-channels

All-channels 通道选择方法将所有通道都赋予相同的权重，即

$$p_i = 1, \quad \forall i = 1, 2, \cdots, M. \tag{5.45}$$

这种方法就是使用了自组织麦克风阵列的基于深度学习的波束形成法。

#### 3. Fixed-$N$-best

当自组织阵列的麦克风数量 $M$ 足够大时，可能存在一部分麦克风更靠近声源从而采集到质量较好的语音，另一部分麦克风因远离声源导致采集的语音中噪声含量比较高。经验表明，将其中语音采集质量高的麦克风组织起来形成局部的麦克风阵列，有可能比使用所有的麦克风取得更好的增强效果，这也是通道选择算法的设计初衷。下面给出一种固定选择 $N$ 个麦克风的方法（$N < M$）：

$$p_i = \begin{cases} 1, & q_i \in \{q'_1, q'_2, \cdots, q'_N\} \\ 0, & \text{其他} \end{cases} \quad \forall i = 1, 2, \cdots, M \tag{5.46}$$

其中，$q'_1 \geqslant q'_2 \geqslant \cdots \geqslant q'_M$ 是 $\{q_i\}_{i=1}^M$ 的降序排列。

#### 4. Auto-$N$-best

Auto-$N$-best 通道选择方法的核心在于自动确定式(5.46)中的超参数 $N$。它首先计算 $q_* = \max\limits_{i \in \{1,2,\cdots,M\}} q_i$，然后通过式 (5.47) 计算 $\boldsymbol{p}$：

$$p_i = \begin{cases} 1, & \dfrac{q_i}{q_*} \dfrac{1 - q_*}{1 - q_i} > \gamma \\ 0, & \text{其他} \end{cases} \quad \forall i = 1, 2, \cdots, M \tag{5.47}$$

其中，$\gamma \in [0,1]$ 是一个可调的阈值。

### 5. Soft-$N$-best

对式(5.47)中所选通道使用其对应的通道质量 $q$ 进行加权：

$$p_i = \begin{cases} q_i, & \dfrac{q_i}{q_*}\dfrac{1-q_*}{1-q_i} > \gamma \\ 0, & \text{其他} \end{cases} \quad \forall i = 1,2,\cdots,M \tag{5.48}$$

### 6. Learning-$N$-best

上述通道选择算法只通过信噪比来挑选所需通道，并没有考虑通道之间的相关性。众所周知，通道之间的相关性对于自适应波束形成非常重要，它包含了除信噪比以外的时延信息、空间冲激响应信息等。Learning-$N$-best 通道选择方法将通道之间的空间相关性纳入谱聚类（spectral clustering）的核矩阵的设计中。具体地，首先计算多通道含噪语音的空间协方差矩阵：

$$\boldsymbol{\Phi}_{\boldsymbol{yy}}(f) = \sum_t \boldsymbol{y}(t,f)\boldsymbol{y}(t,f)^{\mathrm{H}} \tag{5.49}$$

然后将式(5.49)归一化为一个幅度协方差矩阵 $\boldsymbol{\Phi}_{\boldsymbol{yy}}^{\mathrm{norm}}(f)$：

$$\Phi_{\boldsymbol{yy}}^{\mathrm{norm}}(f)(i,j) = \frac{|\Phi_{\boldsymbol{yy}}(f)(i,j)|^2}{\Phi_{\boldsymbol{yy}}(f)(i,i)\Phi_{\boldsymbol{yy}}(f)(j,j)}, \quad \forall i,j = 1,2,\cdots,M \tag{5.50}$$

其中，$\Phi_{\boldsymbol{yy}}(f)(i,j)$ 表示 $\boldsymbol{\Phi}_{\boldsymbol{yy}}(f)$ 的第 $i$ 行第 $j$ 列个元素。通过对 $\left\{\boldsymbol{\Phi}_{\boldsymbol{yy}}^{\mathrm{norm}}(f)\right\}_{f=1}^{F}$ 沿频率轴求平均得到一个新矩阵 $\boldsymbol{K}$：

$$K(i,j) = \frac{1}{F}\sum_{f=1}^{F} \Phi_{\boldsymbol{yy}}^{\mathrm{norm}}(f)(i,j), \quad \forall i,j = 1,2,\cdots,M \tag{5.51}$$

谱聚类的相关矩阵 $\boldsymbol{A}$ 定义为

$$\boldsymbol{A} = \exp\left(-\frac{|\boldsymbol{K}-\boldsymbol{I}|^2}{2\sigma^2}\right), \quad \forall i,j = 1,2,\cdots,M \tag{5.52}$$

其中，$\boldsymbol{I}$ 是单位矩阵；$\sigma$ 是默认值为 1 的超参数。对 $\boldsymbol{A}$ 矩阵做拉普拉斯特征值分解后可以得到一个 $J \times M$ 维的通道特征表示 $\boldsymbol{U} = [\boldsymbol{u}_1, \boldsymbol{u}_2, \cdots, \boldsymbol{u}_M]$。其中，

$\boldsymbol{u}_i$ 表示第 $i$ 个麦克风的特征表示；$J$ 表示维数。

对 $\boldsymbol{U}$ 做凝聚层次聚类（agglomerative hierarchical clustering），将层次聚类生成的树状图的最大生长周期（lifetime）作为聚类门限值。假如层次聚类将麦克风聚为 $B$ 类 ($1 \leqslant B \leqslant M$)，记作 $\mathcal{U}_1,\mathcal{U}_2,\cdots,\mathcal{U}_B$。每类中的麦克风的最大信噪比分别为 $q'_1,q'_2,\cdots,q'_B$。最后，通过式 (5.53) 计算 $\boldsymbol{p}$：

$$p_i=\begin{cases}1, & \boldsymbol{u}_i\in\mathcal{U}_b \text{ 且 } \dfrac{q'_b}{q'_*}\dfrac{1-q'_*}{1-q'_b}>\gamma \\ 0, & \text{其他}\end{cases} \quad \forall i=1,2,\cdots,M,\ \forall b=1,2,\cdots,B \tag{5.53}$$

其中，$q'_*=\max\limits_{1\leqslant b\leqslant B} q'_b$。

图 5.8 给出了 DAB 在 3 个典型场景下的通道选择结果。图 5.8(a) 给出了点噪声源距离说话人较远的典型场景，由图 5.8(a) 可见，DAB+Auto-$N$-best 和 DAB+Learning-$N$-best 能够选择由分布在说话人周围的几个麦克风组成的局部麦克风阵列，其性能超过了简单的 DAB+1-best 和 DAB+All-channels。图 5.8(b) 给出了点噪声源距离说话人很近的典型场景。此时，所有麦克风接收到的信号的信噪比都很低。对此，最优方案应该是将所有麦克风接收到的信号做联合处理，实验结果验证了 DAB+Auto-$N$-best、DAB+Learning-$N$-best 的性能与 DAB+All-channels 接近，都显著超过了 DAB+1-best。图 5.8(c) 给出了有一个麦克风距离说话人很近的典型场景。此时，该麦克风接收到的信号

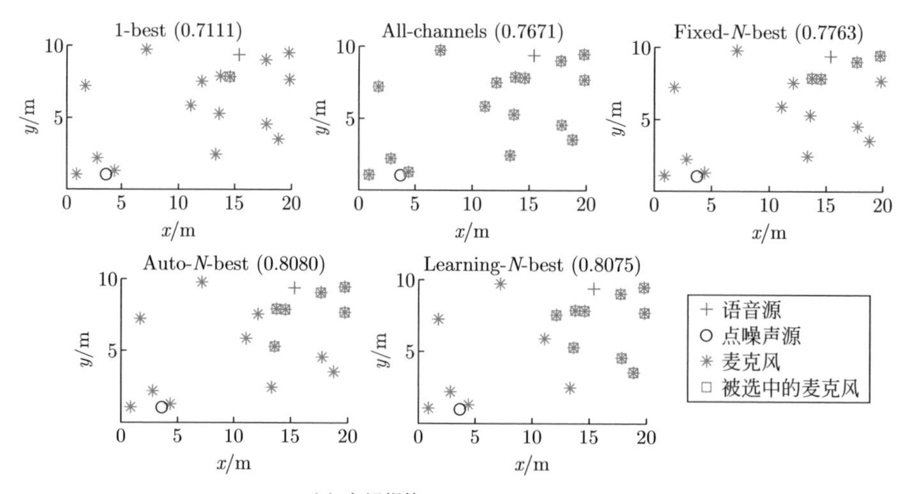


(a) 房间规格：20 m×10 m×3.5 m

图 5.8 在 SNR=−5dB 的点源噪声环境下深度自组织波束形成（DAB）的通道选择示例，其中每个子图题目括号中的数字表示增强后的 STOI 值[173]

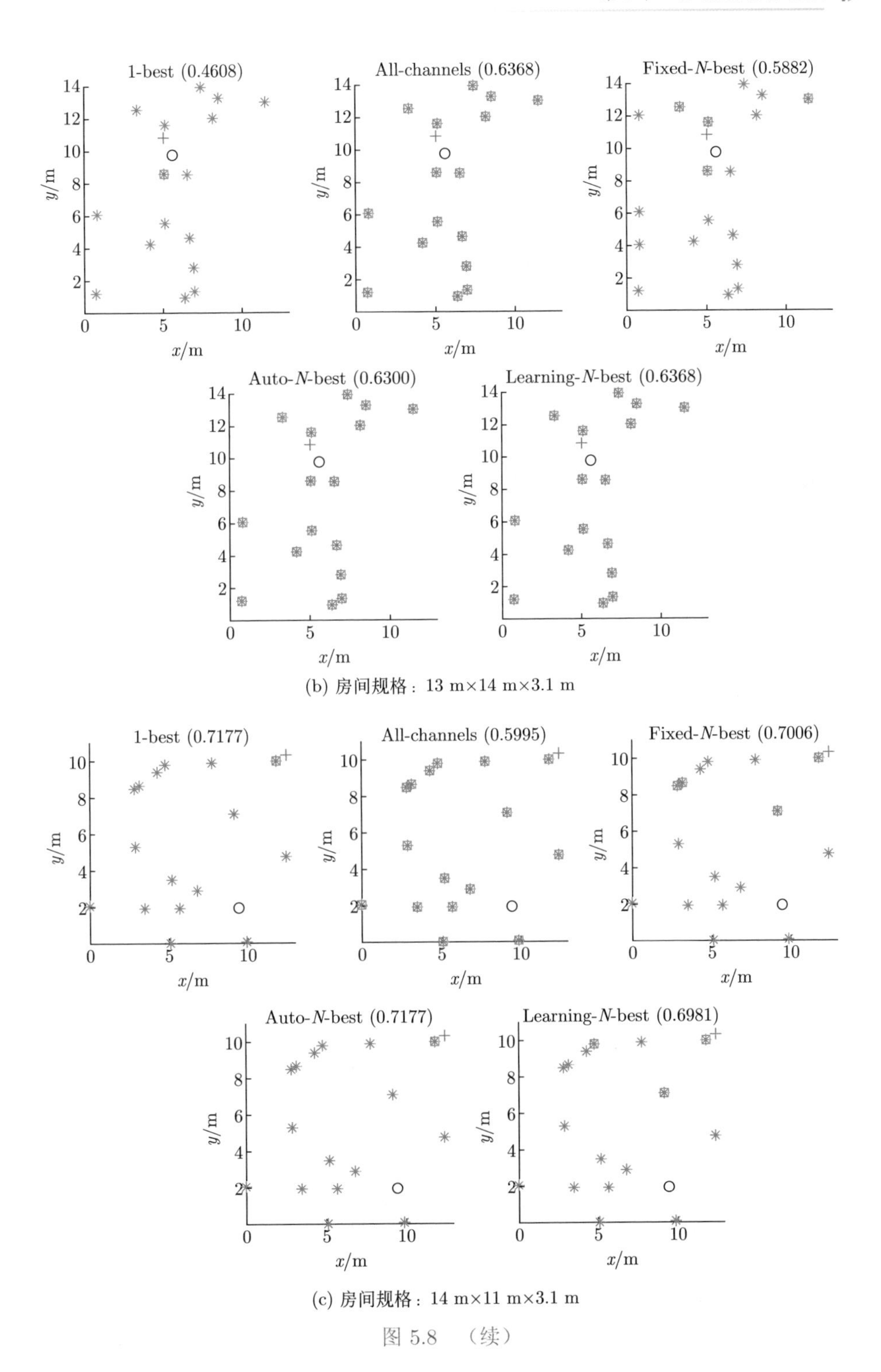


(b) 房间规格：13 m×14 m×3.1 m

(c) 房间规格：14 m×11 m×3.1 m

图 5.8　（续）

的信噪比显著高于其他麦克风。对此，最优方案应该是直接使用该麦克风接收到的信号，实验结果验证了 DAB+Auto-$N$-best 与 DAB+1-best 的通道选择结果相同，都显著超过了 DAB+All-channels。综上所述，DAB+Auto-$N$-best 与 DAB+Learning-$N$-best 这两种自适应通道选择方法能够根据现场情况进行最佳通道方案的选择。

表 5.5 展示了在点源噪声环境下，基于固定阵列的深度波束形成（deep beamforming，DB）（详见本书 5.4 节内容）和 DAB 的语音增强性能比较。

**表 5.5 在点源噪声环境下，基于深度学习和线形阵列的波束形成（deep beamforming，DB）与 DAB 的语音增强性能比较**

| SNR /dB | 比较方法 | Babble | | | Factory | | | Volvo | | |
|---|---|---|---|---|---|---|---|---|---|---|
| | | STOI | PESQ | SDR | STOI | PESQ | SDR | STOI | PESQ | SDR |
| −5 | 含噪语音 | 0.4465 | 1.29 | −6.75 | 0.4336 | 1.19 | −6.08 | 0.6286 | 1.90 | −0.20 |
| | DB | 0.5429 | 1.63 | −3.50 | 0.5250 | 1.51 | −2.22 | 0.7406 | 2.04 | 3.82 |
| | DAB (1-best) | 0.5741 | 1.73 | −1.96 | 0.5512 | 1.59 | −1.52 | 0.7647 | 2.25 | 5.16 |
| | DAB (All-channels) | 0.5954 | 1.70 | −2.43 | 0.5488 | 1.50 | −2.20 | 0.7775 | 2.22 | 3.30 |
| | DAB (Fixed-$N$-best) | 0.6065 | 1.74 | −1.65 | 0.5692 | 1.58 | −1.25 | 0.8124 | 2.33 | 5.57 |
| | DAB (Auto-$N$-best) | 0.6160 | 1.75 | −1.24 | 0.5696 | 1.55 | −1.23 | 0.8047 | 2.32 | 5.21 |
| | DAB (Soft-$N$-best) | 0.6164 | 1.76 | −1.15 | 0.5719 | 1.58 | −1.10 | 0.8013 | 2.32 | 4.92 |
| | DAB (Learning-$N$-best) | 0.6086 | 1.72 | −1.74 | 0.5604 | 1.53 | −1.72 | 0.7967 | 2.29 | 4.39 |
| 5 | 含噪语音 | 0.5678 | 1.68 | 0.11 | 0.5607 | 1.61 | 0.50 | 0.6550 | 1.99 | 2.69 |
| | DB | 0.6975 | 1.87 | 2.80 | 0.6856 | 1.85 | 3.19 | 0.7695 | 2.14 | 4.78 |
| | DAB (1-best) | 0.7232 | 2.05 | 5.22 | 0.7187 | 2.00 | 5.53 | 0.7939 | 2.31 | 7.42 |
| | DAB (All-channels) | 0.7602 | 2.11 | 4.22 | 0.7481 | 2.05 | 4.31 | 0.8075 | 2.33 | 4.79 |
| | DAB (Fixed-$N$-best) | 0.7768 | 2.15 | 5.61 | 0.7734 | 2.11 | 5.81 | 0.8492 | 2.44 | 7.60 |
| | DAB (Auto-$N$-best) | 0.7835 | 2.17 | 6.02 | 0.7751 | 2.12 | 6.32 | 0.8455 | 2.45 | 7.54 |
| | DAB (Soft-$N$-best) | 0.7797 | 2.16 | 5.61 | 0.7714 | 2.11 | 5.91 | 0.8420 | 2.44 | 7.09 |
| | DAB (Learning-$N$-best) | 0.7806 | 2.16 | 5.40 | 0.7672 | 2.10 | 5.38 | 0.8378 | 2.43 | 6.57 |
| 15 | 含噪语音 | 0.6394 | 1.92 | 2.71 | 0.6405 | 1.90 | 2.76 | 0.6700 | 2.02 | 3.16 |
| | DB | 0.7534 | 2.11 | 4.85 | 0.7596 | 2.10 | 5.01 | 0.7767 | 2.21 | 5.21 |
| | DAB (1-best) | 0.7868 | 2.26 | 7.48 | 0.7886 | 2.23 | 7.39 | 0.8024 | 2.32 | 7.63 |
| | DAB (All-channels) | 0.8173 | 2.35 | 5.77 | 0.8189 | 2.31 | 5.66 | 0.8173 | 2.41 | 5.14 |
| | DAB (Fixed-$N$-best) | 0.8434 | 2.40 | 7.68 | 0.8419 | 2.35 | 7.54 | 0.8591 | 2.48 | 7.87 |
| | DAB (Auto-$N$-best) | 0.8405 | 2.41 | 8.08 | 0.8422 | 2.37 | 7.50 | 0.8502 | 2.47 | 8.12 |
| | DAB (Soft-$N$-best) | 0.8379 | 2.40 | 7.79 | 0.8385 | 2.37 | 7.09 | 0.8477 | 2.46 | 7.85 |
| | DAB (Learning-$N$-best) | 0.8415 | 2.42 | 7.28 | 0.8392 | 2.37 | 6.89 | 0.8500 | 2.49 | 7.22 |

注：DB 和 DAB 都使用了 16 个麦克风，所有参与比较的方法的深度神经网络都使用 IRM 作为训练目标[173]。

由表 5.5 可知，DAB 的性能在所有的测试场景中都显著优于 DB。通道选择算法对性能的影响同样显著，其中 DAB+Auto-$N$-best 实验结果最优，其次是 DAB+Soft-$N$-best，再次是 DAB+Learning-$N$-best 和 DAB+Fixed-$N$-best。DAB+All-channels 和 DAB+1-best 的实验结果比其他通道选择方法要差一些。

DAB[162] 作为解决智能语音处理的远场问题的方案之一，只是基于自组织麦克风阵列和深度学习的语音增强方法的开始，尚有许多实际问题有待解决。例如，麦克风之间的时钟同步问题、自适应增益控制问题、在语音识别等任务上的应用效果。更进一步地，深度自组织波束形成也只是自组织阵列与深度学习结合的一方面，其他可能的结合方式仍然有待进一步深入研究。

## 5.6 本章小结

本章从基于深度学习的空间特征法、波束形成法和自组织波束形成法全面阐述了近年来基于深度学习的多通道语音增强的关键方法和研究进展。在空间特征法方面，首先介绍了多种双通道空间特征，包括 ITD、IID/ILD、IPD 等，然后详细介绍了基于深度置信网络的空间特征法，最后回顾了空间特征法近年来的发展，其中基于深度置信网络的空间特征方法是最早的基于深度学习的多通道语音增强方法，该方法也为空间特征法的研究搭建了框架。在波束形成法方面，本章从传统的自适应波束形成法入手，介绍了 MVDR 和 GEV，并引出了传统方法的关键难题——噪声估计，然后介绍了如何使用基于深度学习的噪声估计器克服上述难题，以及如何使用噪声估计器的输出来学习自适应波束形成的滤波器参数。在自组织波束形成方面，首先介绍了自组织麦克风阵列的优点，然后介绍了它与基于深度学习的波束形成方法结合的要点，最后详细介绍了深度自组织波束形成的两个关键组件——通道权重估计器和通道选择算法。笔者认为基于深度学习的多通道语音增强在与麦克风阵列的相关技术的结合方面还有很大的发展空间，特别是与自组织麦克风阵列的结合才刚刚开始，需要深入探索。

# 第6章　多说话人语音分离

## 6.1　引　　言

语音分离（speech separation）也被称作“鸡尾酒会问题”（cocktail party problem），旨在将多个说话人的混叠语音分开[78,183–184]。语音分离是语音信号处理的基础任务，也是声源分离中多个声源都是说话人的特殊情况。语音分离在现实生活中有广泛的应用，包括助听设备、语音通信、声纹识别、语音识别等。传统语音分离方法包括向量量化（vector quantization，VQ）、隐马尔可夫模型（hidden Markov model，HMM）、独立成分分析（independent component analysis，ICA）、非负矩阵分解（nonnegative matrix factorization，NMF）、计算场景分析（computational auditory scene analysis，CASA）[185] 等。

近年来，基于有监督深度学习的语音分离发展较快，并且在困难环境中显现出了较好的性能。根据对说话人先验信息需求程度的不同，可将语音分离技术分为说话人相关（speaker-dependent）语音分离和说话人无关（speaker-independent）语音分离。说话人相关的语音分离是基于深度学习的语音分离的早期技术，它要求模型的训练和测试阶段至少有一个说话人是相同的，而将其他干扰说话人当作噪声处理，这种技术主要应用于说话人依赖的设备上；说话人无关的语音分离技术是近年来快速发展的技术，它不要求训练和测试中的说话人是相同的，具有更加灵活的用途。

根据麦克风数量的不同，可将说话人语音分离分为单通道语音分离和多通道语音分离。本章集中介绍单通道语音分离，而已有的基于深度学习的多通道语音分离多数是将单通道语音分离技术与多通道语音增强技术相结合，主要有两种结合方法 ——波束形成法和空间特征法。波束形成法使用单通道语音分离方法代替本书 5.4.3 节中介绍的深度波束形成的噪声估计器，估计每个说话人的干扰说话人分量，并使用估计结果对每个说话人做波束形成。空间特征法提取本书 5.3.1 节中的 IPD 等空间特征作为单通道语音分离的输入特征，最后进行单通道语音分离。上述多通道技术详见本书第 5 章，本章将不再对多通道语音分离做详细介绍。

## 6.2 信号模型

假设有 $k$ 个说话人同时说话，则在不考虑加性噪声和混响的条件下，单通道麦克风接收到的语音信号可以表示为

$$y(t) = x_1(t) + x_2(t) + \cdots + x_k(t) \tag{6.1}$$

其中，$t$ 表示时间；$y(t)$ 表示麦克风接收到的多说话人的混叠语音的时域信号，$x_i(t)$ 表示 $y(t)$ 中包含的第 $i$ 个说话人的纯净语音分量，$i = 1, 2, \cdots, k$。

当存在加性噪声时，信号模型可以表示为

$$y(t) = x_1(t) + x_2(t) + \cdots + x_k(t) + n(t) \tag{6.2}$$

其中，$n(t)$ 表示 $y(t)$ 中包含的加性噪声分量。

当同时存在加性噪声和混响时，信号模型式(6.2)中的 $x_i(t)$ 表示第 $i$ 个说话人的语音到达麦克风接收端的直达声，$n(t)$ 包括所有说话人的早期混响、晚期混响以及加性噪声，具体定义如下：

$$x_i(t) = h(t) * s_i(t) \tag{6.3}$$

$$n(t) = n_{\mathrm{v}}(t) + \sum_{i=1}^{k} n_{\mathrm{e}_i}(t) + n_{\mathrm{l}_i}(t) \tag{6.4}$$

其中，$n_{\mathrm{v}}(t)$ 表示麦克风接收到的加性噪声；$n_{\mathrm{e}_i}(t)$ 和 $n_{\mathrm{l}_i}(t)$ 分别表示第 $i$ 个说话人的早期和晚期混响噪声。

## 6.3 与说话人相关的语音分离方法

### 6.3.1 模型匹配法

与说话人相关的语音分离（speaker-dependent speech separation）旨在将

目标说话人的语音从多个说话人的混叠语音中分离出来。因为目标说话人是已知的，所以可以将干扰说话人看作加性噪声，采用语音增强的方法处理。它的基础模型可以表示为

$$\hat{x}(t) = f(y(t)) \tag{6.5}$$

其中，$y(t)$ 表示多说话人混叠语音；$f(\cdot)$ 表示语音分离算法；$\hat{x}(t)$ 表示 $y(t)$ 中包含的目标说话人的语音分量 $x(t)$ 的估计。与说话人相关的语音分离中的一种特殊情况是多个说话人的身份都预先知道，这时基础模型式(6.5)可以进一步变为

$$(\hat{x}_1(t), \hat{x}_2(t), \cdots, \hat{x}_k(t)) = f(y(t)) \tag{6.6}$$

其中，$\hat{x}_i(t)$ 表示第 $i$ 个说话人语音的估计。

在训练 $f(\cdot)$ 阶段，通常假设式(6.1)中包含语音的各个分量都是已知的。与单通道语音增强算法的步骤类似，$f(\cdot)$ 的设计与训练通常包括以下 3 个步骤。

（1）抽取声学特征。从 $y(t)$ 中抽取声学特征作为深度神经网络训练的输入特征。常见的声学特征是短时傅里叶变换的幅度谱（STFT-MAG）。

（2）定义训练目标。一种常见的方法是从 $y(t)$ 和 $\{x_i(t)\}_{i=1}^{k}$ 中抽取短时傅里叶变换的时频谱，用于构造深度神经网络的训练目标。

（3）挑选合适的深度神经网络。常见的深度神经网络是前馈深度神经网络和递归深度神经网络，这些模型已在本书第 2 章介绍，本节将在第 2 章的基础上侧重介绍深度神经网络如何应用于语音分离任务。

下面介绍两种具有代表性的方法。

Huang 等于 2014 年将深度学习应用于语音分离任务[121]，算法框架如图 6.1 所示。该方法仅求解两个说话人的语音分离问题，并且要求训练和测

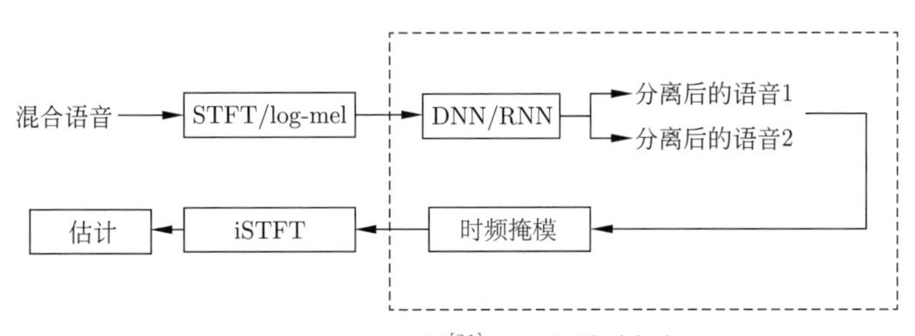


图 6.1 Huang 等[21] 提出的算法框架

试的两个说话人是相同的。在训练阶段，该方法首先通过短时傅里叶变换将 $x_1(t)$、$x_2(t)$、$y(t)$ 分别变换到时频域 $X_1(t,f)$、$X_2(t,f)$、$Y(t,f)$，并提取其幅度谱 $|X_1(t,f)|$、$|X_2(t,f)|$、$|Y(t,f)|$。其中，时频域中的符号 $t$ 表示第 $t$ 帧；$f$ 表示第 $f$ 个频带。然后，针对两个说话人分别构造 IBM 或 IRM 训练目标。

$$\mathrm{IBM}_1(t,f)=\begin{cases}1, & |X_1(t,f)|>|X_2(t,f)| \\ 0, & \text{其他}\end{cases} \tag{6.7}$$

$$\mathrm{IBM}_2(t,f)=1-\mathrm{IBM}_1(t,f) \tag{6.8}$$

$$\mathrm{IRM}_1(t,f)=\frac{|X_1(t,f)|}{|X_1(t,f)|+|X_2(t,f)|} \tag{6.9}$$

$$\mathrm{IRM}_2(t,f)=1-\mathrm{IRM}_1(t,f) \tag{6.10}$$

最后，构造以 $\mathrm{IBM}_1(t,f)$ 和 $\mathrm{IBM}_2(t,f)$（或 $\mathrm{IRM}_1(t,f)$ 和 $\mathrm{IRM}_2(t,f)$）为目标的多目标神经网络。该神经网络的网络结构如图 6.1 所示，其损失函数定义为

$$\min\|M_1(t,f)-\hat{M}_1(t,f)\|^2+\|M_2(t,f)-\hat{M}_2(t,f)\|^2 \tag{6.11}$$

其中，$M$ 表示 IBM 或 IRM；$\hat{M}$ 表示神经网络的输出。

上述目标旨在最小化每个说话人的纯净语音与估计语音的均方误差，而没有考虑两个说话人的区分度。为了增加 $\hat{M}_1(t,f)$ 与 $\hat{M}_2(t,f)$ 的区分度，文献 [162] 增加了两个鉴别性训练项：

$$\begin{aligned}&\min\big(\|M_1(t,f)-\hat{M}_1(t,f)\|^2+\|M_2(t,f)-\hat{M}_2(t,f)\|^2\\&-\lambda(\|M_1(t,f)-\hat{M}_2(t,f)\|^2+\|M_2(t,f)-\hat{M}_1(t,f)\|^2)\big)\end{aligned} \tag{6.12}$$

其中，$\lambda$ 是可调节的参数。因为神经网络有两个输出 $\hat{M}_1(t,f)$ 和 $\hat{M}_2(t,f)$，所以文献 [121] 采用了多目标神经网络，如图 6.2 所示。

在测试阶段，$f(\cdot)$ 首先使用 $\hat{M}_1(t,f)$ 和 $\hat{M}_2(t,f)$ 得到两个声源的纯净语音幅度谱的估计：

$$|\hat{X}_1(t,f)|=\hat{M}_1(t,f)|Y(t,f)| \tag{6.13}$$

$$|\hat{X}_2(t,f)|=\hat{M}_2(t,f)|Y(t,f)| \tag{6.14}$$

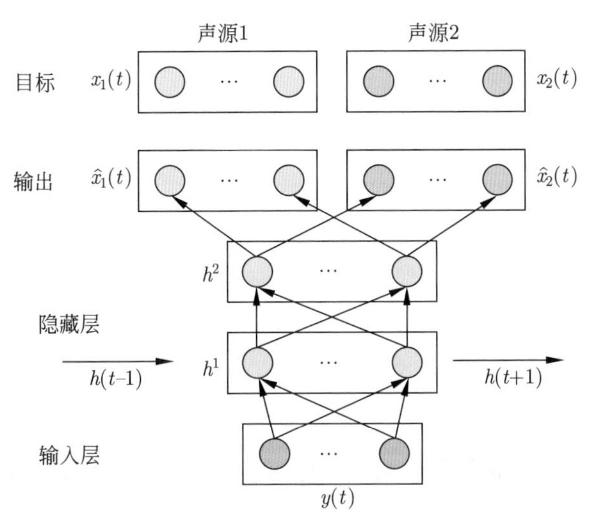


图 6.2 使用多目标神经网络架构的示例[121]

然后，使用短时傅里叶逆变换重构时域语音：

$$\hat{x}_1(t_{\text{time}}) = \text{ISTFT}(|\hat{X}_1(t,f)|, \angle Y(t,f)) \tag{6.15}$$

$$\hat{x}_2(t_{\text{time}}) = \text{ISTFT}(|\hat{X}_2(t,f)|, \angle Y(t,f)) \tag{6.16}$$

其中，$\angle Y(t,f)$ 表示混叠语音的相位谱；$\hat{x}(t_{\text{time}})$ 表示重构的时域语音；$t_{\text{time}}$ 表示时域的采样时间。

注意：文献 [121] 还提出了一种将深度神经网络和 IRM 联合优化的方法，该方法在文献 [186] 中被称作信号估计（signal approximation，SA）。在训练阶段，它令神经网络输出掩模估计，记作 $\hat{M}(t,f)$，然后使用纯净语音 $|X(t,f)|$ 与估计语音 $(\hat{M}(t,f)|Y(t,f)|)$ 的最小均方误差作为优化目标：

$$\min\left(\||X_1(t,f)|-\hat{M}_1(t,f)|Y(t,f)|\|^2+\||X_2(t,f)|-\hat{M}_2(t,f)|Y(t,f)|\|^2\right) \tag{6.17}$$

在式 (6.17) 中可以加入鉴别训练项：

$$\begin{aligned}\min\Big(&\||X_1(t,f)| - \hat{M}_1(t,f)|Y(t,f)|\|^2 + \||X_2(t,f)| - \hat{M}_2(t,f)|Y(t,f)|\|^2\\ &-\lambda(\||X_1(t,f)| - \hat{M}_2(t,f)|Y(t,f)|\|^2 + \||X_2(t,f)| - \hat{M}_1(t,f)|Y(t,f)|\|^2)\Big)\end{aligned} \tag{6.18}$$

这种方法在测试阶段的步骤与使用 IRM 作为训练目标的测试阶段的步骤相同。实验结果表明，SA 更适合语音分离任务。

Huang 等将上述算法用于分离男性与女性的混叠语音，并与经典的非负矩阵分解（NMF）方法进行了实验比较。图 6.3 和图 6.4 分别给出了基于 NMF 和 DNN 的语音分离方法的实验结果。由图 6.3 和图 6.4 可知，基于 DNN 的语音分离算法的最优模型相对于基于 NMF 的语音分离方法取得了更高的 SDR、SIR 和 SAR 值。例如，基于 DNN 的语音分离算法的最优模型在使用 IBM 和 IRM 为训练目标时分别实现了相对于基于 NMF 的语音分离方法大约 4dB 的 SIR 增益。

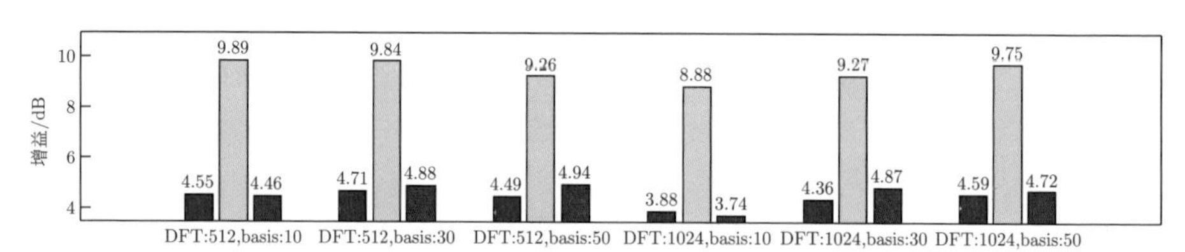


(a) 基于NMF和二值掩模估计的实验结果

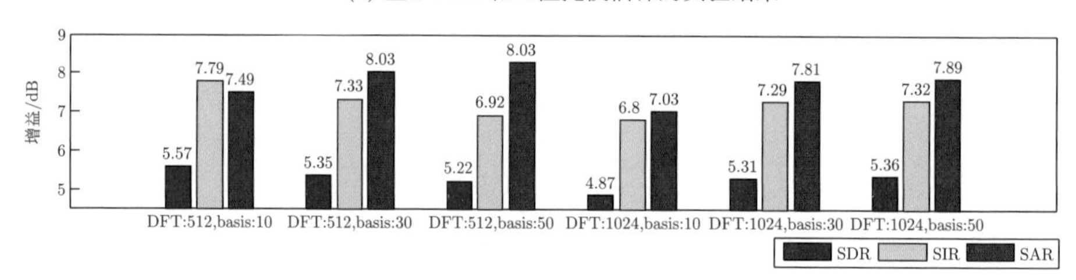


(b) 基于NMF和比率掩模估计的实验结果

图 6.3 基于 NMF 的语音分离算法的实验结果[121]

注：NMF 采用的掩模包括二值掩模和比率掩模，其帧长设为 512 或 1024 个时间采样点，NMF 的基的数量分别为 10、30、50。

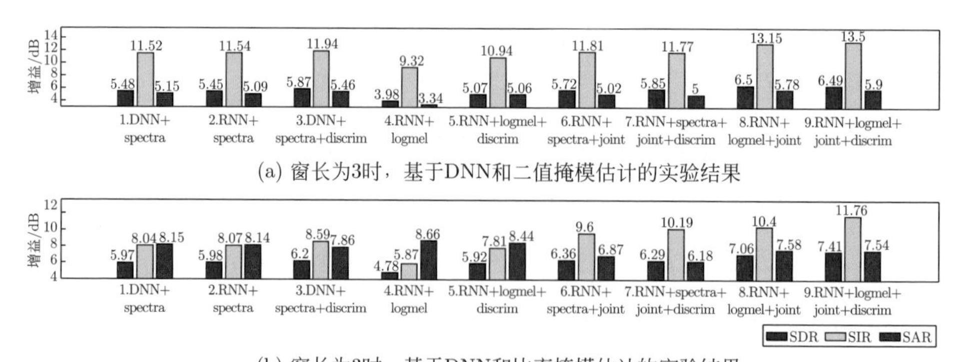


图 6.4 基于 DNN 的语音分离算法的实验结果[121]

注：DNN 的输入特征的窗长设为 3 帧，分别采用了 IBM 和 IRM 作为训练目标。关键词 joint 表示 DNN 网络与比率掩模函数的联合训练方法（即 SA 方法）；discrim 表示 DNN 的优化目标中加入了鉴别训练项。

上述方法[121] 仅考虑了训练和测试中两个说话人身份相同的情况。在实际应用时，更常见的情况是目标说话人的身份是已知的，但干扰说话人是未知的，如手机等手持设备的语音通信。对于这种情况，可以将干扰语音当成加性噪声，采用本书第 4 章所提的语音增强方法进行处理。为了提高模型的泛化能力，在训练阶段，需要将大量的干扰说话人与目标说话人进行混合以构造训练数据，这种多条件训练方法被称为目标说话人相关语音分离[187]（target-dependent speech separation）。因为本节所述方法都需要为每个目标说话人建立一个语音分离模型，所以称该方法为模型匹配法（model retraining method）。

### 6.3.2 声纹特征法

声纹特征法[188] 将目标说话人的信息作为网络输入的一部分，避免了模型匹配法需要为每个目标说话人建立一个语音分离模型的过程。该方法的基本框架如图 6.5 所示，其训练阶段的基本步骤如下。

（1）抽取声学特征。从混叠语音 $\boldsymbol{Y}$ 中抽取声学特征 $|\boldsymbol{Y}|$ 作为深度神经网络训练的输入特征。常见的声学特征是短时傅里叶变换的幅度谱（STFT-MAG）。

（2）抽取目标说话人的特征。从目标说话人的某句语音 $\boldsymbol{A}$ 中抽取说话人特征 $\boldsymbol{\lambda}$ 应用于网络。

（3）定义训练目标，训练神经网络。一种常见的方法是使用目标说话人的掩模作为训练目标。

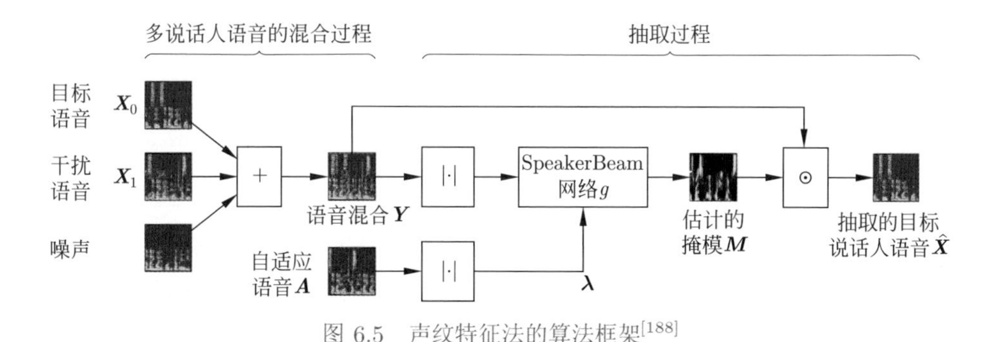


图 6.5　声纹特征法的算法框架[188]

测试阶段需要预先从目标说话人的一段注册语音中提取声纹特征，以明确待提取的目标说话人，然后将说话人混叠语音和目标说话人的声纹信息作为神经网络的输入，用于提取目标说话人语音。

如何将声纹信息加入神经网络直接影响该方法的有效性。图 6.6 给出了 3

种训练方法 ——输入特征自适应法（input bias adaptation）、隐藏层的因子分解法（factorized layer）、隐藏层加权法（scaled activation）。

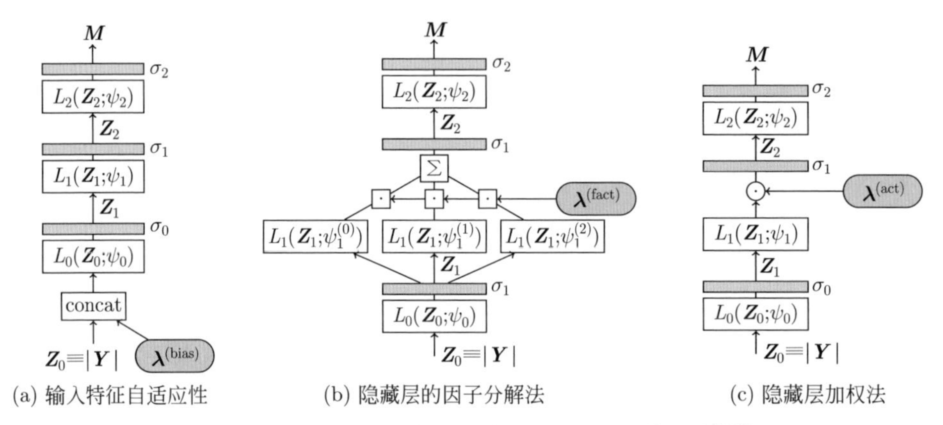


(a) 输入特征自适应性　(b) 隐藏层的因子分解法　(c) 隐藏层加权法

图 6.6　三种将声纹信息加入神经网络的声纹特征法[188]

### 1. 输入特征自适应法

如图 6.6(a) 所示，输入特征自适应法抽取声纹特征 $\boldsymbol{\lambda}^{(\text{bias})}$ 作为网络输入的一部分：

$$\begin{cases} \boldsymbol{Z}_1 = \sigma_0\left(L_0\left(\begin{bmatrix}\boldsymbol{Z}_0 \\ \boldsymbol{\lambda}^{(\text{bias})}\end{bmatrix};\psi_0\right)\right) \\ \boldsymbol{Z}_{k+1} = \sigma_k(L_k(\boldsymbol{Z}_k;\psi_k)) \end{cases} \tag{6.19}$$

其中，$\boldsymbol{Z}_0=\boldsymbol{Y}$；$\sigma_k(\cdot)$ 表示网络第 $k$ 层的非线性激活函数；$(L_k(\boldsymbol{Z}_k;\psi_k))$ 表示以 $\boldsymbol{Z}_k$ 为输入、$\psi_k$ 为参数的特征变换。

### 2. 隐藏层的因子分解法

如图 6.6(b) 所示，隐藏层的因子分解法将网络自底向上的第 $p$ 个隐藏层划分成 $J$ 个子网络（在文献 [188] 中，$p=2$、$J=30$）。$\boldsymbol{\lambda}^{(\text{fact})}$ 向量中的每个元素是一个子网络的权重：

$$\boldsymbol{Z}_{k+1} = \begin{cases} \sigma_k(L_k(\boldsymbol{Z}_k;\psi_k)), & k\neq q \\ \sigma_k\left(\sum_{j=1}^{J}\lambda_j^{(\text{fact})}L_k\left(\boldsymbol{Z}_k;\psi_k^{(j)}\right)\right), & k=q \end{cases} \tag{6.20}$$

其中，$\lambda_j^{(\text{fact})}$ 表示 $\boldsymbol{\lambda}^{(\text{fact})}$ 的第 $j$ 个元素；$\psi_k^{(j)}$ 表示第 $j$ 个子网络的参数。不同的目标说话人会有不同的 $\boldsymbol{\lambda}^{(\text{fact})}$，使得该网络能分离任意指定的目标说话人。

### 3. 隐藏层加权法

如图 6.6(c) 所示，隐藏层加权法将网络自底向上的第 $p$ 个隐藏层做加权：

$$\boldsymbol{Z}_{k+1}=\begin{cases}\sigma_k(L_k(\boldsymbol{Z}_k;\psi_k)), & k\neq q\\ \sigma_k\left(\boldsymbol{\lambda}_j^{(\text{act})}\odot L_k\left(\boldsymbol{Z}_k;\psi_k\right)\right), & k=q\end{cases}\tag{6.21}$$

其中，$\boldsymbol{\lambda}^{(\text{act})}=[\lambda_1^{(\text{act})},\lambda_2^{(\text{act})},\cdots,\lambda_J^{(\text{act})}]^{\text{T}}$ 是第 $p$ 层的加权系数；$J$ 表示该层的激活函数的数量；$\odot$ 表示按元素相乘。

如何提取声纹信息 $\boldsymbol{\lambda}$ 是设计该网络的另一个重要因素。已有的声纹信息提取方式有声纹信息的独立提取和声纹信息的联合提取两种。

1）声纹信息的独立提取

声纹信息的独立提取方法使用额外的声纹识别系统提取声纹特征 $\boldsymbol{\lambda}$，并将其按照图 6.6 所示的方式加入系统。已有的声纹特征包括 $i$-vector、$x$-vector 等，详见本书第 7 章。

2）声纹信息的联合提取

声纹信息的联合提取方法将基于神经网络的声纹识别系统与本节阐述的语音分离网络通过反向传播算法联合优化，其中基于神经网络的声纹识别系统自底向上包括两部分，分别是帧级的特征提取和池化层。文献 [188] 给出了平均池化和基于注意力机制的池化两种方法。

（1）平均池化为每帧抽取特征 $\bar{\boldsymbol{\lambda}}_t$，然后将帧级的特征求平均即可得到语句特征 $\boldsymbol{\lambda}$：

$$\begin{cases}\bar{\boldsymbol{\lambda}}_t=z(|\boldsymbol{A}|), & \forall t=1,2,\cdots,T\\ \boldsymbol{\lambda}=\dfrac{1}{T}\displaystyle\sum_{t=1}^{T}\bar{\boldsymbol{\lambda}}_t\end{cases}\tag{6.22}$$

其中，$z(\cdot)$ 表示基于神经网络的帧级特征抽取。

（2）基于注意力机制的池化是一种加权池化方法，它通过一种被称为注意力机制的神经网络结构[26] 学习每帧应分配的权重 $\bar{\boldsymbol{a}}$，然后将归一化后的权重 $\boldsymbol{a}$ 应用于加权池化：

$$\begin{cases} (\bar{\boldsymbol{\lambda}}_t, \bar{a}_t) = z(|\boldsymbol{A}|), \quad \forall t = 1, 2, \cdots, T, \\ \boldsymbol{a} = \text{softmax}(\bar{\boldsymbol{a}}) \\ \boldsymbol{\lambda} = \sum_{t=1}^{T} a_t \bar{\boldsymbol{\lambda}}_t \end{cases} \tag{6.23}$$

表 6.1 给出了 3 种声纹特征法与 3 种声纹信息提取方法分别相结合的实验结果。由表 6.1 可知，隐藏层因子分解法与隐藏层加权法都能够有效提取目标说话人的语音；输入特征自适应法难以有效提取目标说话人的语音，甚至有可能造成性能的下降；在声纹信息提取方面，声纹信息联合提取法优于声纹信息独立提取法。

**表 6.1　声纹特征法在两个说话人分离任务上的实验结果**

| 方法名称 | 声纹特征 | ΔSDR/dB | Δ$f$w SDR/dB |
|---|---|---|---|
| 输入特征自适应法 | 声纹信息的独立提取 | −3.8 | −1.4 |
| | 声纹信息联合提取的平均池化 | −2.2 | −0.8 |
| | 基于注意力机制的池化 | −2.2 | −0.8 |
| 隐藏层因子分解法 | 声纹信息的独立提取 | 5.7 | 3.5 |
| | 声纹信息联合提取的平均池化 | 6.1 | 3.7 |
| | 基于注意力机制的池化 | 6.2 | 3.7 |
| 隐藏层加权法 | 声纹信息的独立提取 | 5.2 | 2.8 |
| | 声纹信息联合提取的平均池化 | 5.6 | 3.5 |
| | 基于注意力机制的池化 | 5.7 | 3.5 |
| **IBM** | — | 12.8 | 7.3 |

注：Δ 表示分离后的语音与含噪语音相比的相对提升。IBM 表示使用理想二值掩模分离目标说话人语音的性能，这是一种上限值，在测试阶段是不可能获得理想二值掩模的。

## 6.4　与说话人无关的语音分离

6.3 节介绍的语音分离方法至少需要知道目标说话人的身份信息，这可以帮助神经网络确定输出目标。本节讨论与说话人无关的语音分离，即通过使用一个模型分离任意两个或多个说话人混叠的语音。该任务的难点在于在模型训练阶段如何解决说话人排列的问题[189–190]（speaker permutation problem）。

具体地说，假设训练数据中有 3 个说话人 A、B 和 C，将 A 与 B 混叠的语音记作 A+B，它们分别位于网络输出的左右两侧，同理将 A 与 C 混叠的语音记作 A+C，它们也分别位于网络输出的左右两侧，那么当训练数据中有 B 与 C 的混叠语音 B+C 时，网络输出的左右两侧无论是 B 与 C 的排列还是 C 与 B 的排列，都会出现优化目标不明确而造成的梯度反转问题，最终造成网络训练的失败。解决这个问题目前主要有两种算法 —— 深度聚类（deep clustering）算法和置换不变性训练（permutation invariant training）算法。在这两种算法的基础上，又衍生出了能满足实时性要求的短时延端到端语音分离算法。

### 6.4.1 深度聚类算法

深度聚类算法的核心思想是：首先使用深度神经网络为混叠语音中的每个时频单元（time-frequency unit）学习一个嵌入向量（embedding vector），然后通过 $k$ 均值聚类（$k$-means clustering）算法将这些嵌入向量聚成 $k$ 类，每类表示一个说话人。该算法本质上为每个说话人学习了一个二值时频掩模，这种学习方法依赖于一个重要的前提假设：每个时频单元仅由一个说话人占据。从定义上看，因为深度神经网络没有直接学习从混叠语音到纯净语音的映射关系，而是为每个时频单元学习一个新的特征，所以从本质上避免了说话人排序的问题。因为深度神经网络学习一个从标量到向量的映射函数，所以其输入的信息量小于输出的信息量，这要求在选取神经网络的类型时应选取那些能够考虑上下文信息的模型，如双向长短时记忆网络（BLSTM）。该算法的具体阐述如下。

混叠语音的时域信号在经过短时傅里叶变换后变成时频域信号 $Y(t,f)$。这里将时频域索引 $(t,f)$ 用新的单变量索引 $i$ 表示，则深度聚类算法学习映射函数为

$$\boldsymbol{v}_i = f(|Y_i|), \quad \forall i \in \{1, 2, \cdots, N\} \tag{6.24}$$

其中，$f(\cdot)$ 表示深度神经网络模型；$i = tf$，$N$ 表示该混合语音所包含的时频单元的总数；$|Y_i|$ 表示 $Y_i$ 的幅度谱；$\boldsymbol{v}_i$ 表示 $Y_i$ 的 $D$ 维嵌入向量；$D$ 是神经网络的输出维度。也可以使用 $Y_i$ 的对数功率谱代替幅度谱。

在训练阶段，需要为 $\boldsymbol{v}_i$ 定义一个标签 $\boldsymbol{a}_i$（ground-truth label），并围绕 $\boldsymbol{a}_i$ 定义一个训练目标。文献 [191] 将 $\boldsymbol{a}_i = [a_{i,1}, a_{i,2}, \cdots, a_{i,k}]^{\mathrm{T}}$ 定义为 one-hot 编码：

$$a_{i,m}=\begin{cases}1, & |X_{i,m}|>|X_{i,p}|,\ \forall p=1,2,\cdots,k\cap p\neq i\\ 0, & 其他\end{cases}\qquad \forall m=1,2,\cdots,k \tag{6.25}$$

其中，$X_{i,m}$ 表示 $Y_i$ 中的第 $m$ 个说话人分量，且有 $Y_i=\sum_{m=1}^{k}X_{i,m}$；$a_{i,m}=1$ 表明当前时频单元被第 $m$ 个说话人占有。由上述定义可知，如果两个时频单元的标签 $\boldsymbol{a}_i$ 与 $\boldsymbol{a}_j$ 的内集 $\boldsymbol{a}_i^{\mathrm{T}}\boldsymbol{a}_j=1$，则这两个时频单元属于同一个说话人，否则属于不同说话人。令 $\boldsymbol{A}=[\boldsymbol{a}_1,\boldsymbol{a}_2,\cdots,\boldsymbol{a}_N]$，可得 $\boldsymbol{A}^{\mathrm{T}}\boldsymbol{A}\in\{0,1\}^{N\times N}$；令神经网络的输出矩阵是 $\boldsymbol{V}=[\boldsymbol{v}_1,\boldsymbol{v}_2,\cdots,\boldsymbol{v}_N]\in\mathbb{R}^{D\times N}$，可得 $\boldsymbol{V}^{\mathrm{T}}\boldsymbol{V}\in\mathbb{R}^{N\times N}$。给定任意的说话人排列矩阵 $\boldsymbol{P}$，都有 $(\boldsymbol{PA})^{\mathrm{T}}(\boldsymbol{PA})=\boldsymbol{A}^{\mathrm{T}}\boldsymbol{A}$ 和 $(\boldsymbol{PV})^{\mathrm{T}}(\boldsymbol{PV})=\boldsymbol{V}^{\mathrm{T}}\boldsymbol{V}$，是一个与说话人排列顺序无关的量。因此，以 $\boldsymbol{A}^{\mathrm{T}}\boldsymbol{A}$ 为 $f(\cdot)$ 的训练目标避免了说话人排列的问题。

在定义了训练目标 $\boldsymbol{A}^{\mathrm{T}}\boldsymbol{A}$ 之后，还需要为 $f(\cdot)$ 设计一个优化目标（也被称作损失函数）：

$$\min\|\boldsymbol{A}^{\mathrm{T}}\boldsymbol{A}-\boldsymbol{V}^{\mathrm{T}}\boldsymbol{V}\|_F^2 \tag{6.26}$$

其中，$\|\cdot\|_F$ 是 Frobenius 范数，简称为 F 范数。一个矩阵 $\boldsymbol{U}$ 的 Frobenius 范数定义为矩阵 $\boldsymbol{U}$ 各项元素的绝对值二次方的总和，即

$$\|\boldsymbol{U}\|_F=\sqrt{\sum_i\sum_j|U_{i,j}|^2} \tag{6.27}$$

在测试阶段，深度聚类算法在得到时频点的嵌入向量 $\boldsymbol{V}$ 以后，首先使用聚类算法将嵌入向量划分成 $k$ 类，对应 $k$ 个说话人 $s_1,s_2,\cdots,s_k$；然后为每个说话人计算一个二值掩模 $\hat{\boldsymbol{A}}_1,\boldsymbol{A}_2,\cdots,\hat{\boldsymbol{A}}_m,\hat{\boldsymbol{A}}_{m+1},\cdots,\hat{\boldsymbol{A}}_k$：

$$\hat{A}_m(t,f)=\begin{cases}1,\boldsymbol{v}(t,f)\in s_m\\ 0,其他\end{cases}\qquad \forall m=1,2,\cdots,k \tag{6.28}$$

最后，将掩模应用于含噪语音得到分离的时频谱：

$$\hat{X}_m(t,f)=\hat{A}_m(t,f)Y(t,f) \tag{6.29}$$

并应用短时傅里叶逆变换恢复分离的时域语音。

在实际训练深度聚类网络时，需要避免使用不属于任何说话人的静音时频单元。对此，在训练阶段，深度聚类仅使用那些幅值大于某个门限值（如 −40 dB）的时频单元训练 BLSTM 网络；在测试阶段，深度聚类仅对那些幅值大于该门限值的时频单元生成嵌入向量，用于 $k$ 均值聚类。

图 6.7 是使用深度聚类对 3 个说话人混叠的语音做分离的频谱图。在该实验中，深度聚类的训练语料是两个说话人混叠的语音，在测试阶段将 $k$ 均值聚类器的聚类数量从 2 增加至 3。由图 6.7 可知，即使使用两个说话人混叠的语音训练的深度聚类器，仍然可以分离 3 个说话人混叠的语音，验证了该方法的有效性和可推广性。一个影响深度聚类效果的重要因素是网络输出的嵌入向量

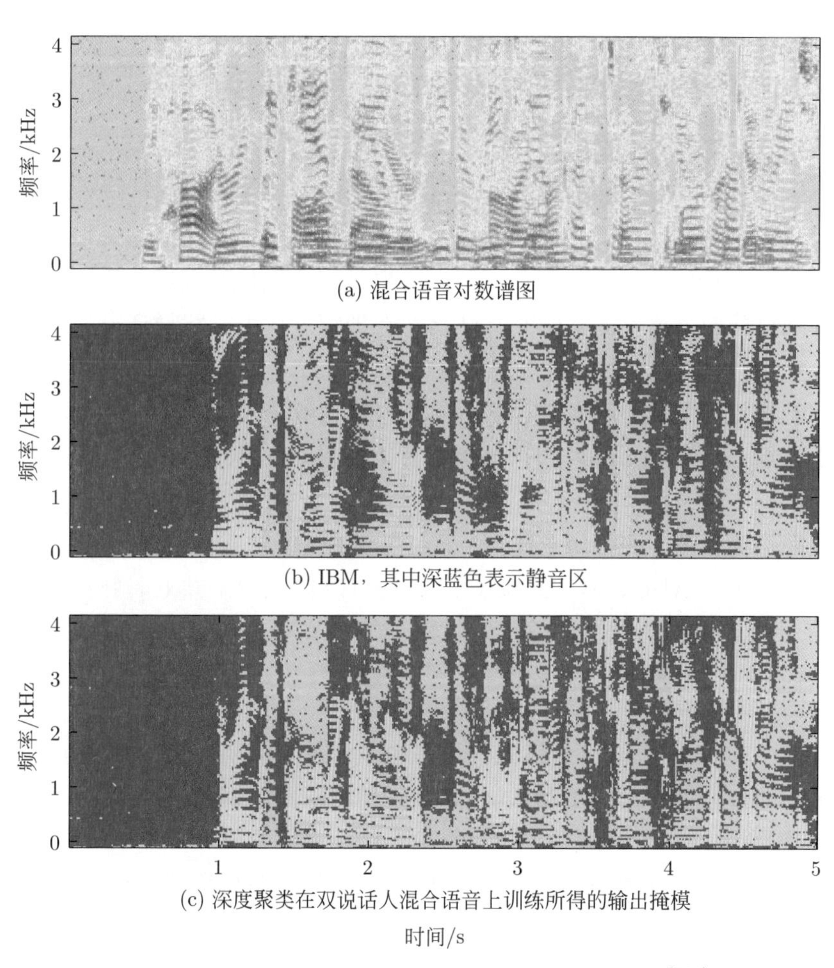


图 6.7 使用深度聚类分离 3 个说话人混叠语音示例[191]

的维度 $D$。由表 6.2 可知，$D=5$ 时深度聚类的分离效果较差，而当 $D \geqslant 20$ 时，两种深度聚类的性能近似。这表明系统可以在很宽的参数值范围内运行，验证了系统的稳定性。

表 6.2 深度聚类在不同嵌入维度 $D$ 和两种聚类方法下的 SDR 值

| 嵌入特征的维度 | 局部 $k$ 均值聚类/dB | 全局 $k$ 均值聚类/dB |
|---|---|---|
| $D=5$ | 0.8 | 1.0 |
| $D=10$ | 5.2 | 4.5 |
| $D=20$ | 6.3 | 5.6 |
| $D=40$ | 6.5 | 5.9 |
| $D=60$ | 6.0 | 5.2 |

### 6.4.2 置换不变训练算法

解决说话人排列问题的另一个思路是置换不变训练（permutation invariant training，PIT）算法[192–193]。与深度聚类算法寻找对说话人排列顺序不敏感的训练目标的思路不同，PIT 算法旨在在训练过程中寻找说话人的最优排列顺序。

PIT 算法的系统框图如图 6.8 所示。它包括两个关键步骤：置换不变训练和基于元帧（meta-frame）的训练策略。下面以 A、B、C 三个说话人混叠的语音为例。

**置换不变训练**。在将 A、B、C 三人混叠的语音送入 PIT 训练时，可能存在的排列顺序有 ABC、ACB、BAC、BCA、CAB、CBA 共 6 种排列方式。将这 6 种排列方式作为网络的输出，可以计算出 6 个均方误差（mean squared error，MSE）$\left\{\sum_{j=1}^{3}\|\boldsymbol{M}_{i,j}-\hat{\boldsymbol{M}}_{i,j}\|_2^2\right\}_{i=1}^{6}$，其中 $\boldsymbol{M}_{i,j}$ 和 $\hat{\boldsymbol{M}}_{i,j}$ 分别表示第 $i$ 种排列方式中排在第 $j$ 位的说话人的理想掩模和掩模估计。PIT 网络挑选其中损失最小的排列顺序，如 BAC，作为该语句用于网络训练的说话人输出顺序。在 PIT 模型中，参考声源是作为集合给出的，而不是有序的列表。也就是说，不管声源是按照什么顺序列出来的，都可以得到相同的训练结果。

**基于元帧的训练**。在测试阶段，因为 PIT 算法需要对每帧判断其说话人的输出顺序，所以存在前后帧的输出说话人顺序不一致的情况。例如，第 $n-1$ 帧时的输出顺序是 ABC、第 $n$ 帧时是 BAC、第 $n+1$ 帧时是 BCA，则第 1

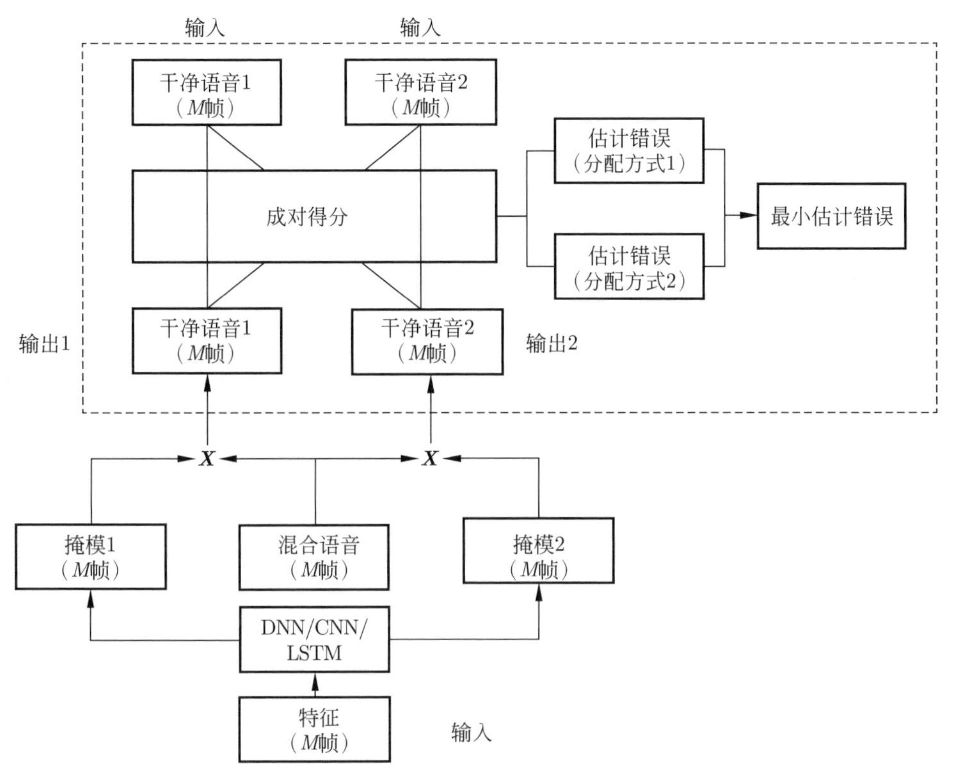


图 6.8 置换不变训练算法的系统结构

注：虚线框所标的部分是置换不变的训练方法。

个通道输出的说话人语音帧顺序为 ABB。为了第 1 个通道能连续输出说话人 A 的语音，需要改变训练策略。第 1 种策略是基于元帧的训练（meta-frame training）。元帧是将语音帧进行加窗扩展。例如，当窗长为 $2M+1$ 时，其中 $M \geqslant 1$，第 $n-1$ 个元帧 $\bar{\boldsymbol{y}}_{n-1}$ 为 $[\boldsymbol{y}_{n-M-1},\cdots,\boldsymbol{y}_{n-1},\cdots,\boldsymbol{y}_{n+M-1}]^{\mathrm{T}}$，第 $n$ 个元帧 $\bar{\boldsymbol{y}}_n$ 为 $[\boldsymbol{y}_{n-M},\cdots,\boldsymbol{y}_n,\cdots,\boldsymbol{y}_{n+M}]^{\mathrm{T}}$，等等。基于元帧的 PIT 训练将元帧作为网络的输入和输出，用于降低前后语音帧 $\{\cdots,\boldsymbol{y}_{n-1},\boldsymbol{y}_n,\boldsymbol{y}_{n+1},\cdots\}$ 不属于同一个说话人的概率，因为每个语音帧可以从元帧中得到 $2M+1$ 个预测输出，所以也增加了预测的准确性。第 2 种策略是基于句子的训练（utterance PIT，uPIT）。该方法将元帧的概念扩展到整个训练/测试语句，进一步降低前后语音帧不属于同一个说话人的概率。因为不同语句的时间长度不同，所以 uPIT 只能使用 LSTM 等递归神经网络加以训练。

表 6.3 总结了不同算法在集内测试条件（CC）和集外测试条件（OC）下

表 6.3 在 WSJ0-2mix 数据集上不同分离方法的 SDR 值（dB）[192]

| 参与比较的方法 | 输入元帧窗大小/输出元帧窗大小 | 优化说话人分配 CC/OC | 默认说话人分配 CC/OC |
|---|---|---|---|
| oracle NMF | —/— | —/— | 5.1/— |
| CASA | —/— | —/— | 2.9/3.1 |
| DPCL | 100/100 | 6.5/6.5 | 5.9/5.8 |
| DPCL+ | 100/100 | —/— | —/10.3 |
| PIT-DNN | 101/101 | 6.2/6.0 | 5.3/5.2 |
| PIT-DNN | 51/51 | 7.3/7.2 | 5.7/5.6 |
| PIT-DNN | 41/7 | 10.1/10.0 | −0.3/−0.6 |
| PIT-DNN | 41/5 | 10.5/10.4 | −0.6/−0.8 |
| PIT-CNN | 101/101 | 8.4/8.6 | 7.7/7.8 |
| PIT-CNN | 51/51 | 9.6/9.7 | 7.5/7.7 |
| PIT-CNN | 41/7 | 10.7 10.7 | −0.6/−0.7 |
| PIT-CNN | 41/5 | 10.9/10.9 | −0.8/−0.9 |
| IRM | —/— | 12.3/12.5 | 12.3/12.5 |

注：CC 表示集内测试，即测试说话人在训练集中出现过；OC 表示集外测试，即测试说话人在训练集中未出现过。在默认说话人分配设置中，假设没有跨元帧输出不同说话人的情况，此时，PIT 算法无须跟踪说话人。在优化说话人分配设置中，需要在线确定每个输出元帧的说话人分配，此时，PIT 会随着元帧窗长的增大而逐渐实现对说话人的正确跟踪。

对两个说话人混合语音进行分离的 SDR 值。从表 6.3 中可以得出以下结论：首先，没有跟踪说话人的 PIT 算法具有与深度聚类（DPCL）相似甚至更好的性能；其次，当输出窗口的大小减小时，可以提高每个窗口内的语音分离性能，因此，PIT 算法在默认说话人分配设置中可以得到更好的 SDR，但是，该设置在现实中是难以被满足的；最后，当输出窗口大小减小时，PIT 在优化的说话人分配设置中会更频繁地更改不同帧的说话人分配，导致分离后的某个人的语音中包括不同说话人的概率提高，使其 SDR 值快速降低。

### 6.4.3 基于时域卷积的端到端语音分离算法

6.4.1 节和 6.4.2 节介绍了频域的语音分离算法，它们可能存在以下问题：首先，频域算法多数只处理幅度谱，而不对相位谱做处理，这不仅造成幅度与相位的不匹配问题，还直接使用含噪相位，也在一定程度上降低了语音质量；

其次，使用人工设计的时频变换将时域信号转换到频域，不仅有可能造成信息的损失，还因帧长问题而造成延时。对此，近年来开展了一些时域语音分离算法的研究[194–196]。下面从网络结构和训练目标两方面介绍一种基于全卷积网络的时域语音分离网络 Conv-Tasnet[196]。

如图 6.9(a) 所示，Conv-Tasnet 网络采用了编码器-分离网络-解码器的结构。下面分别介绍这三部分。

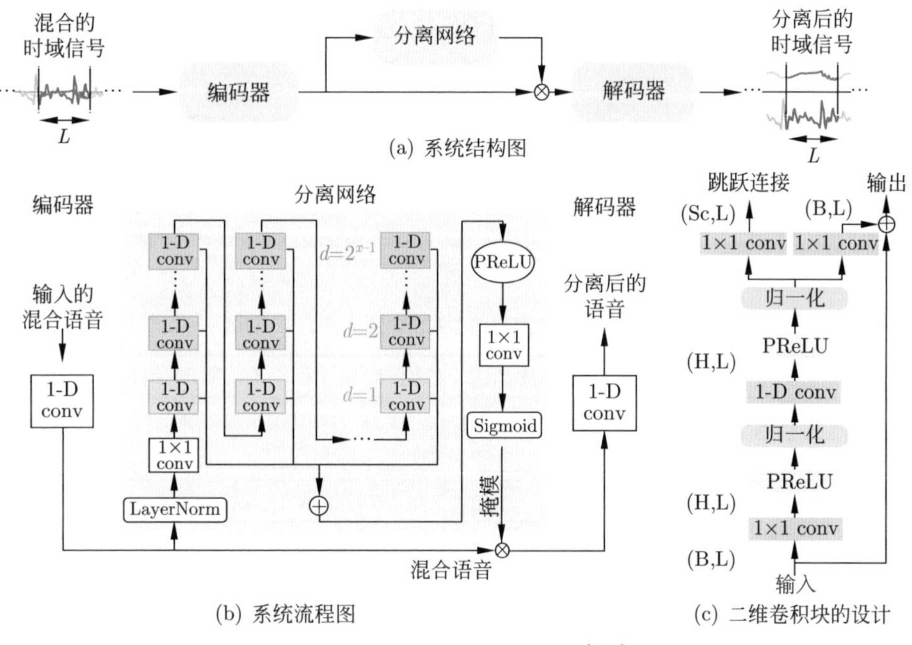


图 6.9 TasNet 语音分离算法[196]

### 1. 编码器

与传统的时域信号分帧过程类似，首先将时域信号按照帧长为 $L$ 个采样点、帧移为 $M$ 个采样点分解为交叠信号，记作 $\{\boldsymbol{y}_1, \cdots, \boldsymbol{y}_t, \cdots, \boldsymbol{y}_{\hat{T}},\}$，其中 $\hat{T}$ 表示帧个数。通过下列一维卷积（1-D conv）算子将 $\boldsymbol{y}_t$ 转换为高维向量 $\boldsymbol{w}_t$：

$$\boldsymbol{w}_t = \mathcal{H}(\boldsymbol{U}\boldsymbol{y}_t) \tag{6.30}$$

其中，矩阵 $\boldsymbol{U}$ 是 Conv-Tasnet 的网络参数；$\mathcal{H}(\cdot)$ 是网络的 ReLU 非线性变换函数。

2. 分离网络

假设时域信号是 $C$ 个说话人混叠的语音，则分离网络为每帧语音 $\boldsymbol{y}_t$ 都估计 $C$ 个掩模 $\{\boldsymbol{m}_{t,1},\cdots,\boldsymbol{m}_{t,c},\cdots,\boldsymbol{m}_{t,C}\}$，然后将估计的掩模应用于 $\boldsymbol{y}_t$，得到分离后的说话人语音：

$$\boldsymbol{d}_{t,c}=\boldsymbol{m}_{t,c}\odot\boldsymbol{w}_t \tag{6.31}$$

其中，$\odot$ 表示按元素乘。如图 6.9(b) 所示，分离网络是一种时域卷积网络[197]（temporal convolutional network，TCN），它的每层是由一组一维卷积算子堆叠构成的，每个一维卷积算子的内部结构如图 6.9(c) 所示，由于一维卷积结构并不唯一，因此本节将不对其做具体介绍，感兴趣的读者请参阅文献 [13,197]；相邻两层之间通过 dilated 结构连接[197]，详见本书 2.5.4节所述，这种结构能够有效处理具有时序依赖关系的数据，是一种与 RNN 功能类似的卷积网络。

**表 6.4 Conv-Tasnet 与多种语音分离方法在两个说话人语音分离问题上的实验比较结果** [196]

| 方法名称 | 模型参数量/MB | 因果模型 | SI-SNRi/dB | SDRi/dB |
|---|---|---|---|---|
| DPCL++ | 13.6 | × | 10.8 | — |
| uPIT-BLSTM-ST | 92.7 | × | — | 10.0 |
| DANet | 9.1 | × | 10.5 | — |
| ADANet | 9.1 | × | 10.4 | 10.8 |
| cuPIT-Grid-RD | 47.2 | × | — | 10.2 |
| CBLDNN-GAT | 39.5 | × | — | 11.0 |
| Chimera++ | 32.9 | × | 11.5 | 12.0 |
| WA-MISI-5 | 32.9 | × | 12.6 | 13.1 |
| BLSTM-TasNet | 23.6 | × | 13.2 | 13.6 |
| **Conv-TasNet-gLN** | **5.1** | × | **15.3** | **15.6** |
| uPIT-LSTM | 46.3 | ✓ | — | 7.0 |
| LSTM-TasNet | 32.0 | ✓ | 10.8 | 11.2 |
| **Conv-TasNet-cLN** | **5.1** | ✓ | **10.6** | **11.0** |
| IRM | — | — | 12.2 | 12.6 |
| IBM | — | — | 13.0 | 13.5 |
| WFM | — | — | 13.4 | 13.8 |

注：“因果模型”表示该方法是一种在线（on-line）分离方法，详见本书 2.5.4 节。

#### 3. 解码器

在得到分离后的数据帧 $\{\boldsymbol{d}_{t,1},\cdots,\boldsymbol{d}_{t,c},\cdots,\boldsymbol{d}_{t,C}\}$ 以后，通过下列线性变换恢复时域信号：

$$\hat{\boldsymbol{x}}_{t,c}=\boldsymbol{V}\boldsymbol{d}_{t,c} \tag{6.32}$$

其中，$\boldsymbol{V}$ 是解码器的网络参数。

上述网络将最大化归一化不变信噪比（scale invariant signal to distortion ratio，SI-SDR）作为训练目标：

$$\begin{cases}\boldsymbol{x}_{\text{target}}=\dfrac{\langle\hat{\boldsymbol{x}},\boldsymbol{x}\rangle\boldsymbol{x}}{\|\boldsymbol{x}\|^2}\\ \boldsymbol{e}_{\text{noise}}=\hat{\boldsymbol{x}}-\boldsymbol{x}_{\text{target}}\\ \mathcal{L}_{\text{SI-SNR}}=10\log_{10}\dfrac{\|\boldsymbol{x}_{\text{target}}\|^2}{\|\boldsymbol{e}_{\text{noise}}\|^2}\end{cases} \tag{6.33}$$

其中，$\boldsymbol{x}$ 表示纯净语音；$\hat{\boldsymbol{x}}$ 表示网络对纯净语音的预测输出（详见式(6.32)）。文献 [196] 采用 PIT 训练策略解决训练目标的多说话人排列问题，详见本书6.4.2节。

表 6.4 给出了 Conv-Tasnet 与深度聚类（DPCL）、uPIT 等多种语音分离方法在两个说话人语音分离问题上的实验比较结果。由表 6.4 可知，Conv-Tasnet 在 SI-SNR 和 SDR 两种评价指标下都取得了最好的性能。

## 6.5 本章小结

本章从与说话人相关的语音分离方法、与说话人无关的语音分离方法两方面阐述了基于深度学习的多说话人语音分离算法。在与说话人相关的语音分离方面，分别介绍了模型匹配法和声纹特征法。模型匹配法针对特定的目标说话人语音做分离，将干扰说话人看作噪声处理，其实现思想与语音增强类似。声纹特征法通过在训练和测试阶段抽取声纹信息，以指定混合语音中的目标说话人。该方法需要提前注册目标说话人语音，用于抽取声纹信息。当没有指定目标说话人时，需要系统分离所有说话人的语音，这存在说话人排序问题。即在训练阶段，神经网络因不知道说话人的输出排列顺序，所以无法正常训练。针对该问题诞生了两种与说话人无关的语音分离方法 ——深度聚类和置换不变训练。深度聚类为每个时频单元都学习一个嵌入向量，然后使用聚类的方法将所有的时频单元划分成多个簇，每个簇对应一个说话人语音。置换不变训练在训练阶段的每次反向传播迭代过程，需要计算多说话人混叠语音的所有输出顺序，然后挑选其中训练损失最小的说话人顺序作为该次迭代的说话人输出顺序。这两种方法能够在测试阶段分离多个任意说话人混叠的语音。深度聚类和置换不变训练都工作于频域的幅度谱，存在分离后的幅度谱和多人混叠语音的相位谱不匹配的问题。对此，一种基于时域卷积的语音分离方法将人工设计的短时傅里叶变换（STFT）替换为一维卷积核，并将该一维卷积核与语音分离网络联合优化。

# 第7章　声纹识别

## 7.1　引　　言

声纹识别也称作说话人识别（speaker recognition），旨在识别语音信号的说话人身份。它是语音信号处理的核心研究方向之一，也是生物特征识别技术的一种。同其他生物特征识别技术（如指纹识别、虹膜识别、人脸识别等）相比，声纹识别技术具有非接触性、易获取、多样性（与文本相结合）等优点。声纹识别技术也广泛应用于公共安全、移动支付、刑事侦查、司法举证以及互联网金融等领域。不同于指纹等其他生物特征，声纹特征易受噪声干扰和说话人自变量影响。具体地，影响声纹特征的噪声干扰因素包括传播信道、环境加性噪声、混响等，例如相同的语音在电话信道、会议室、机场等不同环境下采集的声纹特征有很大差别；影响声纹的说话人自变量包括说话内容、语句时长、语速、情绪、音量等最常见的关键因素，也包括身体状态、年龄、语种等重要因素。因此，整个声纹的发展史就是抗噪声和说话人自变量的历史。

声纹识别按照应用的不同主要分为三类：说话人确认（speaker verification）、说话人辨识（speaker identification）以及说话人日志（speaker diarization）。说话人确认旨在验证未知说话人身份的测试语音（test speech）与已知说话人身份的注册语音（enrollment speech）是否属于同一个说话人；说话人辨识旨在从已注册的说话人集合中辨别测试语音的说话人身份，值得特别注意的情况是测试说话人在已注册的说话人集合中并不存在；说话人日志旨在将多个说话人对话的连续语音进行说话人身份的识别和时间标记，每个时间标记片段内只包含一个说话人。除了上述三类核心应用以外，还有声纹反仿冒（speaker anti-spoofing）等衍生的新应用。

声纹识别按照说话内容是否依赖特定文本，大致可以分为两类：文本相关的声纹识别（text-dependent speaker recognition）和文本无关的声纹识别

（text-independent speaker recognition）。文本相关的声纹识别要求说话人的注册语音和测试语音具有相同的文本内容。例如，如果注册语音是“今天天气怎么样？”，则测试语音也必须是“今天天气怎么样？”；否则，称为文本无关的声纹识别。

声纹识别技术的发展大致经历了 4 个时期。第 1 个时期为模板匹配法，它通常通过比较两段语音的声学特征的距离进行声纹验证，代表性方法包括向量量化（vector quantization）、动态时间规划（dynamic time warping）等。第 2 个时期是基于高斯混合模型-通用背景模型（Gaussian mixture model-universal background model，GMM-UBM）的方法，该方法通过无监督学习从训练语料中建立与说话人身份无关的背景模型，然后在测试阶段估计测试说话人的后验概率或抽取说话人的超向量（supervector）。它能够避免为每个说话人都建立一个声纹模型，有效解决了模型规模大的问题。自 2000 年 GMM-UBM 被提出以来，先后出现了许多使用说话人后验概率或超向量进行分类、识别的算法。第 3 个时期是以身份特征向量 + 概率线性鉴别性分析（identity vector + probabilistic linear discriminant analysis）（i-vector+PLDA）为代表的声纹识别算法，该阶段通过无监督训练的因子分析（factor analysis）将高维 supervector 降维为低维的 i-vector，然后使用有监督训练的 PLDA 对 i-vector 进行分类。降维后的 i-vector 减少了 supervector 中包含的噪声、说话人文本内容、通信信道的不同带来的干扰，PLDA 通过概率模型进一步降低了 i-vector 中包含的噪声、信道等干扰信息。该算法大幅提升了声纹识别算法的性能。第 4 个时期为基于深度学习的算法。它可以分为三类方法：基于深度学习的鲁棒声纹特征提取法、端到端的鲁棒声纹识别以及模型的域自适应，其中基于深度学习的鲁棒声纹特征提取法又包括 DNN-UBM 方法和深度嵌入（deep embedding）两类。除了上述三类通过声纹识别模型本身的改进来提高系统鲁棒性以外，数据的增广技术（data augmentation）、基于语音增强前端的声纹识别技术也是两类有效提高模型鲁棒性的技术。同前 3 个发展时期相比，基于有监督深度学习的鲁棒声纹识别技术的最大优点在于 DNN 能够用更小的模型表示更加复杂的数据分布，从而更好地减少因环境噪声和说话人自变量造成的性能下降。

由于篇幅所限，本章将重点讨论文本无关的说话人确认和说话人日志，这是两类得到深入研究和广泛应用的技术。具体地，本章将在 7.2 节介绍基于深度学习的说话人确认算法，包括基于分类损失的深度嵌入说话人确认算法和基于确认损失的端到端说话人确认算法；在 7.3 节介绍基于深度学习的说话人分割聚类，包括分阶段说话人分割聚类算法和端到端说话人分割聚类算法；在 7.4 节介绍鲁棒声纹识别算法，包括基于语音增强的预处理算法和域自适应算法。本章涉及的相关技术也同样适用于其他声纹识别任务，在此不再赘述。

## 7.2 说话人确认

本节首先在 7.2.1 节介绍说话人确认算法（speaker verification）的基本概念，然后在 7.2.2 节介绍基于深度嵌入的说话人声纹特征提取算法，最后在 7.2.3 节介绍端到端声纹识别算法。

### 7.2.1 说话人确认基础

本节分别从任务描述、评价指标和常用数据集三方面介绍说话人确认的背景知识。

#### 1. 任务描述

说话人确认可划分为下列 3 个阶段。

（1）开发阶段（development）：使用训练数据集（training set）训练声纹识别模型，并使用验证数据集（validation set）挑选声纹识别模型的超参数。训练集和验证集统称为开发集（development set）。

（2）注册阶段（enrollment）：注册说话人的声纹信息。注册阶段发生于实际使用声纹识别系统的阶段。在学术研究中，注册集和开发集中的说话人也是相互独立的。

（3）测试阶段（test）：某未知身份的说话人声称其是注册阶段已注册身份的某个说话人。系统根据其测试语音 $\boldsymbol{x}$ 和该注册说话人的注册语音 $\boldsymbol{y}$ 的声纹特征间的相似性进行决策判决。即

$$f(\boldsymbol{x},\boldsymbol{y}) \underset{H_1}{\overset{H_0}{\gtrless}} \theta \tag{7.1}$$

其中，$f(\cdot)$ 表示说话人确认模型；$\theta$ 表示判决门限；$H_0$ 表示 $\boldsymbol{x}$ 和 $\boldsymbol{y}$ 属于同一个说话人的判决（true trial）；$H_1$ 表示 $\boldsymbol{x}$ 和 $\boldsymbol{y}$ 属于不同说话人的判决（imposter trial）。

### 2. 评价指标

说话人确认通常采用等错误率（equal error rate，EER）或检测错误平衡曲线（detection error tradeoff curve, DET）作为性能评价指标，详述如下。

由式(7.1) 可知，预测结果和真实情况可能存在下列 4 种组合。

（1）TP（true positive samples）表示真正例数量，即 $\boldsymbol{x}$ 与 $\boldsymbol{y}$ 属于同一个说话人（$H_0$ 假设成立），且预测结果为 $f(\boldsymbol{x},\boldsymbol{y})>\theta$ 的测试样例（trial）数量（number of trials）。

（2）FP（false positive samples）表示假正例数量，即 $\boldsymbol{x}$ 与 $\boldsymbol{y}$ 属于不同说话人（$H_1$ 假设成立），且预测结果为 $f(\boldsymbol{x},\boldsymbol{y})>\theta$ 的测试样例数量。

（3）FN（false negative samples）表示假反例数量，即 $\boldsymbol{x}$ 与 $\boldsymbol{y}$ 属于同一个说话人（$H_0$ 假设成立），且预测结果为 $f(\boldsymbol{x},\boldsymbol{y})<\theta$ 的测试样例数量。

（4）TN（true negative samples）表示真反例数量，即 $\boldsymbol{x}$ 与 $\boldsymbol{y}$ 属于不同说话人（$H_1$ 假设成立），且预测结果为 $f(\boldsymbol{x},\boldsymbol{y})<\theta$ 的测试样例数量。

上述定义可以总结为表 7.1。

表 7.1　说话人确认的混淆矩阵（confusion matrix）

| 预测结果 | 真实情况 | |
|---|---|---|
| | $H_0$（$\boldsymbol{x}$ 与 $\boldsymbol{y}$ 属于同一个说话人） | $H_1$（$\boldsymbol{x}$ 与 $\boldsymbol{y}$ 属于不同说话人） |
| $f(\boldsymbol{x},\boldsymbol{y})>\theta$ | TP 真正例的数量 | FP 假正例的数量 |
| $f(\boldsymbol{x},\boldsymbol{y})<\theta$ | FN 假反例的数量 | TN 真反例的数量 |

从表 7.1 可进一步定义假阳率（false positive rate，FPR）、假反率（false negative rate，FNR）和召回率（true positive rate，TPR）：

$$\mathrm{FPR}=\frac{\mathrm{FP}}{\mathrm{TN}+\mathrm{FP}} \tag{7.2}$$

$$\mathrm{FNR}=\frac{\mathrm{FN}}{\mathrm{TP}+\mathrm{FN}} \tag{7.3}$$

$$\mathrm{TPR}=\frac{\mathrm{TP}}{\mathrm{TP}+\mathrm{FN}} \tag{7.4}$$

显然，上述 3 种概率值均随判决门限 $\theta$ 的变化而变化，这种变化推出了如下两种常用的评价指标。

（1）**等错误率（EER）**：如果令 $\theta$ 的取值从大到小变化，则可以找到一个特殊的 $\theta$ 值使得 $\mathrm{FPR}=\mathrm{FNR}$，将此时的 FPR （或 FNR）称为 EER。

（2）**检测错误平衡（DET）曲线**：在以 FPR 为横轴、FNR 为纵轴的坐标系内将随 $\theta$ 变化的 (FPR, FNR) 坐标值连接起来，可以得到如图 7.1 所示的连续曲线，称为 DET 曲线。同 EER 相比，DET 曲线反映了说话人确认系统在不同判决门限下的性能，是一个更全面的评价指标。

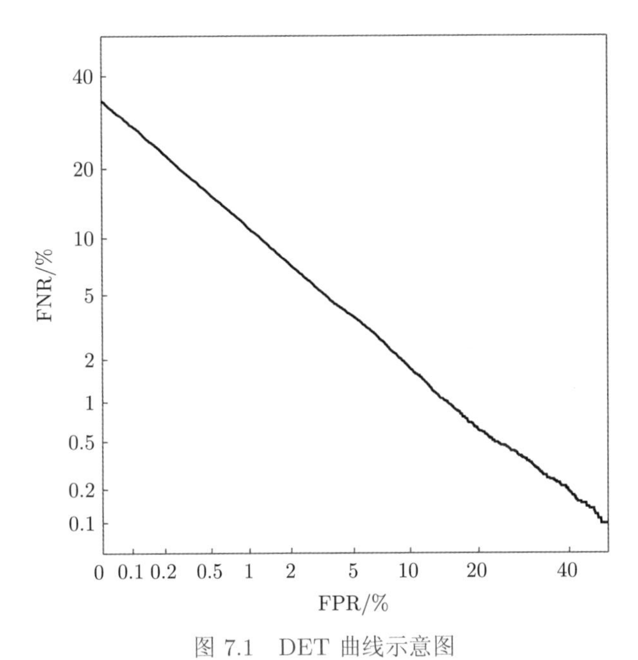


图 7.1 DET 曲线示意图

除了上面两种常用的评价指标外，还有如下多种经常遇到的评价指标。

（1）**最小检测损失值（minimum detection cost function，DCF）**[198]：DCF 是美国国家标准与技术研究院（National Institute of Standards and Technology，NIST）国际声纹识别评估（speaker recognition evaluation，SRE）比赛中设计的一种与 EER 相似的评价指标。

（2）**ROC 曲线**：ROC 曲线是与 DET 曲线等价的性能指标，不同之处在于 ROC 曲线所在的坐标系分别以 TPR 和 FPR 为纵轴和横轴，其示意图如图 7.2 中虚线所示。当测试集为有限样本时，ROC 曲线表现为图 7.2 中所示的折线。

（3）**部分 ROC 曲线下面积（partial area under the ROC curve，pAUC）**[199]：在 ROC 曲线的基础上，使用部分 ROC 曲线下面积作为评价指标。如图 7.2 中灰色区域所示，pAUC 定义为在 FPR $\in [\alpha, \beta]$ 时的 ROC 曲线下面积，其中 $0 \leqslant \alpha < \beta \leqslant 1$ 可根据实际应用场景设定。该指标能够满足不同

的应用需求。具体地，被广泛使用的 EER 只是 DET 曲线上的一个点，EER 指标好的系统并不一定在具体的应用中仍然是最合适的系统。例如，如图 7.2 所示，银行的安全系统需要 FPR 控制在非常小的区间内（如 FPR $< 0.01\%$）；而筛查恐怖分子的安全系统希望有非常高的 TPR （如 TPR $> 99\%$）。这两个例子的工作区间都不包含 EER 所对应的工作，但可以通过 pAUC 的合理设置满足对声纹识别系统的性能评估的需求。

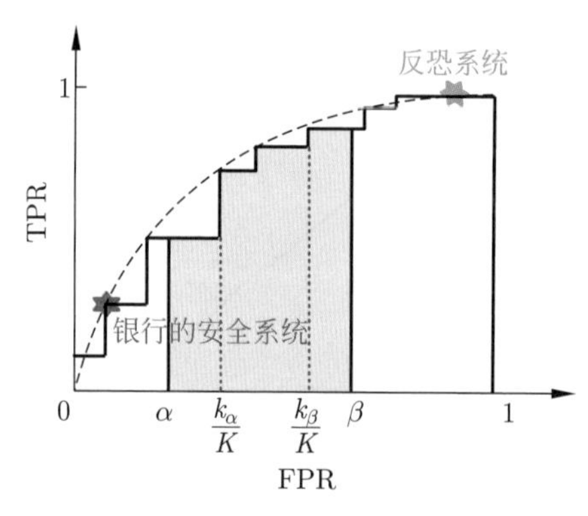


图 7.2 ROC 曲线及 pAUC 示意图[199]

### 3. 常用数据集

声纹识别最常用的数据集首先是 NIST 举办的 SRE 竞赛中发布的数据集。NIST SRE 自 1996 年首次举办以来，迄今为止已经举办了 16 届。每次竞赛都会发布一些新数据，数据的采集条件也从简单场景发展到实际应用场景，具体包括不同场景（如电话录音、会议录音、强噪声环境下的录音等）、不同语种（如英语、汉语等）、不同采样率（如 8 kHz、16 kHz 等）等。

SITW[200]（the speakers in the wild）是由美国加利福尼亚州 SRI 国际语音技术与研究实验室发布的一个声纹识别评测数据集，该数据集由手工标注的开源媒体中的语音组成，目的是评测在无约束（或称为“野外”）场景中的文本无关的声纹识别技术性能。该数据集共包括 299 个说话人，平均每个说话人有 8 个不同场景下的数据。与其他数据集最大的区别是，这些数据不是在受控条件下收集的，因此包含真实的噪声、混响、类内说话人语音的变化和语音压缩等问题。这些因素在实际中常常相互交错、缠绕，因此无论对于单说话人还是多说话人的语音识别，SITW 都是一个非常具有挑战性的数据集。

VoxCeleb 数据集是由牛津大学视觉几何组（Visual Geometry Group）发布的一个声纹识别评测数据集[201–202]。它是由计算机视觉算法从开源媒体中自动获取的，获取流程如下：从 YouTube 中获取视频；使用双流（two-stream）同步的卷积神经网络确定说话人；使用基于人脸识别的算法确认说话人身份，并保留该说话人的语音。

文献中还经常会将一些数据集用作训练集，如 switchboard、Fisher、Mixer6 等，上述数据集大都是文本无关的数据集。文本相关的数据集大多为各大公司内部使用的数据，如 Google 公司的 Ok Google 数据集[203]。

### 7.2.2 基于分类损失的深度嵌入说话人确认算法

本节介绍一种目前性能最好的说话人确认算法——深度嵌入[204–205]（deep embedding）。它从任意长度的语音信号中学习固定长度的嵌入声纹特征——$\boldsymbol{x}$。本节将分别从基本原理、池化策略、优化目标以及实验评估四方面介绍该算法。

#### 1. 基本原理

深度嵌入算法的基本结构图如图 7.3 所示。它自底向上包括四部分。

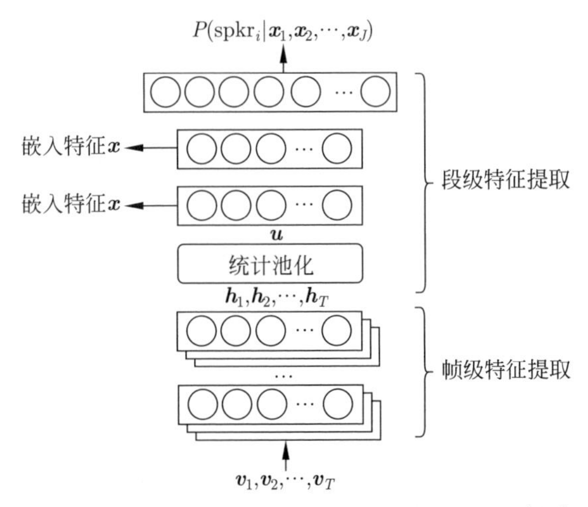


图 7.3 深度嵌入说话人确认算法原理结构框图[204]

（1）帧级特征提取层（frame-level feature extractor）。给定一个语音段 $\{\boldsymbol{v}_t\}_{t=1}^{T}$，其中 $\boldsymbol{v}_t$ 表示第 $t$ 帧语音的声学特征，如 MFCC；$T$ 表示语音段的

总帧数。帧级特征提取层通过多个非线性隐藏层从每帧语音 $\boldsymbol{v}_t$ 中抽取特征向量 $\boldsymbol{h}_t$。

（2）池化层（pooling layer）。该层将整段语音 $\{\boldsymbol{h}_t\}_{t=1}^{T}$ 转换为一个声纹特征向量 $\boldsymbol{u}$。

（3）语音段级特征提取层（utterance-level feature extractor）。该层通过多个非线性隐藏层从 $\boldsymbol{u}$ 中抽取新的声纹特征向量 $\boldsymbol{x}$。在实际系统中，语音段级特征提取层很可能不是最顶层的隐藏层，而是有可能位于中间甚至接近底层的某几个语音段级的隐藏层。

（4）Softmax 输出层。该层将语音段级特征提取层的输出 $\boldsymbol{x}$ 分配给其对应的训练集中的 $J$ 个说话人之一。

在训练阶段，上述四部分是联合优化的，训练的损失函数为交叉熵损失及其变形。在注册阶段，丢弃 Softmax 输出层，选取语音段级特征提取层的某个隐藏层输出为声纹特征向量，抽取注册语音段的某个语音段级声纹特征向量 $\boldsymbol{x}_{\text{enroll}}$。在测试阶段，首先测试语音重复注册阶段的过程，可得测试语音的声纹特征向量 $\boldsymbol{x}_{\text{test}}$，然后使用分类器计算 $\boldsymbol{x}_{\text{enroll}}$ 与 $\boldsymbol{x}_{\text{test}}$ 的相似性 $f(\boldsymbol{x}_{\text{enroll}},\boldsymbol{x}_{\text{test}})$，并与判决门限 $\theta$ 做比较，以判断测试说话人的身份是否与注册说话人的身份相符：

$$f(\boldsymbol{x}_{\text{enroll}},\boldsymbol{x}_{\text{test}}) \underset{H_1}{\overset{H_0}{\gtrless}} \theta \tag{7.5}$$

常见的分类器有概率线性鉴别性分析（probabilistic linear discriminative analysis，PLDA）和余弦相似度打分（cosine similarity scoring）。

在实际系统中，帧级特征提取层有各种各样的设计方法，但是它们的设计核心都是使语音帧的上下文信息能够较好地反映在语音帧的帧级特征 $\boldsymbol{h}$ 中；语音段级特征提取层以全连接层居多。因上述内容属于神经网络结构设计的范畴，在此不再赘述。下面重点介绍池化层和训练损失函数，这两部分属于说话人确认任务特有的工作，且对系统性能有至关重要的影响。

#### 2. 池化策略

如基本原理所述，在深度嵌入算法中，池化层是从帧级别网络到句子级别网络的过渡，它将一段语音的帧级隐藏特征 $\mathcal{H}=\left\{\boldsymbol{h}_t\in\mathbb{R}^{d_2}\mid t=1,2,\cdots,T\right\}$ 聚合成该段语音的隐藏声纹特征 $\boldsymbol{u}$，因此它在嵌入特征提取上扮演着非常重要的角色。本节将介绍常用的池化策略，包括基于统计的池化、基于自注意力机制的池化以及基于字典学习的池化。

1）基于统计的池化策略

统计池化[204–205] 是一种最简单的池化方法。它计算 $\mathcal{H}$ 的统计均值 $\boldsymbol{m}$ 和统计标准差 $\boldsymbol{d}$:

$$\boldsymbol{m}=\frac{1}{T}\sum_{t=1}^{T}\boldsymbol{h}_t \tag{7.6}$$

$$\boldsymbol{d}=\sqrt{\frac{1}{T}\sum_{t=1}^{T}\boldsymbol{h}_t\odot\boldsymbol{h}_t-\boldsymbol{m}\odot\boldsymbol{m}} \tag{7.7}$$

其中，$\odot$ 表示阿达马积（Hadamard product）。统计池化层的输出可以是 $\boldsymbol{u}=\boldsymbol{d}$，也可以是 $\boldsymbol{m}$ 和 $\boldsymbol{d}$ 的拼接，即 $\boldsymbol{u}=\left[\boldsymbol{m}^{\mathrm{T}},\boldsymbol{d}^{\mathrm{T}}\right]^{\mathrm{T}}$。

2）基于自注意力机制的池化策略

显然，式(7.6)和式(7.7)假设 $\mathcal{H}$ 的所有元素对 $\boldsymbol{u}$ 的贡献是相等的。但是，每帧语音提供的说话人判别信息可能是不同的，所以这个假设可能不正确。为了解决这个问题，基于自注意力机制的加权统计池化层被提出了，其中自注意力机制用于计算加权权重。具体而言，注意力可以被广泛地解释为衡量重要性的一组权重向量，它允许神经网络将更多的注意力集中在对最终分类正确性的贡献更重要的特征上，其中的自注意力机制是在一个序列内部计算权重向量。关于注意力机制的基础知识详见本书 2.7 节。在不失一般性的前提下，将自注意力的得分函数定义为

$$\left\{f_{\mathrm{Att}}^{(k)}(\cdot)\mid k=1,2,\cdots,K\right\} \tag{7.8}$$

其中，$f_{\mathrm{Att}}^{(k)}(\cdot)$ 表示单头自注意力函数；$K$ 表示自注意力头的个数。当 $k\geqslant 2$ 时，自注意力机制通常称为多头自注意力，多头自注意力机制能够联合关注来自不同表征子空间的信息；当 $k=1$ 时，它退化为单头自注意力机制。虽然 $f_{\mathrm{Att}}^{(k)}(\cdot)$ 有很多种不同的实现方式，但是大部分实现方式与结构化自注意力函数相似，即

$$f_{\mathrm{Att}}^{(k)}(\boldsymbol{h}_t)=\boldsymbol{p}^{(k)^{\mathrm{T}}}\tanh\left(\boldsymbol{W}^{(k)}\boldsymbol{h}_t+\boldsymbol{g}^{(k)}\right)+b^{(k)},\quad k=1,2,\cdots,K \tag{7.9}$$

其中，$\{\boldsymbol{W}^{(k)},\boldsymbol{g}^{(k)},\boldsymbol{p}^{(k)},b^{(k)}\}$ 为第 $k$ 个自注意力得分函数的可学习参数。记 $s_t^{(k)}=f_{\mathrm{Att}}^{(k)}(\boldsymbol{h}_t)$，$k=1,2,\cdots,K$。通过下面的 Softmax 函数对 $s_t^{(k)}$ 进行归一化，可得到帧级特征 $\boldsymbol{h}_t$ 的重要性权重：

$$\alpha_t^{(k)}=\frac{\exp\left(s_t^{(k)}\right)}{\sum\limits_{t'}^{T}\exp\left(s_{t'}^{(k)}\right)},\quad k=1,2,\cdots,K \tag{7.10}$$

其中，归一化可保证权重满足 $0\leqslant\alpha_t^{(k)}\leqslant 1$ 和 $\sum\limits_{t=1}^{T}\alpha_t^{(k)}=1$。最终，第 $k$ 个自注意力头对应的加权均值和加权标准差可表示为

$$\widetilde{\boldsymbol{m}}^{(k)}=\sum_{t=1}^{T}\alpha_t^{(k)}\boldsymbol{h}_t,\quad k=1,2,\cdots,K \tag{7.11}$$

$$\widetilde{\boldsymbol{d}}^{(k)}=\sqrt{\sum_{t=1}^{T}\alpha_t^{(k)}\boldsymbol{h}_t\odot\boldsymbol{h}_t-\widetilde{\boldsymbol{m}}^{(k)}\odot\widetilde{\boldsymbol{m}}^{(k)}},\quad k=1,2,\cdots,K \tag{7.12}$$

其中，$\widetilde{\boldsymbol{m}}^{(k)}$ 和 $\widetilde{\boldsymbol{d}}^{(k)}$ 为池化层的第 $k$ 个自注意力机制函数的输出。

3）基于字典学习的池化策略

可学习字典编码（learnable dictionary encoder，LDE）池化层是一个作用原理与自注意力机制池化层类似的池化策略。它通过学习一个被称为字典（dictionary）的模型对帧级特征 $\mathcal{H}$ 的分布进行建模。该字典包含一组字典中心 $\overline{O}=\{\overline{\boldsymbol{o}}_m\mid m=1,2,\cdots,M\}$，并且通过式 (7.13) 为帧级特征分配权重。

$$\bar{\beta}_{tm}=\frac{\exp\left(-\tau_m\left\|\boldsymbol{h}_t-\overline{\boldsymbol{o}}_m\right\|^2\right)}{\sum\limits_{m'=1}^{M}\exp\left(-\tau_{m'}\left\|\boldsymbol{h}_t-\overline{\boldsymbol{o}}_{m'}\right\|^2\right)} \tag{7.13}$$

其中，$\overline{\boldsymbol{o}}_m$ 是可学习的字典中心；$\tau_m$ 是一个可学习参数，它对应于字典中心 $\overline{\boldsymbol{o}}_m$ 的平滑因子。池化层相对于中心 $\overline{\boldsymbol{o}}_m$ 的聚合输出为

$$\boldsymbol{u}_m=\frac{\sum\limits_{t=1}^{T}\bar{\beta}_{tm}\left(\boldsymbol{h}_t-\overline{\boldsymbol{o}}_m\right)}{\sum\limits_{t=1}^{T}\bar{\beta}_{tm}} \tag{7.14}$$

为便于求导，将式 (7.14) 简化为

$$\boldsymbol{u}_m = \frac{\sum_{t=1}^{T} \bar{\beta}_{tm} \left(\boldsymbol{h}_t - \overline{\boldsymbol{o}}_m\right)}{T} \tag{7.15}$$

最后，池化层的输出为 $\boldsymbol{u} = [\boldsymbol{u}_1^{\mathrm{T}}, \boldsymbol{u}_2^{\mathrm{T}}, \cdots, \boldsymbol{u}_M^{\mathrm{T}}]^{\mathrm{T}}$。

### 3. 优化目标

目标函数指导神经网络的训练，在很大程度上决定了神经网络的性能。基于深度嵌入的说话人识别系统通常采用基于分类损失的目标函数。下面首先介绍最基本的分类损失 Softmax 损失函数，然后介绍 3 种对 Softmax 损失的改进，最后介绍一种 Softmax 损失的正则化方法。

假设，$X = \{(\boldsymbol{x}_n, l_n) \mid n = 1, 2, \cdots, N\}$ 表示一个 mini-batch 的训练样本 ①，其中 $\boldsymbol{x}_n$ 表示输出层的声纹特征输入；$l_n \in \{1, 2, \cdots, J\}$ 是 $\boldsymbol{x}_n$ 对应的说话人标签；$J$ 为训练集中说话人的总数量；$N$ 是 mini-batch 的大小。令 $\boldsymbol{W} = [\boldsymbol{w}_1, \boldsymbol{w}_2, \cdots, \boldsymbol{w}_J]$ 和 $\boldsymbol{b} = [b_1, b_2, \cdots, b_J]$ 分别表示输出层的权重矩阵和偏置向量。

1）Softmax

理论上，Softmax 是一种神经网络的输出函数，它的定义如下：

$$\mathcal{L}_{\mathrm{S}} = -\frac{1}{N} \sum_{n=1}^{N} \log \frac{\exp\left(\boldsymbol{w}_{l_n}^{\mathrm{T}} \boldsymbol{x}_n + b_{l_n}\right)}{\sum_{j=1}^{J} \exp\left(\boldsymbol{w}_j^{\mathrm{T}} \boldsymbol{x}_n + b_j\right)} \tag{7.16}$$

该输出函数通常与最小化交叉熵损失绑定在一起，用于分类任务。

实际中，为了描述方便，在很多声纹识别论著中将基于 Softmax 输出函数的最小化交叉熵损失简记作 Softmax 损失函数。

2）角度 Softmax

Softmax 侧重于分类精度最高，但提高分类精度并不是说话人确认任务的目的。为了提高说话人确认系统的性能，不仅需要提高分类精度，还需要减小每个类的类内方差、扩大类间距离。对此，提出了以扩大不同类的类间角度间隔为目标的角度 Softmax（angular softmax，ASoftmax），具体推导过程如下。

式 (7.16) 中 $\boldsymbol{w}_j$ 和 $\boldsymbol{x}_n$ 的内积可以改写为

---

① DNN 通常在迭代中使用小批量数据进行训练，详见 2.3.1 节。

$$\boldsymbol{w}_j^{\mathrm{T}}\boldsymbol{x}_n = \|\boldsymbol{w}_j\|\,\|\boldsymbol{x}_n\|\cos(\theta_{j,n}) \tag{7.17}$$

其中，$\theta_{j,n}\ (0 \leqslant \theta_{j,n} \leqslant \pi)$ 表示 $\boldsymbol{w}_j$ 和 $\boldsymbol{x}_n$ 的夹角。因此，Softmax 损失可改写为

$$\mathcal{L}_{\mathrm{S}} = -\frac{1}{N}\sum_{n=1}^{N}\log\frac{\exp(\|\boldsymbol{w}_{l_n}\|\,\|\boldsymbol{x}_n\|\cos(\theta_{l_n,n}) + b_{l_n})}{\sum\limits_{j=1}^{J}\exp(\|\boldsymbol{w}_j\|\,\|\boldsymbol{x}_n\|\cos(\theta_{j,n}) + b_j)} \tag{7.18}$$

下面进一步将偏置项置为零，在前向传播阶段对权值进行归一化：

$$b_j = 0, \quad \|\boldsymbol{w}_j\| = 1 \tag{7.19}$$

并为角度增加一个类间间隔（margin）距离的约束条件：

$$\psi(\theta_{l_n,n}) = (-1)^a\cos(m_1\theta_{l_n,n}) - 2a \tag{7.20}$$

其中，$m_1 \geqslant 1$ 是一个整数可调超参数；$a \in \{0, 1, \cdots, m_1 - 1\}$；$\theta_{l_n,n} \in \left[\dfrac{a\pi}{m_1}, \dfrac{(a+1)\pi}{m_1}\right]$。将上述约束条件代入式(7.16)，可以得到角度 Softmax (ASoftmax) 函数如下：

$$\mathcal{L}_{\mathrm{AS}} = -\frac{1}{N}\sum_{n=1}^{N}\log\frac{\exp(\|\boldsymbol{x}_n\|\,\psi(\theta_{l_n,n}))}{\exp(\|\boldsymbol{x}_n\|\,\psi(\theta_{l_n,n})) + \sum\limits_{j=1,j\neq l_n}^{J}\exp(\|\boldsymbol{x}_n\|\cos(\theta_{j,n}))} \tag{7.21}$$

注意：因为 $m_1$ 被限制为一个正整数而不是一个实数，所以 ASoftmax 中调整间隔的方式不够灵活。

ASoftmax 还有如下两个变形形式。

第一个变形形式是加性间隔 Softmax（additive margin softmax，AMSoftmax)，它首先令 $\|\boldsymbol{x}_n\| = 1$，然后将式(7.21)的 $\psi(\theta_{l_n,n})$ 替换为 $(\cos(\theta_{l_n,n}) - m_2)$，可得

$$\mathcal{L}_{\mathrm{AMS}} = -\frac{1}{N}\sum_{n=1}^{N}\log\frac{\exp(\tau(\cos(\theta_{l_n,n}) - m_2))}{\exp(\tau(\cos(\theta_{l_n,n}) - m_2)) + \sum\limits_{j=1,j\neq l_n}^{J}\exp(\tau(\cos(\theta_{j,n})))} \tag{7.22}$$

其中，$\tau$ 是为防止训练过程中损失函数的梯度值过小而导致训练过程不收敛所引入的一个梯度缩放因子；$m_2$ 是一个在正实数区间内取值的间隔超参数。

第二个变形形式是加性角度间隔 Softmax（additive angular margin softmax, AAMSoftmax），它把式(7.22)中的 $(\cos(\theta_{l_n,n}) - m_2)$ 替换为 $\cos(\theta_{l_n,n} + m_3)$，可得

$$\mathcal{L}_{\text{AAMS}} = -\frac{1}{N}\sum_{n=1}^{N}\log\frac{\exp\left(\tau\left(\cos\left(\theta_{l_n,n}+m_3\right)\right)\right)}{\exp\left(\tau\left(\cos\left(\theta_{l_n,n}+m_3\right)\right)\right)+\sum\limits_{j=1,j\neq l_n}^{J}\exp\left(\tau\left(\cos\left(\theta_{j,n}\right)\right)\right)} \tag{7.23}$$

其中，$m_3$ 是一个在正实数区间内取值的间隔超参数。

3）增加正则项的损失函数

为了提升声纹特征的类间可区分性，除了角度 Softmax，另一种方法是对 Softmax 损失在嵌入空间进行正则化，即

$$\mathcal{L} = \mathcal{L}_{\text{S}} + \lambda\mathcal{L}_{\text{Regular}} \tag{7.24}$$

其中，超参数 $\lambda$ 是一个平衡因子。因为最终使用的声纹特征并不总产生于最顶层的隐藏层，所以为了区别于上文中用 $\boldsymbol{x}_n$ 表示的最顶层声纹特征，在这里将嵌入层的输出定义为 $\mathcal{E} = \{(\boldsymbol{e}_n, l_n) \mid n = 1, 2, \cdots, N\}$。

一种常用的正则项是中心损失（center loss），它在嵌入空间中最小化下列类内方差，即

$$\mathcal{L}_{\text{C}} = \frac{1}{2}\sum_{n=1}^{N}\left\|\boldsymbol{e}_n - \boldsymbol{c}_{l_n}\right\|^2 \tag{7.25}$$

其中，$\boldsymbol{c}_{l_n}$ 表示 $\mathcal{E}$ 中第 $l_n$ 个说话人的声纹特征的类中心。这些类中心是随着训练过程的进行而动态更新的。在每个训练循环中，类中心的更新方法如下：

$$\boldsymbol{c}_j^{t+1} = \boldsymbol{c}_j^t - \epsilon\Delta\boldsymbol{c}_j^t \tag{7.26}$$

$$\Delta\boldsymbol{c}_j = \frac{\sum\limits_{n=1}^{N}\delta\left(l_n = j\right)\cdot\left(\boldsymbol{c}_j - \boldsymbol{e}_n\right)}{1 + \sum\limits_{n=1}^{N}\delta\left(l_n = j\right)} \tag{7.27}$$

其中，$\epsilon \in [0,1]$ 表示类中心的学习速率；上标 $t$ 表示第 $t$ 个训练循环；$\delta(\cdot)$ 是指示函数，如果 $l_n = j$，则 $\delta = 1$；否则，$\delta = 0$。

#### 4. 说话人确认后端算法

正如基本原理所述，为了使算法在测试阶段具有对任意说话人身份进行判别的能力，通常需要从隐藏层中抽取声纹特征并使用独立的声纹识别后端。本节介绍两种最常用的后端算法：① 余弦相似度得分；② LDA+PLDA 得分。

1）余弦相似度得分

余弦相似度得分（cosine similarity scoring）是最常见、最简单并且不需要训练的声纹识别后端算法。在测试阶段，给定两个声纹特征 $\boldsymbol{x}_{\text{enroll}}$ 和 $\boldsymbol{x}_{\text{test}}$，余弦相似度得分为

$$f(\boldsymbol{x}_{\text{enroll}}, \boldsymbol{x}_{\text{test}}) = \frac{\boldsymbol{x}_{\text{enroll}}^{\text{T}} \boldsymbol{x}_{\text{test}}}{\|\boldsymbol{x}_{\text{enroll}}\|_2 \|\boldsymbol{x}_{\text{test}}\|_2} \underset{H_1}{\overset{H_0}{\gtrless}} \theta \tag{7.28}$$

其中，$\theta$ 是判决门限；$H_0$ 表示 $\boldsymbol{x}_{\text{enroll}}$ 和 $\boldsymbol{x}_{\text{test}}$ 来自同一说话人的假设；$H_1$ 表示 $\boldsymbol{x}_{\text{enroll}}$ 和 $\boldsymbol{x}_{\text{test}}$ 来自不同说话人的假设。

2）LDA+PLDA 得分

LDA+PLDA 得分是一种假设声纹特征服从高斯分布的后端算法。虽然该算法引入了先验模型假设，但是它在实际应用时表现良好。LDA+PLDA 得分算法包含两个模型——线性判别分析（linear discriminant analysis, LDA）和概率线性判别分析（probabilistic linear discriminant analysis, PLDA）。

LDA 是一种有监督线性降维算法，它首先求取训练集声纹特征 $\boldsymbol{x}$ 的类间散度矩阵 $\boldsymbol{S}_{\text{b}}$ 和类内方差矩阵 $\boldsymbol{S}_{\omega}$：

$$\boldsymbol{S}_{\text{b}} = \sum_{j=1}^{J} n_j (\bar{\boldsymbol{w}}_j - \bar{\boldsymbol{w}})(\bar{\boldsymbol{w}}_j - \bar{\boldsymbol{w}})^{\text{T}} \tag{7.29}$$

$$\boldsymbol{S}_{\omega} = \sum_{j=1}^{J} \sum_{i=1}^{n_j} (\boldsymbol{x}_i^j - \bar{\boldsymbol{w}}_j)(\boldsymbol{x}_i^j - \bar{\boldsymbol{w}}_j)^{\text{T}} \tag{7.30}$$

其中，$J$ 是训练集的说话人总数；$n_j$ 是说话人 $j$ 的语句的数量；$\boldsymbol{x}_i^j$ 表示第 $j$ 个说话人的第 $i$ 句话；每个说话人的声纹特征均值 $\bar{\boldsymbol{w}}_j$ 以及所有说话人的声纹特征均值 $\bar{\boldsymbol{w}}$ 定义为

$$\bar{\boldsymbol{w}}_j = \frac{1}{n_j}\sum_{i=1}^{n_j}\boldsymbol{x}_i^j \tag{7.31}$$

$$\bar{\boldsymbol{w}} = \frac{1}{N}\sum_{j=1}^{J}\sum_{i=1}^{n_j}\boldsymbol{w}_i^j \tag{7.32}$$

其中，$N$ 是训练集中包含的所有声纹特征的数量。LDA 通过特征值分解 $\boldsymbol{S}_\mathrm{b}\boldsymbol{v} = \lambda\boldsymbol{S}_\mathrm{w}\boldsymbol{v}$，找到一组降维后的坐标 $\boldsymbol{A}$，然后将声纹特征映射到 LDA 空间：

$$\hat{\boldsymbol{x}} = \boldsymbol{A}^\mathrm{T}\boldsymbol{x} \tag{7.33}$$

经过 LDA 映射后，接着训练 PLDA 模型。这里介绍基于长度归一化的高斯分布的 PLDA[206]（Gaussian PLDA）。它对 LDA 空间中的声纹特征 $\hat{\boldsymbol{x}}$ 做如下列建模：

$$\hat{\boldsymbol{x}} = \boldsymbol{m} + \boldsymbol{\Phi}\boldsymbol{\beta} + \varepsilon \tag{7.34}$$

其中，$\{\boldsymbol{m},\boldsymbol{\Phi}\}$ 是 PLDA 的模型参数，$\boldsymbol{m}$ 是全局补偿（global off set）向量，$\boldsymbol{\Phi}$ 描述了 PLDA 的说话人子空间；$\boldsymbol{\beta}$ 是 $\hat{x}$ 在标准正态分布空间的投影；$\varepsilon$ 是具有零均值和对角协方差矩阵 $\boldsymbol{\Sigma}$ 的残差项，其中 $\boldsymbol{\Sigma}$ 也是 PLDA 需要优化的参数。PLDA 的优化准则是最大似然估计，它通过期望-最大化（expectation maximization，EM）算法得到优化参数 $\{\boldsymbol{m},\boldsymbol{\Phi},\boldsymbol{\Sigma}\}$。

在测试阶段，声纹特征 $\boldsymbol{x}_\mathrm{enroll}$ 和 $\boldsymbol{x}_\mathrm{test}$ 首先通过式(7.33)被映射到 LDA 空间，得到 $\hat{\boldsymbol{x}}_\mathrm{enroll}$ 和 $\hat{\boldsymbol{x}}_\mathrm{test}$。然后，PLDA 通过式 (7.35) 对 $\hat{\boldsymbol{x}}_\mathrm{enroll}$ 和 $\hat{\boldsymbol{x}}_\mathrm{test}$ 计算相似度得分：

$$f(\hat{\boldsymbol{x}}_\mathrm{enroll},\hat{\boldsymbol{x}}_\mathrm{test}) = \log\frac{P(\hat{\boldsymbol{x}}_\mathrm{enroll},\hat{\boldsymbol{x}}_\mathrm{test}\mid H_0)}{P(\hat{\boldsymbol{x}}_\mathrm{enroll}\mid H_1)P(\hat{\boldsymbol{x}}_\mathrm{test}\mid H_1)} \underset{H_1}{\overset{H_0}{\gtrless}} \theta \tag{7.35}$$

其中，$\theta$ 是判决门限；$H_0$ 表示 $\hat{\boldsymbol{x}}_\mathrm{enroll}$ 和 $\hat{\boldsymbol{x}}_\mathrm{test}$ 来自同一说话人的假设；$H_1$ 表示 $\hat{\boldsymbol{x}}_\mathrm{enroll}$ 和 $\hat{\boldsymbol{x}}_\mathrm{test}$ 来自不同说话人的假设。因为式(7.35)中的概率分布都是高斯分布，所以它可以进一步写为

$$\begin{aligned} f(\hat{\boldsymbol{x}}_\mathrm{enroll},\hat{\boldsymbol{x}}_\mathrm{test}) = &\log\mathcal{N}\left(\begin{bmatrix}\hat{\boldsymbol{x}}_\mathrm{enroll}\\ \hat{\boldsymbol{x}}_\mathrm{test}\end{bmatrix};\begin{bmatrix}\boldsymbol{m}\\ \boldsymbol{m}\end{bmatrix},\begin{bmatrix}\boldsymbol{\Sigma}_\mathrm{tot} & \boldsymbol{\Sigma}_\mathrm{ac}\\ \boldsymbol{\Sigma}_\mathrm{ac} & \boldsymbol{\Sigma}_\mathrm{ac}\end{bmatrix}\right) \\ &-\log\mathcal{N}\left(\begin{bmatrix}\hat{\boldsymbol{x}}_\mathrm{enroll}\\ \hat{\boldsymbol{x}}_\mathrm{test}\end{bmatrix};\begin{bmatrix}\boldsymbol{m}\\ \boldsymbol{m}\end{bmatrix},\begin{bmatrix}\boldsymbol{\Sigma}_\mathrm{tot} & \boldsymbol{0}\\ \boldsymbol{0} & \boldsymbol{\Sigma}_\mathrm{ac}\end{bmatrix}\right)\end{aligned} \tag{7.36}$$

其中，$\mathcal{N}(x;\mu,\sigma)$ 表示均值为 $\mu$、标准差为 $\sigma$ 的多变量正态分布；$\boldsymbol{\Sigma}_{\text{tot}}=\boldsymbol{\Phi}\boldsymbol{\Phi}^{\text{T}}+\boldsymbol{\Sigma}$，$\boldsymbol{\Sigma}_{\text{ac}}=\boldsymbol{\Phi}\boldsymbol{\Phi}^{\text{T}}$。因为可以在将声纹特征 $\hat{\boldsymbol{x}}$ 送入 PLDA 之前对其进行归一化，所以存在 $\boldsymbol{m}=\boldsymbol{0}$。在这种情况下，式(7.36)可简化为

$$f(\hat{\boldsymbol{x}}_{\text{enroll}},\hat{\boldsymbol{x}}_{\text{test}})=\hat{\boldsymbol{x}}_{\text{enroll}}^{\text{T}}\boldsymbol{Q}\hat{\boldsymbol{x}}_{\text{enroll}}+\hat{\boldsymbol{x}}_{\text{test}}^{\text{T}}\boldsymbol{Q}\hat{\boldsymbol{x}}_{\text{test}}+2\hat{\boldsymbol{x}}_{\text{enroll}}^{\text{T}}\boldsymbol{P}\hat{\boldsymbol{x}}_{\text{test}}+\text{const} \tag{7.37}$$

其中，const 表示一个常量；矩阵 $\boldsymbol{Q}$ 和 $\boldsymbol{P}$ 定义为

$$\begin{aligned}\boldsymbol{Q}&=\boldsymbol{\Sigma}_{\text{tot}}^{-1}-\left(\boldsymbol{\Sigma}_{\text{tot}}-\boldsymbol{\Sigma}_{\text{ac}}\boldsymbol{\Sigma}_{\text{tot}}^{-1}\boldsymbol{\Sigma}_{\text{ac}}\right)^{-1},\\ \boldsymbol{P}&=\boldsymbol{\Sigma}_{\text{tot}}^{-1}\boldsymbol{\Sigma}_{\text{ac}}\left(\boldsymbol{\Sigma}_{\text{tot}}-\boldsymbol{\Sigma}_{\text{ac}}\boldsymbol{\Sigma}_{\text{tot}}^{-1}\boldsymbol{\Sigma}_{\text{ac}}\right)^{-1}\end{aligned} \tag{7.38}$$

### 7.2.3 基于确认损失的端到端说话人确认算法

前面 7.2.2 节介绍的基于分类损失的深度嵌入说话人确认算法虽然取得了很好的性能，但是分类损失是一种代理损失函数（surrogate function），与说话人确认任务并不完全匹配。对此，该方法在训练阶段需要修改分类损失为角度 Softmax 或增加正则项约束以满足说话人确认任务的性能需求，在测试阶段需要抽取声纹特征，送入独立的说话人验证后端（如 PLDA）。本节将介绍一类在训练阶段确认损失的端到端（end-to-end）说话人验证算法[203, 207–209]。

#### 1. 基本原理

端到端说话人确认算法的系统结构如图 7.4 所示。

网络的输入包括一句测试语音（evaluation utterance）和 $N$ 句注册语音（enrollment utterance），$N\geqslant 1$，它通常包括如下步骤。

（1）测试语音的声纹特征提取：使用与基于深度嵌入的说话人确认算法类似的网络结构抽取声纹特征，具体结构通常包括帧级特征提取、池化层、语音段级声纹特征提取，但是不含 Softmax 输出层。

（2）注册语音的声纹特征提取：使用与测试语音相同或相似的网络抽取注册语音的声纹特征。如果注册说话人有多句注册语音，则可以对多句话的声纹特征求平均值。

（3）注册语音与测试语音的相似度计算：通过二分类器（binary-class classifier）计算测试语音与注册语音的声纹特征向量的相似性。这个二分类器是与声纹特征提取部分联合训练的。

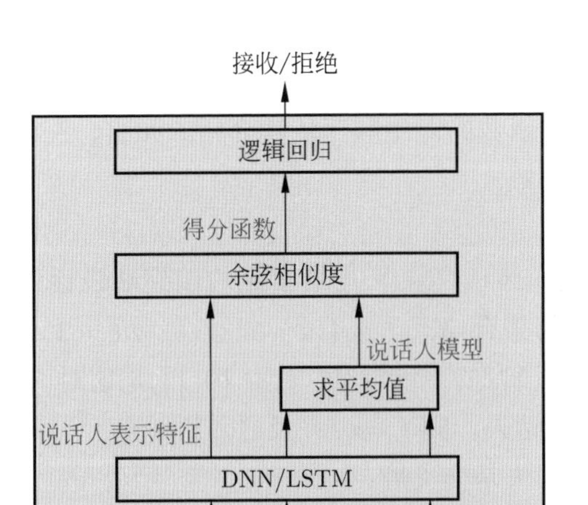


图 7.4 端到端结构

注：输入是一句用于“测试”（evaluation）的语音和 $N$ 句用于“注册”（enrollment）的语音，该神经网络直接将输入映射成单节点的输出（接收/拒绝）。其中“注册”语音是用来估计注册说话人模型的[203]。

由图 7.4 的结构可知，端到端说话人确认算法旨在训练一个模型用来判断一对语音是否来自同一说话人，同基于分类损失的说话人确认算法相比，它主要有以下优点：① 它直接输出一对说话人的相似度，避免了分类损失与确认任务的不匹配；② 它的输出层参数量与训练数据集中的说话人数量无关，避免了输出层参数过多可能导致的网络过拟合问题。

在算法设计方面，它主要有以下两个重点内容。① 训练样本的构造。在给定一个训练数据集的条件下，所有可能的样本对的数量是训练样本数量的平方，并且许多训练样本因为很容易区分是否属于同一个说话人而提供的有效信息有限。对此，需要选取那些信息含量高的训练样本对，以提高训练效率和质量。② 二分类器的训练损失函数。说话人确认任务不是普通的二分类任务，它的训练样本中即使是同一类的样本也都是由身份不同的说话人的语音组成的，导致了样本的分布不规则、彼此差异性大；它的训练样本中正负样本的数量差异巨大，负样本（imposter training trials）的数量远远多于正样本（true training trials）。设计一个好的训练损失函数是解决该问题的必要途径之一。下面将重点介绍 4 种具有代表性的损失函数，其中某些损失函数具有自动挑选信息量大的训练样本对的能力。

2. 损失函数

本节将按照损失函数的诞生顺序依次介绍二元组、三元组、四元组损失函数，以及原型损失函数。

1）二元组损失

二元组损失（pairwise loss）是最常见的端到端说话人确认损失函数。给定训练样本对组成的集合 $\mathcal{X}_{\text{pair}} = \{(\boldsymbol{x}_n^{\text{e}}, \boldsymbol{x}_n^{\text{t}}; l_n) \mid \forall n = 1, 2, \cdots, N\}$，其中 $\boldsymbol{x}_n^{\text{e}}$ 和 $\boldsymbol{x}_n^{\text{t}}$ 分别表示两句语音的声纹特征，$l_n \in \{0, 1\}$ 是这对语句的标签。如果 $\boldsymbol{x}_n^{\text{e}}$ 和 $\boldsymbol{x}_n^{\text{t}}$ 属于同一个说话人，则 $l_n = 1$；反之，$l_n = 0$。

第 1 种二元组损失是交叉熵：

$$\mathcal{L}_{\text{BCE}} = -\sum_{n=1}^{N} \left[ l_n \ln \left( p \left( \boldsymbol{x}_n^{\text{e}}, \boldsymbol{x}_n^{\text{t}} \right) \right) + \eta \left( 1 - l_n \right) \ln \left( 1 - p \left( \boldsymbol{x}_n^{\text{e}}, \boldsymbol{x}_n^{\text{t}} \right) \right) \right] \tag{7.39}$$

其中，$\eta$ 是一个正样本对 $(l_n = 1)$ 和负样本对 $(l_n = 0)$ 之间的一个平衡因子，用于解决类不平衡的问题；$p\left(\boldsymbol{x}_n^{\text{e}}, \boldsymbol{x}_n^{\text{t}}\right)$ 表示 $\boldsymbol{x}_n^{\text{e}}$ 和 $\boldsymbol{x}_n^{\text{t}}$ 属于同一说话人的概率。

第 2 种二元组损失是对比损失（contrastive loss）：

$$\mathcal{L}_{\text{C}} = \frac{1}{2N} \sum_{n=1}^{N} \left( l_n d_n^2 + (1 - l_n) \max\left(\rho - d_n, 0\right)^2 \right) \tag{7.40}$$

其中，$d_n$ 表示 $\boldsymbol{x}_n^{\text{e}}$ 和 $\boldsymbol{x}_n^{t}$ 之间的欧氏距离；$\rho$ 是一个间隔（margin）超参数。

2）三元组损失

三元组损失（triplet loss）的每个训练样本对包含三条语句，分别为锚语句（anchor utterance）、和锚语句来自同一个说话人的正样本语句（positive utterance）以及和锚语句来自不同说话人的负样本语句 (negative utterance)。假设它们经过神经网络处理后输出的声纹特征分别为 $\boldsymbol{x}^{\text{a}}$、$\boldsymbol{x}^{\text{p}}$ 和 $\boldsymbol{x}^{\text{n}}$。进一步将训练集中的样本对表示为 $\mathcal{X}_{\text{trip}} = \{(\boldsymbol{x}_n^{\text{a}}, \boldsymbol{x}_n^{\text{p}}, \boldsymbol{x}_n^{\text{n}}) \mid \forall n = 1, 2, \cdots, N\}$。如图 7.5 所示，在一个三元组中，三元组损失函数的优化目标是使得正样本 $\boldsymbol{x}_n^{\text{p}}$ 比负样本 $\boldsymbol{x}_n^{\text{n}}$ 更接近锚样本 $\boldsymbol{x}_n^{\text{a}}$。即，对于任何一个 $\mathcal{X}_{\text{trip}}$ 中的三元组有如下要求：

$$s_n^{\text{an}} - s_n^{\text{ap}} + \zeta \leqslant 0 \tag{7.41}$$

其中，不失一般性，$s_n^{\text{an}}$ 表示 $\boldsymbol{x}^{\text{a}}$ 与 $\boldsymbol{x}^{\text{n}}$ 的余弦相似度；$s_n^{\text{ap}}$ 表示 $\boldsymbol{x}^{\text{a}}$ 与 $\boldsymbol{x}^{\text{p}}$ 的余弦相似度；$\zeta \in \mathbb{R}^+$ 为一个可调节的间隔超参数。需要说明的是，$s_n^{\text{an}}$ 和 $s_n^{\text{ap}}$

可以使用任何有效的相似度度量，而不仅限于余弦相似度。在式(7.41)基础上，将最终基于三元组的损失函数定义为

$$\mathcal{L}_{\mathrm{trip}} = \sum_{n=1}^{N} \max\left(0, s_n^{\mathrm{an}} - s_n^{\mathrm{ap}} + \zeta\right) \tag{7.42}$$

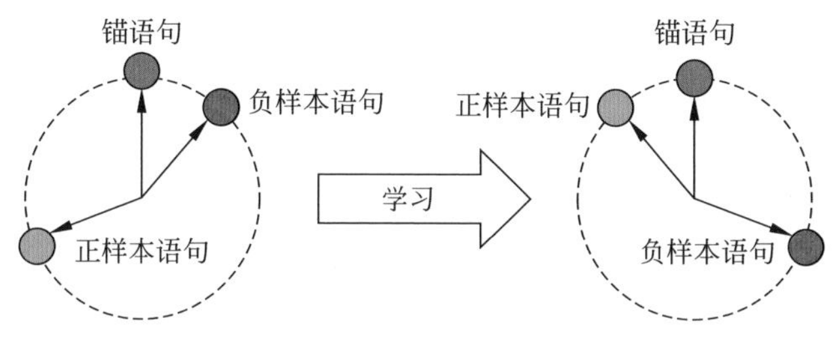


图 7.5 基于余弦相似度的三元组损失示意图[210]

3）四元组损失

四元组损失（quadruplet loss）的每个训练样本包含四条语句。假设已有的训练语句可以分别组成正样本对集合 $\mathcal{X}_{\mathrm{same}}=\left\{\left(\boldsymbol{x}_{n_1}^{\mathrm{e}}, \boldsymbol{x}_{n_1}^{\mathrm{t}}\right) \mid \forall n_1=1,2,\cdots,N_1\right\}$ 和负样本对集合 $\mathcal{X}_{\mathrm{diff}}=\left\{\left(\boldsymbol{x}_{n_2}^{\mathrm{e}}, \boldsymbol{x}_{n_2}^{\mathrm{t}}\right) \mid \forall n_2=1,2,\cdots,N_2\right\}$，其中，$\boldsymbol{x}_{n_1}^{\mathrm{e}}$ 和 $\boldsymbol{x}_{n_1}^{\mathrm{t}}$ 来自同一个说话人，而 $\boldsymbol{x}_{n_2}^{\mathrm{e}}$ 和 $\boldsymbol{x}_{n_2}^{\mathrm{t}}$ 来自不同说话人，则四元组训练数据中的样本是由任意一个正样本对与任意一个负样本对组成的，即 $\mathcal{X}_{\mathrm{quad}}=\left\{\left(\boldsymbol{x}_{n_1}^{\mathrm{e}}, \boldsymbol{x}_{n_1}^{\mathrm{t}}, \boldsymbol{x}_{n_2}^{\mathrm{e}}, \boldsymbol{x}_{n_2}^{\mathrm{t}}\right) \mid \forall n_1=1,2,\cdots,N_1, \forall n_2=1,2,\cdots,N_2\right\}$。

一种代表性的四元组损失是最大化部分 ROC 曲线下面积（maximization of the partial area under the ROC curve）。该损失函数的物理意义是最大化图 7.6 中的阴影部分面积，其中 $\alpha$ 和 $\beta$ 是控制阴影区域的超参数。

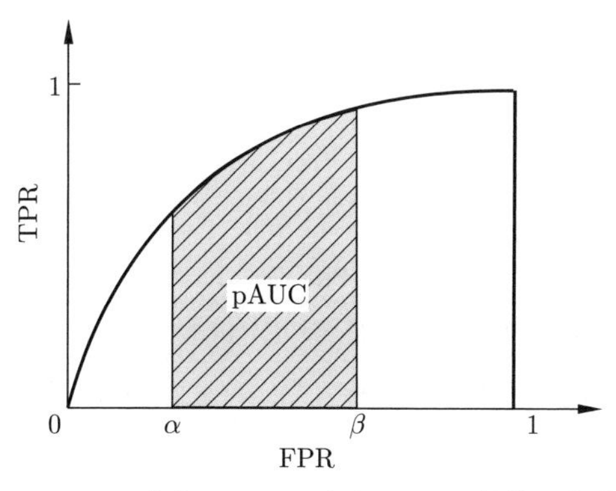


图 7.6 ROC 曲线、AUC 以及 pAUC 的物理解释[211]

具体推导过程如下。

对 $\mathcal{X}_{\text{diff}}$ 中训练样本对的余弦相似度得分按照降序排列，选择排在第 $(\lceil N_2\times\alpha\rceil+1)$ 到第 $\lfloor N_2\times\beta\rfloor$ 位置间的所有负样本对，构成 $\mathcal{X}'_{\text{diff}}=\{(\boldsymbol{x}^{\text{e}}_{n_3},\boldsymbol{x}^{\text{t}}_{n_3})|n_3=1,2,\cdots,N_3\}$，其中 $N_3=\lfloor N_2\times\beta\rfloor-(\lceil N_2\times\alpha\rceil+1)$。

在 $\mathcal{X}_{\text{same}}$ 和 $\mathcal{X}'_{\text{diff}}$ 上计算 pAUC：

$$\text{pAUC}=1-\frac{1}{N_1N_3}\sum_{n_1=1}^{N_1}\sum_{n_3=1}^{N_3}\left(\delta\left(s_{n_1}<s_{n_3}\right)+\frac{1}{2}\delta\left(s_{n_1}=s_{n_3}\right)\right) \tag{7.43}$$

其中，$\delta(\cdot)$ 为指示函数；$s_{n_1}$ 和 $s_{n_3}$ 分别表示在集合 $\mathcal{X}_{\text{same}}$ 和 $\mathcal{X}'_{\text{diff}}$ 中正例样本对和反例样本对的余弦相似度。

式(7.43)是不可导的，这里使用铰链损失（hinge loss）将其松弛为可导函数：

$$\mathcal{L}_{\text{pAUC}}=\frac{1}{N_1N_3}\sum_{n_1=1}^{N_1}\sum_{n_3=1}^{N_3}\max(0,\zeta-(s_{n_1}-s_{n_3}))^2 \tag{7.44}$$

其中，$\zeta$ 是一个可调节的间隔（margin）超参数。最小化四元组损失函数即最大化式(7.44)。

4）原型网络损失

文献 [212] 将原型网络损失（prototype network loss）应用于说话人嵌入模型。在训练阶段的每个 mini-batch，该损失函数首先从训练说话人池中随机选取 $J$ 个说话人，然后为每个被选中的说话人随机选择一个支持集和一个查询集，其中支持集和查询集的样本不重叠。假设支持集包含 $N$ 个训练样本 $\mathcal{S}=\{(\boldsymbol{x}_n,l_n)|n=1,2,\cdots,N\}$，其中，$l_n\in\{1,2,\cdots,J\}$ 是样本 $\boldsymbol{x}_n$ 的标签，$\mathcal{S}_j$ 表示第 $j$ 个说话人的声纹特征的集合，原型网络损失计算该支持集中的说话人的均值向量如下：

$$\boldsymbol{c}_j=\frac{1}{|\mathcal{S}_j|}\sum_{(\boldsymbol{x}_n,l_n)\in\mathcal{S}_j}\boldsymbol{x}_n,\quad\forall j=1,2,\cdots,J \tag{7.45}$$

其中，$\boldsymbol{c}_j$ 表示第 $j$ 个说话人的均值向量。

然后，原型网络损失用这 $J$ 个原型 $\{\boldsymbol{c}_j|j=1,2,\cdots,J\}$ 构建 Softmax 函数，并使用该 Softmax 函数对查询集 $\mathcal{Q}=\{(\boldsymbol{x}_q,l_q)|q=1,2,\cdots,Q\}$ 中的每个查询点 $\boldsymbol{x}_q$ 进行分类：

$$\mathcal{L}_{\mathrm{PNL}} = -\sum_{(\boldsymbol{x}_q, l_q)\in\mathcal{Q}} \log \frac{\exp(-d(\boldsymbol{x}_q, \boldsymbol{c}_{l_q}))}{\sum_{j'=1}^{J} \exp(-d(\boldsymbol{x}_q, \boldsymbol{c}_{j'}))} \tag{7.46}$$

其中，$d(\cdot)$ 计算 $\boldsymbol{x}_q$ 与 $\boldsymbol{c}_{l_q}$ 的相似性。文献 [212] 使用了欧氏距离作为度量准则，实际上，7.2.2 节优化目标内容中使用的各种 Softmax 变体在这里都可以用于替代 Softmax 函数。最后，上述分类误差用于反向传播算法更新网络参数。

原型网络损失的原理可以从两方面来解读：① 如果从 Softmax 函数角度看，它用说话人的类中心代替了网络参数，网络的输出仍然是分类正确率，所以本质上仍然是一种深度嵌入方法；② 如果从类中心与查询集中每个样本的组对方式角度看，它将支持集中的每个说话人的均值与查询集中的一个样本组成多元组，并计算 Softmax 损失，也可以理解为一种广义的确认损失。更多与原型网络损失类似的研究可参见文献 [213–215]。

表 7.2 给出了 5 种分类损失和确认损失在 VoxCeleb1 测试集上的比较结果[214]。由表 7.2 可知，基于分类损失和确认损失的说话人确认系统在多种深度网络类型下都取得了近似的性能。

**表 7.2　分类损失和确认损失在 VoxCeleb1 测试集上评估的等错误率（EER/%）实验结果比较**

| 损失函数 | VGG-M-40 | Thin ResNet-34 | Fast ResNet-34 |
|---|---|---|---|
| Softmax | 10.14±0.20 | 5.82±0.47 | 6.46±0.06 |
| AM-Softmax | 4.76±0.10 | 2.59±0.09 | 2.41±0.01 |
| AAM-Softmax | 4.64±0.04 | 2.36±0.04 | 2.38±0.01 |
| Triplet | 4.67±0.06 | 2.60±0.02 | 2.71±0.06 |
| Prototypical | 4.59±0.02 | 2.34±0.08 | 2.32±0.02 |

注：VGG-M-40、Thin ResNet-34 和 Fast ResNet-34 表示三种网络类型[214]。

## 7.3　说话人分割聚类

随着电话语音、广播新闻、会议录音等积累的数据越来越多，如何能够自动对这些语音按照说话人进行归类整理的说话人分割聚类技术应运而生。噪声和说话人语音混叠问题是制约说话人分割聚类性能的瓶颈。针对该问题，近年来，基于深度学习的说话人分割聚类获得了飞速发展，主要包括分阶段模块化的说话人分割聚类方法和端到端分割聚类方法两大类。本节将在 7.3.1 节介绍说话人分割聚类的基础知识之后，在 7.3.2 和 7.3.3 节分别介绍这两类方法。

### 7.3.1 说话人分割聚类基础

#### 1. 任务描述

如图 7.7 所示，说话人分割聚类（speaker diarization）旨在将一段多人对话语音分解成多段语音，每段语音中只包含一个说话人的语音。它是高效地搜索、管理以及利用海量的音频数据的核心技术之一。因为这个过程通常包含对多人对话语音的切分和对切分以后的语音按说话人身份进行聚类这样两个步骤，所以称为说话人分割聚类。因为说话人分割聚类的过程像人们写日志一样记录了谁在何时讲话，所以由 diary（日志）一词衍生出了 diarize 及 diarization。故而，该任务也称作说话人日志。

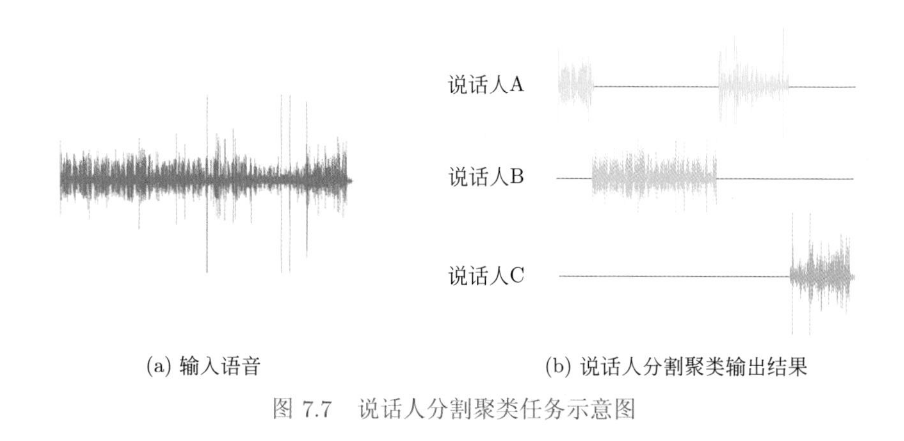


(a) 输入语音　　(b) 说话人分割聚类输出结果

图 7.7　说话人分割聚类任务示意图

#### 2. 评价指标

分割聚类错误率（diarization error rate，DER）是说话人分割聚类任务中最常用的评价指标，由 NIST 在 Rich Transcription Evaluation 任务中定义。它描述了说话人分割聚类的结果经过时间加权以后的精度。

DER 的计算过程如下。

正如在语音分离中遇到的说话人排列问题一样，因为分割聚类后的说话人身份与参考标签存在排列顺序对应的问题，首先需要寻找分割聚类结果和参考

结果之间的最佳一对一映射。在获得分割聚类结果的最佳说话人排列顺序以后，DER 定义为

$$\mathrm{DER} = \frac{T_{\mathrm{FA}} + T_{\mathrm{MISS}} + T_{\mathrm{SPKR}}}{T_{\mathrm{speech}}} \tag{7.47}$$

其中，DER 中的 4 个变量定义如下。

（1）$T_{\mathrm{speech}}$：表示对话语音的总时长。

（2）$T_{\mathrm{FA}}$：表示虚警错误的时间，即在参考结果中为非语音的片段被分割聚类结果认定为含有语音的片段的总时间。

（3）$T_{\mathrm{MISS}}$：表示漏检错误的时间，即在参考结果中为语音的片段被分割聚类结果认定为是非语音的片段的总时间。

（4）$T_{\mathrm{SPKR}}$：表示混淆错误（speaker error）的时间，即在某片段（时刻）内参考结果与分割聚类结果的说话人不一致的总时间。

当多个说话人同时说话时，现有说话人分割聚类系统难以正确判断混叠语音中每个说话人的起止时间，造成混叠错误（overlapped speech error）。因此，需要在混叠语音中考虑针对每个说话人的虚警、漏检、混淆错误。注意：不同于单个说话人的语音片段对 $T_{\mathrm{speech}}$ 的贡献是 1 倍的关系，混叠语音部分的时间总长度对 $T_{\mathrm{speech}}$ 的贡献是 $P$ 倍关系，其中 $P$ 表示混叠语音中的说话人数量。例如，给定一个 3 个人同时讲话的 1.5 s 混叠语音片段，它对 $T_{\mathrm{speech}}$ 的时长贡献是 $1.5 \times 3 = 4.5$ s。因为说话人混叠还牵涉语音分离问题，所以混叠错误是一类长期困扰说话人分割聚类技术的错误类型。

注意：在评估性能时，针对数据的人工标注的不精确性，NIST 将参考结果中的说话人变化点附近 $\pm 250$ ms 的片段不计入 DER 的计算。这个规则被后来的研究评估普遍采用。

### 3. 评测数据集

本节介绍 5 种常用的说话人分割聚类的评测数据集。

1）CallHome 数据集

CallHome 数据集包含在 NIST SRE 2000[216] 的评测数据中。每个对话中都是单通道电话录音，会话持续时间为 1~10 min。每段对话有 2~7 个说话人（大多数对话涉及 2~4 个说话人）。语料库包含 6 种语言：阿拉伯语、英语、德语、日语、汉语和西班牙语。CallHome 的开发集包含 38 段对话，按说话人的数量（2~4 个说话人）进行细分；测试集包含 500 个会话，其中两个说话人的会话占比最大，有 303 段。

2）AMI 数据集

AMI 会议语料库由大约 100 小时的会议记录（手动转录）组成，每个会议包括 4~5 个说话人。大约三分之一的录音是自发会议，通过头戴式麦克风和桌面阵列麦克风同时对会议进行录制。整个数据集根据标准的 AMI ASR 将语料库分成 dev 集和 eval 集，每个子集大约占全部语料库的 10%，共同用于测试，剩下的 80%数据作为训练集。

3）DIHARD 数据集

DIHARD 是 2018 年发起的一项年度挑战，该挑战的重点集中在有难度的分割聚类任务中。挑战的开发集和测试集数据由组织者提供。数据集包含儿童语音、YouTube 视频、户外语音、独白、播客采访、社会语言采访、会议录音、餐厅录音、临床录音等。

4）ICSI 数据集

ICSI 会议数据集包含国际计算机科学研究所（ICSI）的 75 场会议录音，总时长约 72 小时。每段录音时长约 1 小时，平均每段录音有 6 个说话人。ICSI 数据是由桌面麦克风组成的阵列录制的，这里手动将其合并成单通道语音用于训练。

5）CSJ 数据集

CSJ 数据集原本是进行语音识别及自然语言处理的日语数据集。但由于其包含 54 段两个说话人的对话录音，且 CSJ 测试集两个说话人平均混叠率为 20.1%，大于 CALLHOME 测试集，所以近两年来逐步发展的端到端说话人分割聚类算法常会用 CSJ 数据集去测试其处理混叠语音的性能。

除此之外，文献中经常还会将一些数据集用作训练集，如 NIST SRE 往年的评测数据，Switch Board、Fisher、Mixer6 以及 MUSAN 等。一些端到端的说话人分割聚类算法，为了更好地训练并验证其处理混叠语音的性能，还通常会制造一些具有不同混叠率的仿真数据集。

### 7.3.2 分阶段说话人分割聚类

说话人分割聚类目前的主流方法是分阶段的模块化方法，它可以包括预处理、说话人分割、特征提取、聚类和重分割 5 个模块。

（1）语音预处理。预处理主要包括语音活动检测（VAD）、语音增强等。这部分内容在本书前面的章节已做过详细的介绍，在此不再赘述。

（2）说话人分割。说话人分割主要有两种方法：一种方法是使用说话人变化点检测技术将输入信号分割成片段，使得每个片段只有一个说话人的语音；二是将会话切分成短语音段，并假设每个短语音段只包含一个说话人。

（3）特征提取。用声纹识别的方法抽取每段语音的声纹特征，如 $i$-vector、$d$-vector、$x$-vector 等。目前最常用的声纹特征是 $x$-vector，其提取方式详见本书 7.2 节。

（4）聚类。对被抽取的声纹特征做聚类，力争每个聚类簇（cluster）中只包含一个说话人的语音片段。常见的聚类方法包括 $k$ 均值聚类、层次聚类、谱聚类等。

（5）重分割。聚类结果被进一步优化，以产生最终的结果。

其中，语音预处理和特征提取模块已在其他章节介绍过；重分割模块对系统性能提升相对有限，并且较少被现代说话人分割聚类系统采用，所以本书将不再对其展开介绍；下面只介绍说话人分割和聚类这两个模块的一些代表性方法。

#### 1. 说话人分割

说话人分割主要有以下两种方法。

1）均匀分割

均匀分割（uniform segmentation）方法较为简单，只需将输入信号均匀分割成较小的时间段。当时间片段越短，片段内出现多个说话人的概率就越小。因此，可以近似认为每个片段中只有一个说话人。但是，当片段越短，从该片段中提取的声纹特征的准确性就越差。对此，一种常用的均匀分割折中设置是采用滑动窗口，在窗长取 1.5 s、窗移取 0.75 s 的条件下，每次窗移提取一段 1.5 s 的时间片段。

2）说话人变化点检测

图 7.8 是一段对话语音，其中不同说话人的语音用不同颜色表示。由图 7.8 可知，说话人变化点位置（红色虚线处）即为颜色变化之处。

说话人变化点检测（speaker change detection）根据检测到的变化点位置将语音切割成片段。常用的变化点检测方法是基于距离尺度的方法，它判断两个可能重叠的片段之间是否存在说话人变化点。如果两个片段来自相同的说话人，则认为不存在变化点；否则认为存在变化点。距离尺度包括贝叶斯信息准则（Bayesian imformation criterion，BIC）、ΔBIC、广义似然比（generalized likelihood ratio，GLR）、KL（Kullback-Leibler）散度、信息变化率（information change rate，ICR）等。近年来，基于深度学习的说话人变化

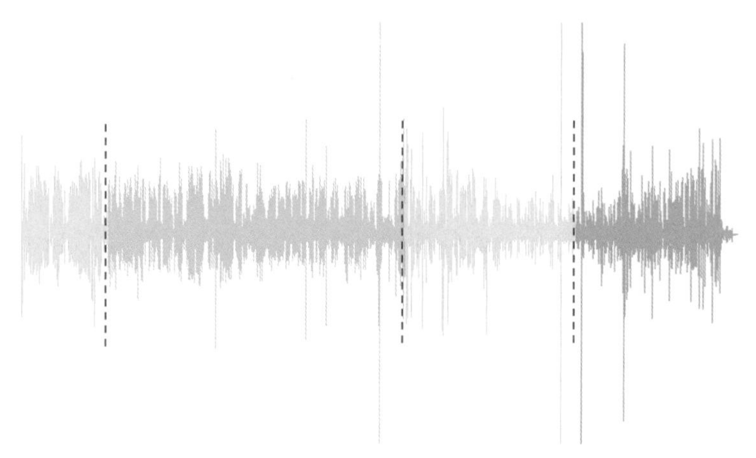

图 7.8 说话人变化点检测示意图

点检测也被提出[217]。因为多个实验结果表明，同均匀分割方法相比，说话人变化点检测带来的性能提升有限，所以说话人变化点检测技术在工业界实际采用的系统中并不常见，本书对相关技术不再展开叙述。

2. 聚类

在说话人分割聚类中的聚类模块是一个标准的聚类问题，它将每个语音片段的声纹特征看作一个样本点，因此各种聚类算法均可应用于此。聚类算法成千上万，但能满足说话人分割聚类下列需求的算法却并不多：① 可以不进行超参数的大量调节；② 受不同数据或建模条件的干扰较小。已有算法包括凝聚层次聚类[218–219]、$k$-means 聚类[220]、高斯混合模型[221–222]、均值漂移[223]、谱聚类[224–225]、多层自举网络[226] 等。近期也有工作提出了有监督聚类，如基于有监督深度学习的聚方法[227]。下面介绍两种具有一定去噪功能的鲁棒聚类算法。

1）谱聚类

谱聚类[228]（spectral clustering）是一种无监督非线性降维方法，它通过核映射建立任意两个样本在非线性空间中的相似性，然后通过拉普拉斯特征分解核矩阵得到样本在非线性空间中的新特征。

给定一个包含 $n$ 个片段的多人对话语音的声纹特征集合$\mathcal{X} = \{\boldsymbol{x}_1, \boldsymbol{x}_2, \cdots, \boldsymbol{x}_n\}$，其中谱聚类的具体计算过程如下。

（1）计算任意两个语音片段声纹特征的余弦相似性 $S(i,j) = \cos(\boldsymbol{x}_i, \boldsymbol{x}_j)$，组成相似度矩阵 $\boldsymbol{S}$，其中 $i$ 和 $j$ 分别表示两个语音片段的 ID。

（2）计算度矩阵 $\boldsymbol{D}$。它是一个对角矩阵，其中对角线上的元素满足 $D(i,i)=\sum_{j=1}^{n}S(i,j)$。

（3）计算归一化拉普拉斯矩阵 $\boldsymbol{L}_{\text{norm}}=\boldsymbol{D}^{-1/2}\boldsymbol{L}\boldsymbol{D}^{-1/2}$，其中拉普拉斯矩阵 $\boldsymbol{L}=\boldsymbol{D}-\boldsymbol{S}$。

（4）计算 $\boldsymbol{L}_{\text{norm}}$ 的特征值 $\lambda_i$ 和特征向量 $\boldsymbol{y}_i$，其中 $i=1,2,\cdots,n$；$\lambda_1\leqslant\lambda_2\leqslant\cdots\leqslant\lambda_n$；$\boldsymbol{y}_i$ 为 $n$ 维向量。

（5）取最小的前 $k$ 个特征值对应的特征向量，按列组成矩阵 $\boldsymbol{Y}=[\boldsymbol{y}_1,\boldsymbol{y}_2,\cdots,\boldsymbol{y}_k]\in\mathbb{R}^{n\times k}$，可得声纹特征 $\boldsymbol{x}_i$ 在经过谱聚类降维以后的新特征为 $\boldsymbol{Y}$ 的第 $i$ 行。

最后，将降维得到的新特征用于 $k$-均值聚类或凝聚层次聚类。

2）多层自举网络

多层自举网络[65]（multilayer bootstrap networks，MBN）是一种深度无监督非线性降维方法，它具有特殊的网络结构和非常简单的网络训练方法。

在网络结构方面，如图 7.9所示，多层自举网络建立了一个自底向上、逐层宽度递减的多层非线性网络。它的每层由 $V$ 个 $k$ 中心聚类器（$k$-centroids clustering）组成，每个聚类器的输出是一个 $k$ 维的独热表示（one-hot representation）。所有聚类器的输出被串联成一个 $Vk$ 维的稀疏高维向量，作

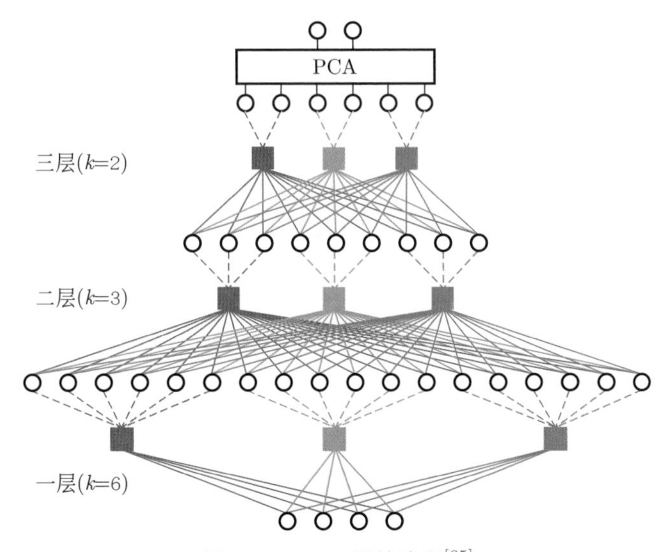


图 7.9 MBN 训练流程[65]

注：网络中输入 4 维数据，每个方块代表一个 $k$ 中心聚类器，每层有 3 个聚类器。

为上一层网络的输入。每层的网络参数 $k$ 是随着层数的增加而不断减小的，即 $k_1 > k_2 > \cdots > k_L$，其中 $k$ 的下标表示网络的层数，$L$ 表示网络的深度。网络的输出层是主成分分析（principal component analysis，PCA）线性降维方法。最后，将降维输出用于 $k$ 均值聚类或凝聚层次聚类。

在网络训练方面，多层自举网络每层中的各个 $k$ 中心聚类器是独立训练的，它的训练过程如下：给定一个输入数据集 $\mathcal{Z}_l = \{\boldsymbol{z}_{l,1}, \boldsymbol{z}_{l,2}, \cdots, \boldsymbol{z}_{l,n}\}$，其中 $l$ 表示第 $l$ 层，$\boldsymbol{z}_{l,i}$ 表示第 $i$ 个语音片段在第 $(l-1)$ 层的输出。特别地，如果 $l=1$，则 $\mathcal{Z}_1 = \mathcal{X}$。

（1）随机特征选择（可选）：随机抽取输入数据 $\mathcal{Z}_l$ 的多维特征，组成一个新的集合 $\hat{\mathcal{Z}}_l = \{\hat{\boldsymbol{z}}_{l,1}, \hat{\boldsymbol{z}}_{l,2}, \cdots, \hat{\boldsymbol{z}}_{l,n}\}$。

（2）随机采样：随机选取 $\hat{\mathcal{Z}}_l$ 的 $k_l$ 个数据点即 $\{\boldsymbol{w}_1, \boldsymbol{w}_2, \cdots, \boldsymbol{w}_{k_l}\}$ 作为 $k$ 中心聚类器的聚类中心。

（3）最近邻学习（one-nearest-neighbor learning）：将 $\hat{\mathcal{Z}}_l$ 作为聚类器的输入，计算输入集合中的任意一个样本 $\hat{\boldsymbol{z}}_{l,i}$ 与所有聚类中心的相似性，并输出 one-hot 表示。one-hot 表示是一个只有一个位置为 1、其他位置均为 0 的稀疏表示，其中置 1 的位置是与输入样本最相似的聚类中心的编号。例如，如果 $\hat{\boldsymbol{z}}_{l,i}$ 与第 2 个聚类中心点 $\boldsymbol{w}_2$ 距离最近时，则 $\hat{\boldsymbol{z}}_{l,i}$ 在该聚类器的输出可表示为 $\boldsymbol{h}_{l,i} = [0,1,0,\cdots,0]^{\mathrm{T}}$。注意：在相似性计算方面，如果 $l=1$，则相似性度量采用余弦相似性或欧氏距离；如果 $l>1$，则相似性度量采用向量内积。

多层自举网络原理上通过在数据的原始空间上构建 $\mathcal{O}(V2^{k_1})$ 个层次树，自底向上逐渐减少数据的非线性和随机噪声。在实际使用时，多层自举网络有一些控制网络结构的默认参数，如 $\delta = k_{l+1}/k_l = 0.5$、$V \geqslant 200$。$k_l$ 的设置需要保证每类数据中至少有一个样本大概率成为聚类中心，以及在随机特征选择步骤中需要保证至少有一半的特征维度被随机选取。

### 7.3.3 端到端说话人分割聚类算法

分阶段的说话人分割聚类系统主要有两个问题：① 它假设一个语音片段中只有一个说话人，不利于处理多个说话人的语音重叠（overlapping）问题；② 聚类是一种无监督算法，无法直接优化 DER。针对上述问题，近年来提出了基于深度学习的端到端分割聚类算法[229]（end-to-end speaker diarization）。它将说话人分割聚类定义为一个多标签分类（multi-label classification）任务，使用一个神经网络逐帧估计每个说话人的语音动态。具体描述如下。

给定多人对话语音的一个时间序列 $\boldsymbol{V}=[\boldsymbol{v}_1,\cdots,\boldsymbol{v}_t,\cdots,\boldsymbol{v}_T]$，端到端说话人分割聚类算法旨在估计说话人标签（label）$\boldsymbol{Y}=[\boldsymbol{y}_1,\cdots,\boldsymbol{y}_t,\cdots,\boldsymbol{y}_T]$，其中 $\boldsymbol{v}_t$ 是第 $t$ 帧语音的声学特征，$\boldsymbol{y}_t=[y_{t,1},\cdots,y_{t,c},\cdots,y_{t,C}]^{\mathrm{T}}$ 表示第 $t$ 帧语音的多说话人语音分布，$y_{t,c}\in\{0,1\}$ 的定义为

$$y_{t,c}=\begin{cases}1, & \text{第 } c \text{ 个说话人在该帧存在}\\ 0, & \text{第 } c \text{ 个说话人在该帧不存在}\end{cases} \tag{7.48}$$

当某一帧存在多个说话人重叠时，$\boldsymbol{y}_t$ 将有多个元素不为 0，使得该问题成为一个多标签问题，这种构造方式很好地表征了语音重叠现象。例如，$y_{t,c}=1$ 和 $y_{t,c'}=1$ 表示第 $t$ 帧处说话人 $c$ 和说话人 $c'$ 存在语音重叠现象。由以上定义可知，确定说话人标签 $\boldsymbol{Y}$ 是解决说话人分割聚类问题的充分条件。说话人标签的预测序列 $\hat{\boldsymbol{Y}}$ 为

$$\hat{\boldsymbol{Y}}=\underset{\boldsymbol{Y}\in\mathcal{Y}}{\arg\max}P(\boldsymbol{Y}|\boldsymbol{V}) \tag{7.49}$$

其中，$\mathcal{Y}$ 表示所有可能的标签序列组成的集合。

在帧级的后验概率和各个说话人相互独立的假设条件下，$P(\boldsymbol{Y}|\boldsymbol{V})$ 可进一步分解为

$$\begin{aligned}P(\boldsymbol{Y}|\boldsymbol{V})&=\prod_t P\left(\boldsymbol{y}_t|\boldsymbol{y}_1,\boldsymbol{y}_2,\cdots\boldsymbol{y}_{t-1},\boldsymbol{V}\right)\\&\approx\prod_t P\left(\boldsymbol{y}_t|\boldsymbol{V}\right)\approx\prod_t\prod_c P\left(y_{t,c}|\boldsymbol{V}\right)\end{aligned} \tag{7.50}$$

后验概率 $P\left(y_{t,c}|\boldsymbol{V}\right)$ 可由 $P$ 层堆叠的双向长短期记忆网络（BLSTM）预测得到，具体如下：

$$\boldsymbol{h}_t^{(p)}=\begin{cases}\mathrm{BLSTM}_t\left(\boldsymbol{v}_1,\boldsymbol{v}_2,\cdots,\boldsymbol{v}_T\right), & p=1\\ \mathrm{BLSTM}_t\left(\boldsymbol{h}_1^{(p-1)},\boldsymbol{h}_2^{(p-1)},\cdots,\boldsymbol{h}_T^{(p-1)}\right), & p=2,3,\cdots,P\end{cases} \tag{7.51}$$

$$\boldsymbol{z}_t=\sigma\left(\boldsymbol{h}_t^{(P)}\right) \tag{7.52}$$

其中，$\mathrm{BLSTM}_t(\cdot)$ 是 BLSTM 层，它在时间 $t$ 处输出隐藏特征向量 $\boldsymbol{h}_t^{(p)}$，$\sigma(\cdot)$ 表示输出层，它采用 Sigmoid 函数作为激活函数将隐藏特征向量 $\boldsymbol{h}_t^{(p)}$ 映射为 $C$ 维的预测标签向量。

与多说话人语音分离面临的困难类似，训练上述端到端系统同样存在多说话人排列顺序不明确的问题。对此，端到端说话人分割聚类系统采用了

与说话人无关的语音分离系统相同的目标函数，包括置换不变训练（PIT）损失函数和深度聚类（DPCL）损失函数，如图 7.10 所示，详见本书 6.4 节所述。

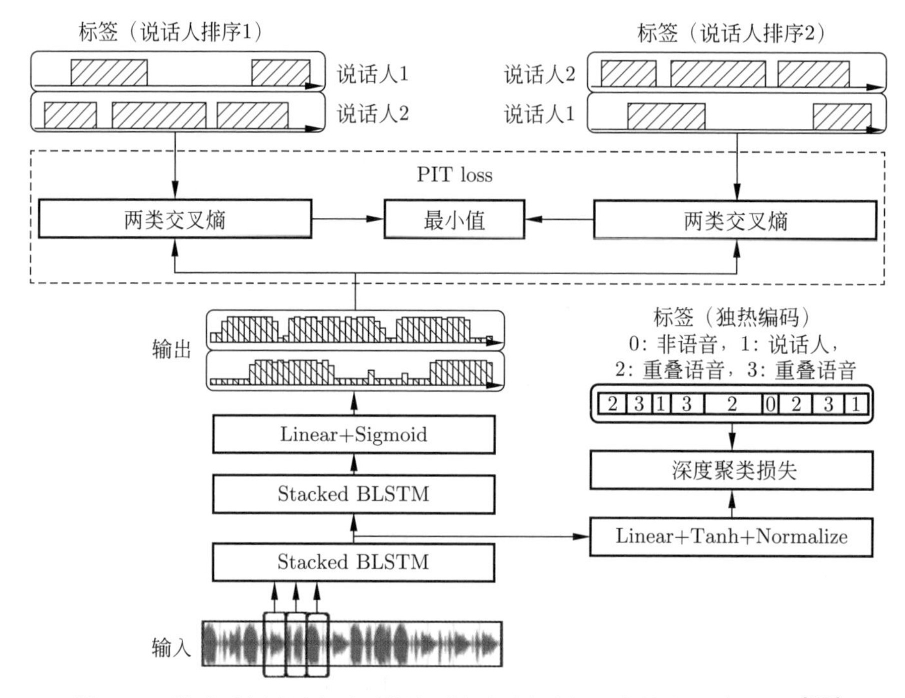


图 7.10 针对两个说话人对话的端到端说话人分割聚类算法的系统结构[229]

同分阶段的说话人分割聚类方法相比，端到端方法具有以下优势：① 在模型优化方面，它不需要单独的模块进行语音活动检测、说话人声纹特征提取、信源分离或聚类，有利于直接优化 DER；② 在处理重叠语音片段方面，它可以在训练数据中加入重叠语音，使得模型具备语音分离的能力和降低语音重叠部分的说话人检测的错误率。目前，该系统仍然存在以下不足，有待继续研究：① 当参与对话的人较多时，PIT 损失的运算复杂度是成指数上升的；② 它的整体性能没有显著优于分阶段的说话人分割聚类方法。

表 7.3 给出了端到端方法和分阶段方法在不同重叠比例条件下的 DER (%) 在仿真数据和 CALLHOME 真实数据上的比较结果。由表 7.3 可知，在模拟实验场景下，端到端方法明显优于基于 $i$-vector 和 $x$-vector 的分阶段方法；但是，在 CALLHOME 真实场景下，端到端方法却比分阶段方法效果差，其中，端到端系统所用的训练数据的重叠度为 5.8%，而 CALLHOME 测试数据的重

叠率为 11.8%。尽管如此，端到端方法作为一种快速发展的新技术，值得深入研究探讨。近期，端到端方法的性能正得以快速提升。

表 7.3 不同多说话人语音重叠条件下端到端方法和分阶段方法的 DER (%) 比较[229]

| 测 试 集 | 人工混合的仿真语音 | | | CALLHOME |
|---|---|---|---|---|
| $\beta$ | 2 | 3 | 5 | — |
| 重叠比例/% | 27.3 | 19.1 | 11.1 | 11.8 |
| $i$-vector | 33.74 | 30.43 | 25.96 | 12.10 |
| $x$-vector | 28.77 | 24.46 | 19.78 | **11.53** |
| EEND | **12.28** | **14.36** | **19.69** | 23.07(31.01) |

## 7.4 鲁棒声纹识别

声纹识别的干扰因素主要来自两方面：① 自然界的噪声干扰；② 训练与测试数据的不匹配。针对第 1 个问题，在 7.4.1 节介绍结合增强前端的抗噪声纹识别方法；针对第 2 个问题，在 7.4.2 节重点介绍声纹识别的无监督自适应方法。

### 7.4.1 结合增强前端的抗噪声纹识别

文献 [230] 中提出了基于单通道和多通道语音增强前端的鲁棒声纹识别算法，其基本原理如图 7.11 所示。由图 7.11 可知，该系统由两部分构成：第 1 部分为单通道/多通道语音增强；第 2 部分为基于 $x$-vector 的声纹识别算法。

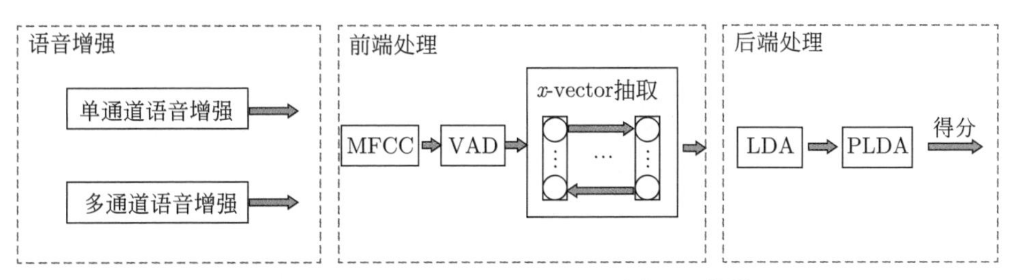


图 7.11 基于增强的鲁棒声纹识别框架 [230]

在单通道语音增强方面，文献 [230] 使用了基于 IRM 的频域增强方法，详见本书 4.3.2 节；在多通道语音增强方面，文献 [230] 使用了基于深度学习的 MVDR 波束形成器进行多通道语音增强，详见本书 5.4 节。声纹识别系统 $x$-vector 的原理详见本书 7.2.2 节。

文献 [230] 分别在真实混响环境和模拟房间冲激响应（room impulse responses，RIRs）环境下测试了基于语音增强前端的声纹识别系统，其中真实混响环境录制的数据是 NIST retransmitted 数据集，模拟房间冲激响应环境下的数据是通过 NIST retransmitted 中的纯净数据与镜像模型（image source model）卷积得到的。两种数据集都混合了 babble 加性噪声，以模拟背景噪声。表 7.4 和表 7.5 分别给出了基于单通道和多通道语音增强前端的说话人确

**表 7.4　基于单通道语音增强前端的说话人确认 EER (%) 结果**

| 测 试 环 境 | SNR | Noisy | LSTM | GCRN |
|---|---|---|---|---|
| 模拟房间冲激响应环境 | 0dB | 9.92 | 8.12 | 7.30 |
| | 5dB | 4.89 | 4.82 | 4.65 |
| | 10dB | 3.44 | 3.60 | 3.65 |
| | 15dB | 2.95 | 3.21 | 3.30 |
| 真实混响环境 | 0dB | 28.37 | 25.94 | 24.51 |
| | 5dB | 21.00 | 18.80 | 17.72 |
| | 10dB | 15.23 | 13.42 | 12.96 |
| | 15dB | 11.44 | 9.96 | 10.62 |

注：LSTM 和 GCRN 分别表示两种声纹特征抽取模型[230]。

**表 7.5　基于多通道语音增强前端的说话人确认 EER (%) 结果**

| 测 试 环 境 | SNR | MVDR | | MVDR Rank 1 | |
|---|---|---|---|---|---|
| | | LSTM | GCRN | LSTM | GCRN |
| 模拟房间冲激响应环境 | 0dB | 5.03 | 4.19 | 4.40 | 3.88 |
| | 5dB | 3.67 | 3.35 | 3.14 | 3.14 |
| | 10dB | 2.72 | 2.72 | 2.83 | 2.52 |
| | 15dB | 2.72 | 2.52 | 2.52 | 2.72 |
| | 平均 | 3.53 | 3.19 | 3.22 | 3.06 |
| 真实混响环境 | 0dB | 24.21 | 21.17 | 17.40 | 17.40 |
| | 5dB | 16.67 | 13.84 | 10.69 | 11.11 |
| | 10dB | 11.74 | 9.54 | 7.86 | 7.55 |
| | 15dB | 8.49 | 7.13 | 6.29 | 6.18 |
| | 平均 | 15.28 | 12.92 | 10.56 | 10.56 |

注：LSTM 和 GCRN 分别表示两种声纹特征抽取模型。MVDR Rank 1 是一种 MVDR 变形方法[230]。

认系统的 EER 结果。由表 7.4 和表 7.5 可知，语音增强算法可以提升声纹识别系统的性能；基于多通道语音增强前端方法的性能优于基于单通道语音增强前端的方法；对比 MVDR 和 MVDR Rank 1 可知，不同的多通道语音增强算法对性能也有较大影响。

### 7.4.2 基于无监督域自适应的鲁棒声纹识别

理想情况下，希望声纹识别系统的训练数据和测试数据的分布是相同的。但是，在实际环境中，训练数据和测试数据分布却常常存在一定的差异。如果称训练数据所在的空间为源域（source domain）、测试数据所在的空间为目标域（target domain），则上述数据分布的差异称为域不匹配（domain mismatch）问题。常见的引起域不匹配问题的原因主要来自声音采集场景和语种的不匹配。例如，训练数据是在相对安静的电话信道中采集的，而测试数据是在相对嘈杂的会议环境中采集的；或者，训练数据的语种是英语而测试数据的语种是汉语。这种域不匹配现象会造成声纹识别的性能大幅下降。

对此，需要研究声纹识别的域自适应，以减小域不匹配的程度。根据目标域数据是否有人工标注的数据可以将域自适应算法分为两类：① 有监督域自适应；② 无监督域自适应。因为实际应用声纹识别系统时，目标域通常没有人工标注，所以本节重点介绍第二类方法——声纹识别的无监督域自适应。它们旨在减小本书 7.2 节介绍声纹识别前端抽取的源域与目标域的声纹特征之间的分布差异。

#### 1. 线性无监督域自适应算法

本节主要介绍一种基于模型补偿的域自适应方法——数据间变化量补偿[231–232]（inter-dataset variability compensation，IDVC），对声纹识别前端抽取的声纹特征做补偿。它求取源域与目标域的不匹配程度 $\boldsymbol{S}_{\text{IDV}}$ 为

$$\boldsymbol{S}_{\text{IDV}} = \frac{1}{N}\sum_{n=1}^{N}(\boldsymbol{x}_n^{\text{SD}} - \boldsymbol{w}_{\text{avg}}^{\text{TD}})(\boldsymbol{x}_n^{\text{SD}} - \boldsymbol{w}_{\text{avg}}^{\text{TD}})^{\text{T}} \tag{7.53}$$

其中，$\boldsymbol{x}_n^{\text{SD}}$ 是源域的声纹特征；$\boldsymbol{w}_{\text{avg}}^{\text{TD}}$ 是目标域的声纹特征的均值。这里对 $\boldsymbol{S}_{\text{IDV}}$ 做 Cholesky 分解，利用 $\boldsymbol{D}\boldsymbol{D}^{\text{T}} = \dfrac{1}{\boldsymbol{S}_{\text{IDV}}^{-1}}$ 得到去相关矩阵 $\boldsymbol{D}$，并使用 $\boldsymbol{D}$ 补偿源域的声纹特征得到补偿后的源域声纹特征：

$$\hat{\boldsymbol{x}}_{\text{IDV}} = \boldsymbol{D}^{\text{T}}\boldsymbol{x} \tag{7.54}$$

在补偿了源域的声纹特征后，接着在源域上训练 LDA+PLDA 后端，并将其应用于目标域。

2. 基于对抗训练的域自适应

本节介绍两种基于对抗训练（adversarial training）的域自适应方法。

1）子空间学习法

基于子空间学习的域自适应算法寻找源域与目标域的公共子空间，使得在该子空间内模型的训练和测试是匹配的。近年来，在声纹识别方向的子空间学习法以对抗训练法为主，如域自适应神经网络（domain adaptation neural network, DANN）[233–234]。

如图 7.12 所示，DANN 包括 3 个模块：特征提取器（feature extractor，$G_{\text{f}}$）、说话人分类器（speaker classifier，$G_{\text{y}}$）以及域分类器（domain classifier，$G_{\text{d}}$）。给定一句话的声纹特征 $\boldsymbol{x}$（如 $i$-vector/$x$-vector 等），DANN 首先通过特征提取器抽取隐藏层特征：

$$\boldsymbol{f} = G_{\theta_{\text{f}}}(\boldsymbol{x}) \tag{7.55}$$

其中，$\theta$ 表示网络参数。然后，DANN 将 $\boldsymbol{f}$ 送入说话人分类器 $G_{\text{y}}$ 可得说话人

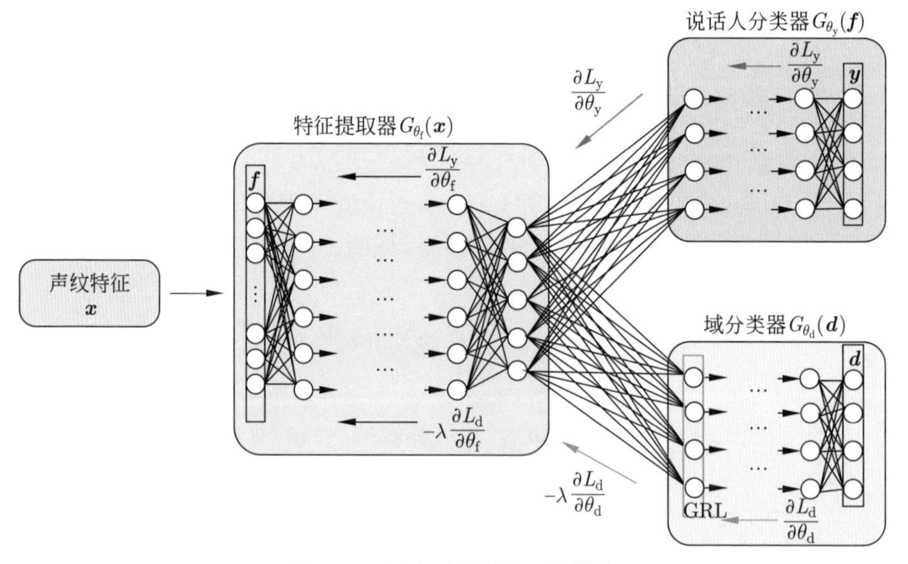


图 7.12 域自适应神经网络[233]

的身份信息 $\boldsymbol{y}$ 为

$$\boldsymbol{y}=G_{\theta_{\mathrm{y}}}(\boldsymbol{f}) \tag{7.56}$$

将 $\boldsymbol{f}$ 送入域分类器 $G_{\mathrm{d}}$ 可得说话人所在的域 $d\in\{0,1\}$：

$$d=G_{\theta_{\mathrm{d}}}(\boldsymbol{f}) \tag{7.57}$$

其中，当 $d=0$ 时表示 $\boldsymbol{x}$ 来自源域；当 $d=1$ 时表示 $\boldsymbol{x}$ 来自目标域。

DANN 旨在通过联合训练 $G_{\mathrm{f}}$、$G_{\mathrm{y}}$ 以及 $G_{\mathrm{d}}$ 使得说话人类别的预测损失最小，同时域分类损失最大，使得 $\boldsymbol{f}$ 无法用于区分源域与目标域，从而实现域自适应。它可以描述为下列函数：

$$\min_{\theta_{\mathrm{f}},\theta_{\mathrm{y}},\theta_{\mathrm{d}}} L_{\mathrm{y}}(G_{\theta_{\mathrm{y}}}(G_{\theta_{\mathrm{f}}}(\boldsymbol{x})),\boldsymbol{y})-\lambda L_{\mathrm{d}}(G_{\theta_{\mathrm{d}}}(G_{\theta_{\mathrm{f}}}(\boldsymbol{x})),d) \tag{7.58}$$

其中，$L_{\mathrm{y}}$ 和 $L_{\mathrm{d}}$ 分别对应说话人分类器的损失和域分类器的损失；$\lambda$ 表示说话人分类器损失和域分类器损失之间的平衡因子。式(7.58) 可以变形为

$$\min_{\theta_{\mathrm{f}}}\left(\min_{\theta_{\mathrm{y}}}(L_{\mathrm{y}}(G_{\theta_{\mathrm{y}}}(G_{\theta_{\mathrm{f}}}(\boldsymbol{x})),\boldsymbol{y}))-\lambda\max_{\theta_{\mathrm{d}}}(L_{\mathrm{d}}(G_{\theta_{\mathrm{d}}}(G_{\theta_{\mathrm{f}}}(\boldsymbol{x})),d))\right) \tag{7.59}$$

对式 (7.59) 求梯度可发现，求解式 (7.59) 的核心在于在特征提取器 $G_{\mathrm{f}}$ 和域分类器 $G_{\mathrm{d}}$ 之间插入梯度反转层，使得梯度值在经过梯度反转层从 $G_{\mathrm{d}}$ 传递到 $G_{\mathrm{f}}$ 后的正负号发生改变。

2）映射法

映射法旨在将源域数据映射到目标域或者将目标域数据映射到源域，使得某个域的数据在域自适应以后保持不变。基于映射法的说话人自适应方法中具有代表性的是对抗鉴别性域自适应[235–236]（adversarial discriminative domain adaptation，ADDA）。该算法的训练过程如图 7.13所示，它包括两个阶段：① 预训练阶段；② 对抗自适应阶段。在预训练阶段，ADDA 针对源域数据训练一个特征编码器 $M_{\mathrm{s}}$ 和说话人分类器，使得预训练的模型在源域上有较好的说话人分类精度。在对抗自适应阶段，与 DANN 算法不同，它的源域和目标域各自拥有单独的特征编码器。我们用源域编码器 $M_{\mathrm{s}}$ 的参数对目标域编码器 $M_{\mathrm{t}}$ 进行初始化，然后固定源域编码器 $M_{\mathrm{s}}$，以对抗的方式训练目标域编码器 $M_{\mathrm{t}}$ 和域判别器 $D$，直至域判别器无法分清数据是来自源域还是目标域。它本质上是将目标域空间映射到源域空间上。

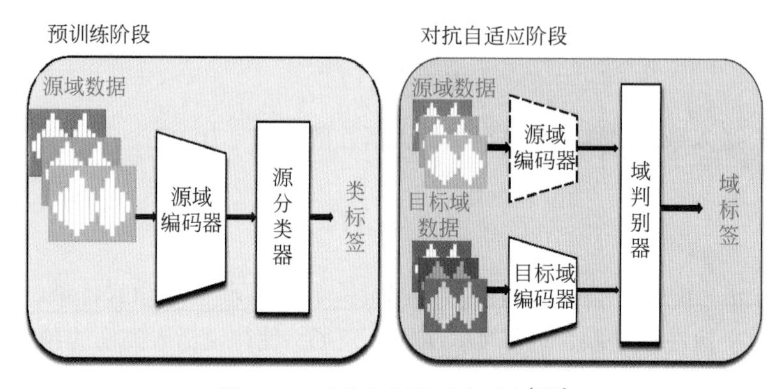


图 7.13 对抗鉴别性域自适应[235]

特别地，域判别器的训练目标为

$$\begin{aligned}&\min_{D}\mathcal{L}_{\mathrm{adv}_D}(\mathcal{X}_{\mathrm{s}},\mathcal{X}_{\mathrm{t}},M_{\mathrm{s}},M_{\mathrm{t}})=\\&-E_{\boldsymbol{x}_{\mathrm{s}}\sim\mathcal{X}_{\mathrm{s}}}[\log D(M_{\mathrm{s}}(\boldsymbol{x}_{\mathrm{s}}))]-E_{\boldsymbol{x}_{\mathrm{t}}\sim\mathcal{X}_{\mathrm{t}}}[\log(1-D(M_{\mathrm{t}}(\boldsymbol{x}_{\mathrm{t}})))]\end{aligned}\tag{7.60}$$

其中，源域数据及源域数据空间分别用 $\boldsymbol{x}_{\mathrm{s}}$ 和 $\mathcal{X}_{\mathrm{s}}$ 表示；目标域数据和目标域数据空间分别用 $\boldsymbol{x}_{\mathrm{t}}$ 和 $\mathcal{X}_{\mathrm{t}}$ 表示；$E$ 表示期望损失（或有限集上的平均损失）。该训练目标旨在使 $\boldsymbol{x}_{\mathrm{s}}$ 与 $\boldsymbol{x}_{\mathrm{t}}$ 的域标签的分类错误率最小。

目标域的特征编码器的训练目标为

$$\min_{M_{\mathrm{s}},M_{\mathrm{t}}}\mathcal{L}_{\mathrm{adv}_M}(\mathcal{X}_{\mathrm{s}},\mathcal{X}_{\mathrm{t}},D)=-E_{\boldsymbol{x}_{\mathrm{t}}\sim\mathcal{X}_{\mathrm{t}}}[\log D(M_{\mathrm{t}}(\boldsymbol{x}_{\mathrm{t}}))]\tag{7.61}$$

该目标函数在固定域分类器 $D$ 的参数的基础上优化 $M_{\mathrm{t}}$，使得 $D$ 不能很好地区分源域数据和目标域数据。

因为在上述对抗自适应阶段中，$M_{\mathrm{s}}$ 是固定项，所以在优化 $\mathcal{L}_{\mathrm{adv}_D}$ 和 $\mathcal{L}_{\mathrm{adv}_M}$ 时不用考虑源域项 $-E_{\boldsymbol{x}_{\mathrm{s}}\sim\mathcal{X}_{\mathrm{s}}}[\log D(M_{\mathrm{s}}(\boldsymbol{x}_{\mathrm{s}}))]$。

## 7.5 本章小结

本章介绍了声纹识别中的说话人确认任务、说话人分割聚类任务以及鲁棒声纹识别。在说话人确认方面，首先介绍了说话人确认的评价指标和数据集，然后依据损失函数的不同，将代表技术发展水平的说话人确认算法分为基于分类损失的深度嵌入说话人确认和基于确认损失的端到端说话人确认算法，并重点介绍了它们的网络结构和损失函数。在说话人分割聚类方面，首先介绍了该任务的基本定义、评价指标和常用数据集，然后介绍了传统的分阶段分割聚类方法和近两年来新提出的端到端说话人分割聚类方法，其中在分阶段分割聚类方面，重点介绍了分割和聚类两个模块。在鲁棒声纹识别方面，首先介绍了基于降噪前端的声纹识别系统方法用于解决噪声环境下的声纹识别问题，然后介绍了声纹识别的自适应方法用于解决训练和测试不匹配的问题。

# 第8章 语音识别

## 8.1 引 言

语音识别（automatic speech recognition，ASR）旨在将语音信号转换为文本内容。它可以形象地比喻为“机器的听觉系统”，是人机通信和交互技术的重要研究领域，也是人工智能的关键技术之一。语音识别技术可以分为传统语音识别技术和端到端语音识别技术。传统语音识别技术的发展经历了 3 个时期。第 1 个时期主要是孤立词识别系统的发展时期，其中代表性的方法是模板匹配法。模板匹配法为每个词建立一个模板，然后使用动态时间规整（dynamic time warping，DTW）计算出待识别语音与每个模板的相似度，将相似度最高的模板所对应的词作为识别结果[237]。第 2 个时期是以高斯混合模型（Gaussian mixture model，GMM）-隐马尔可夫模型（hidden Markov model，HMM）声学模型为代表的大词汇量连续语音识别技术的发展时期[238]。该方法使用 HMM 对语音状态的时序关系进行建模，使用 GMM 对语音状态的观测量进行建模。第 3 个时期是基于深度学习的大词汇量连续语音识别技术[61]。早期基于深度学习的语音识别使用深度神经网络（deep neural network，DNN）替代 GMM-HMM 系统中的 GMM，但仍保留了 HMM。DNN-HMM 在识别结果上取得了显著进步，使得语音识别技术快速进入实际使用。

传统语音识别系统通常包括声学模型、发音词典、语言模型、解码器 4 个模块。在识别阶段，声学模型输入上下文相关的声学特征，预测其对应子词（subword）的概率分布；在解码阶段，发音词典将声学模型产生的子词单元序列映射到单词上，并通过语言模型对各种单词序列的概率进行计算，从中挑选最大概率的单词序列以得到最终的文本序列。传统语音识别系统仍然存在下列问题。

（1）在训练数据方面，传统语音识别系统通常需要精确到时间帧的人工标注，人工成本高。

（2）在语言学知识方面，传统语音识别系统通常需要人工设计一个发音字典将单词序列映射为音素序列，这需要额外的语言学知识，并且容易受到语言种类和人为因素的影响。

（3）在声学模型建模方面，传统语音识别系统中的 HMM 难以对较长的时序依赖关系建模。

（4）在模型训练方面，传统语音识别系统中的各个模块是独立优化的，每个模块又由多个子模块组成，造成了其训练过程烦琐、整体性能非最优。

（5）在识别解码方面，传统语音识别系统需要经过多个模块才能得到最终的识别结果。

针对传统语音识别技术的上述缺点，近年来发展出了端到端语音识别技术。该技术用一个神经网络系统完成了传统语音识别系统需要多个模块配合才能完成的功能，并能够直接输出一组图形或文字的概率分布。同传统语音识别系统相比，端到端语音识别模型有以下 4 个优点。

（1）简化了训练数据的准备过程：端到端模型不再需要精确到时间帧的人工标注，使得语音识别的人工标注成本大幅降低。

（2）减小了对语言学知识的依赖：一些端到端模型已经不再需要人工设计的发音词典。

（3）避免了条件独立假设：端到端语音识别逐步摆脱了 HMM 中基于马尔可夫链的状态转移概率的条件独立假设，可以充分利用语音的上下文信息。

（4）简化了模型训练和解码过程：端到端语音识别模型的声学模型是整体优化的，其解码过程也比较简单。

端到端语音识别技术的核心技术点是声学模型，具有代表性的模型框架包括连接时序分类模型[239]（connectionist temporal classification，CTC）和基于注意力机制的序列到序列模型[240]（attention-based sequence-to-sequence model）。此外，神经网络结构和网络输出标签的类型也得到了较多研究。虽然端到端语音识别技术有以上优点，但是它所需的训练数据量大，且易受噪声、不同说话人、不同通信信道等变化量的干扰。因此，如何提高语音识别的鲁棒性是核心问题。

8.2 节介绍语音识别基础；8.3 节介绍上述 3 种基础的端到端语音识别模型框架，并简要讨论不同的神经网络结构和输出标签类型；8.4 节介绍噪声鲁棒语音识别方法；8.5 节介绍语音识别的说话人自适应方法；8.6 节对本章进行小结。

# 8.2 语音识别基础

## 8.2.1 信号模型

语音识别将长度为 $T$ 的语音特征序列 $\boldsymbol{x}=\{x_1,x_2,\cdots,x_T\}$ 映射为长度为 $U$ 的标签序列 $\boldsymbol{l}=(l_1,l_2,\cdots,l_U)$，其中，$x_t\in\mathbb{R}^m$ 表示第 $t$ 帧的 $m$ 维语音特征向量，$l_u\in\mathcal{L}$ 表示对应的转录文本在第 $u$ 个位置处的标签，$\mathcal{L}$ 是所有标签的集合。例如，对于英语而言，$\mathcal{L}=\{a,b,\cdots,z,0,1,\cdots,9,\{\langle\text{sp\_ch}\rangle\}\}$，其中 $\{\langle\text{sp\_ch}\rangle\}$ 表示标点、空格特殊字符集合。假设语音识别的输入序列空间 $(\mathcal{X})^{\mathrm{T}}=\mathbb{R}^m\times\mathbb{R}^m\times\cdots\times\mathbb{R}^m$ 定义为所有 $m$ 维实值向量序列的集合，目标空间 $(\mathcal{L})^U=\mathcal{L}\times\mathcal{L}\times\cdots\times\mathcal{L}$ 定义为所有标签序列的集合，则语音识别旨在从目标空间 $(\mathcal{L})^U$ 中找到与 $\boldsymbol{x}$ 最匹配的标签序列 $\hat{\boldsymbol{l}}$：

$$\hat{\boldsymbol{l}}=\underset{\boldsymbol{l}\in(\mathcal{L})^U}{\arg\max}\,P(\boldsymbol{l}|\boldsymbol{x}) \tag{8.1}$$

这是一个序列分类（temporal classification）问题，它存在以下难点。

（1）$\boldsymbol{x}$ 和 $\boldsymbol{l}$ 的长度是不相等的，且输入序列的长度 $T$ 远大于输出序列的长度 $U$，存在输入与输出的对齐（alignment）问题。将 $\boldsymbol{x}$ 和 $\boldsymbol{l}$ 进行人工对齐（即将 $\boldsymbol{x}$ 分段，使其每段分别对应 $\boldsymbol{l}$ 中的标签）是费时费力的。

（2）$\boldsymbol{x}$ 和 $\boldsymbol{l}$ 的长度可能很长，且不同 $\boldsymbol{x}$ 和 $\boldsymbol{l}$ 的长度是变化的，造成输入空间 $(\mathcal{X})^T$ 和目标空间 $(\mathcal{L})^U$ 巨大，使得搜索最优解困难。

## 8.2.2 评价指标

语音识别一般使用标签错误率（label error rate，LER）或者句子错误率（sentence error rate，SER）作为评价指标。

### 1. 标签错误率

给定测试集 $S$，语音识别模型在 $S$ 上的标签错误率定义为其识别结果与对应的真实标签序列之间的平均编辑距离：

$$\mathrm{LER}=\frac{1}{|S|}\sum_{(\boldsymbol{x},\boldsymbol{l})\in S}\frac{\mathrm{ED}(h(\boldsymbol{x}),\boldsymbol{l})}{|\boldsymbol{l}|} \tag{8.2}$$

其中，$|S|$ 表示测试集中的语句数量；$|\boldsymbol{l}|$ 表示序列 $\boldsymbol{l}$ 的长度；$\mathrm{ED}(\boldsymbol{p},\boldsymbol{q})$ 表示序列 $\boldsymbol{p}$ 和 $\boldsymbol{q}$ 之间的编辑距离，即将 $\boldsymbol{p}$ 变为 $\boldsymbol{q}$ 所需的最小插入量、替换量和删除量。标签错误率又可分为音素错误率（phoneme error rate，PER）、字母错误率（character error rate，CER）、词错误率（word error rate，WER）等，其差异仅是输出标签类型的不同。

#### 2. 句子错误率

如果有任意一个或多个标签识别错误，则整个句子就被认为识别错误。令 $S'$ 为语音识别模型在 $S$ 上识别错误的句子的集合，则句了错误率定义为识别错误的句子占所有测试句子的百分比为

$$\mathrm{SER}=\frac{|S'|}{|S|}\times 100\% \tag{8.3}$$

## 8.3 端到端语音识别

端到端语音识别系统主要解决两个关键问题：① 如何让输入语音序列与输出标签序列对齐，即将输入语音中的片段精确匹配上其对应的输出标签；② 如何对具有较长序列（如整个语句）依赖关系建模的问题，即考虑上下文信息进行序列建模。由此诞生了两类端到端语音识别方法——连接时序分类模型[239]（connectionist temporal classification，CTC）和基于注意力机制的序列到序列模型[240]（listen-attention-spell，LAS）。

### 8.3.1 连接时序分类模型

CTC 是一种基于 RNN 的序列数据标注方法。它不需要预先对训练数据进行分割，并且能够用单一的网络结构对序列进行建模。CTC 的基本思想是将网络输出解释为基于给定输入序列的所有可能标签序列的概率分布。根据这个概率分布（矩阵）可以推导出一个损失函数（loss function）来最大化正确标签序列的概率。因为损失函数是可导的，所以可以用标准的反向传播对网络进行训练。

如图 8.1 所示，基于 CTC 的语音识别系统由识别网络和 CTC 层[239] 组成。在训练阶段，识别网络在 Softmax 层输出每帧语音属于各个标签的后验概率，将其作为 CTC 层的输入；CTC 层利用马尔可夫假设通过动态规划算法计

算出最终能得到目标序列的概率，并使用该概率损失进行反向传播。在测试阶段，识别网络在 Softmax 层输出每帧语音属于各个标签的后验概率，将其作为输入送入 CTC 层计算出最可能的目标序列；最后，还需要对重复的标签进行合并，这时可能需要借助语言模型以进一步提高预测精度。下面详述 CTC 层及其计算过程。

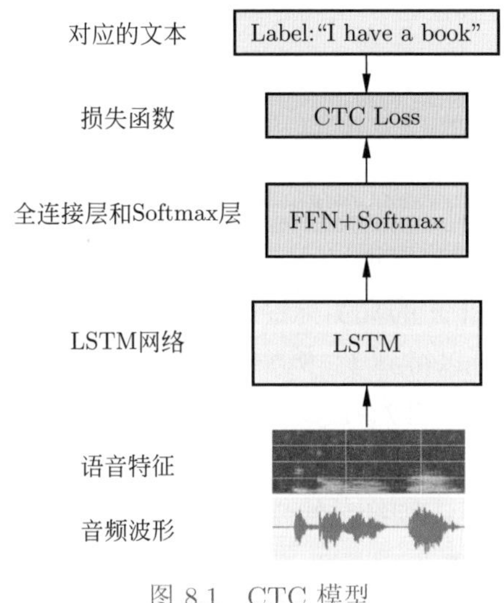


图 8.1 CTC 模型

### 1. 识别网络

令 $\mathcal{N}_w$ 表示识别网络，其中 $w$ 表示网络参数。识别网络的 Softmax 输出层单元数量相比于标签集（如字母表）$\mathcal{L}$ 中的标签多一个单元 blank。它的前 $|\mathcal{L}|$ 个单元的输出被解释为在特定时间观测到相应标签的概率，最后一个 blank 单元表示空白音。因此，识别网络的输出标签集为 $\mathcal{L}' = \mathcal{L} \cup \{\text{blank}\}$。

一个包含 $T$ 帧语音特征的输入序列 $\boldsymbol{x}$，在经过了识别网络 $\mathcal{N}_w$ 以后，从 Softmax 层得到包含 $T$ 帧的概率输出：

$$\boldsymbol{y} = \mathcal{N}_w(\boldsymbol{x}) \tag{8.4}$$

这是一个 $|\mathcal{L}'| \times T$ 维的矩阵，矩阵中的元素 $y_k^t$ 表示第 $k$ 个输出单元在 $t$ 时刻的概率输出。可以在 $t$ 时刻从 $\mathcal{L}'$ 中取出一个标签，假设为 $\pi_t$，则在整个 $T$ 时刻上，可以得到一个输出标签序列 $\boldsymbol{\pi} = \{\pi_1, \pi_2, \cdots, \pi_T\}$。给定长度为 $T$

帧的输入序列 $\boldsymbol{x}$，识别网络的输出空间可以描述为 $(\mathcal{L}')^T = \mathcal{L}' \times \mathcal{L}' \times \cdots \times \mathcal{L}'$，输出空间中的任意一个输出标签序列的发生概率为

$$P(\boldsymbol{\pi} \mid \boldsymbol{x}) = \prod_{t=1}^{T} y_{\pi_t}^t, \quad \forall \boldsymbol{\pi} \in (\mathcal{L}')^T \tag{8.5}$$

式 (8.5) 中隐含的假设是识别网络在不同时刻的输出是条件独立的，这是通过输出层单元与自身或其他单元之间不存在反馈连接来保证的。

### 2. CTC 层

对于任意一个长度为 $T$ 的输入序列 $\boldsymbol{x}$，假设它对应的其中一个长度也为 $T$ 的标签序列是 $\boldsymbol{\pi}$。首先可以通过合并相邻的相同标签，然后删除 blank 标签得到一个新序列 $\hat{\boldsymbol{l}}$。假如 $\boldsymbol{x}$ 的真实标签序列为 $\boldsymbol{l}$，则有多个长度为 $T$ 的标签序列 $\boldsymbol{\pi}$ 在经过约减以后可以得到 $\boldsymbol{l}$。例如，当 $\boldsymbol{\pi}_1 = aaa - b - -bb - ccc$ 时（其中，$-$ 表示 blank 标签），首先合并相邻的相同标签，可得 $a - b - b - c$，在删除 blank 标签以后得到 $\hat{\boldsymbol{l}}_1 = abbc$。如果此时存在另一个长度为 $T$ 的标签序列 $\boldsymbol{\pi}_2 = aa - -bb - b - -cc$，则经过约减以后也可得 $\hat{\boldsymbol{l}}_2 = abbc$。

在给定输入 $\boldsymbol{x}$ 的条件下，CTC 层计算经过约减以后能得到 $\boldsymbol{l}$ 的所有 $\boldsymbol{\pi}$ 的条件概率之和。它首先定义了一个多对一的映射 $\mathcal{B} : (\mathcal{L}')^T \to (\mathcal{L}')^{\leqslant T}$，然后计算：

$$P(\boldsymbol{l} \mid \boldsymbol{x}) = \sum_{\boldsymbol{\pi} \in \mathcal{B}^{-1}(\boldsymbol{l})} P(\boldsymbol{\pi} \mid \boldsymbol{x}) \tag{8.6}$$

其中，$\boldsymbol{\pi}$ 为 CTC 路径。因为随着标签序列 $T$ 的增大，标签序列空间 $(\mathcal{L}')^T$ 是呈指数增大的，所以要从空间 $(\mathcal{L}')^T$ 中找到所有相关的 CTC 路径 $\mathcal{B}^{-1}(\boldsymbol{l})$ 是不容易的事情。在训练阶段，该问题可以用类似 HMM 的前向后向算法高效地求解；在测试阶段，该问题可以用最佳路径解码（best path decoding）、前缀搜索解码（prefix search decoding）、束搜索法（beam search）、令牌传递（token passing）等多种可能的方法计算出最可能的目标序列。

### 3. CTC 网络的训练

在训练阶段，给定一个训练集 $\mathcal{X}$，CTC 网络最大化训练集 $\mathcal{X}$ 在式(8.6)上的似然概率，即最小化式 (8.7)：

$$\begin{aligned}\ell &= -\log\left(\prod_{(\boldsymbol{x},\boldsymbol{l})\in\mathcal{X}} P(\boldsymbol{l}\mid\boldsymbol{x})\right)\\ &= -\sum_{(\boldsymbol{x},\boldsymbol{l})\in\mathcal{X}}\log P(\boldsymbol{l}\mid\boldsymbol{x})\end{aligned} \tag{8.7}$$

其中，$\ell$ 表示网络的训练损失。因为各个语句是相互独立的，所以求解式(8.7)的关键在于如何快速求解 $P(\boldsymbol{l}\mid\boldsymbol{x})$。下面介绍前向后向算法求解 $P(\boldsymbol{l}\mid\boldsymbol{x})$。

1）前向算法

首先，给出一个符号定义：对于长度为 $r$ 的序列 $\boldsymbol{q}$ ，分别用 $q_{1:p}$ 和 $q_{r-p:r}$ 表示它的前 $p$ 个和最后 $p$ 个符号。有些标签序列中存在连续多个相同标签的情况（例如，apple 中的字母 p)，为了允许输出这样的标签，在标签序列 $\boldsymbol{l}$ 的开始、结束处和任意两个相邻标签之间添加空格作为新的标签序列 $\boldsymbol{l}'$。新标签序列 $\boldsymbol{l}'$ 的长度是 $2|\boldsymbol{l}|+1$。

前向变量 $\alpha_t(s)$ 定义为到第 $t$ 时刻为止，与子标签序列 $\boldsymbol{l}_{1:s}$ 相对应的所有 CTC 路径的概率之和，即

$$\alpha_t(s) \triangleq \sum_{\substack{\boldsymbol{\pi}\in(\mathcal{L}')^T\\ \mathcal{B}(\boldsymbol{\pi}_{1:t})=\boldsymbol{l}_{1:s}}} \prod_{t'=1}^{t} y_{\pi_{t'}}^{t'} \tag{8.8}$$

其中，$\boldsymbol{l}_{1:s}$ 表示标签序列 $\boldsymbol{l}$ 的前 $s$ 个标签组成的子序列。显然，$\alpha_t(s)$ 可以递归地从 $\alpha_{t-1}(s)$ 和 $\alpha_{t-1}(s-1)$ 来计算，并且所有前向变量的计算都只能以 blank 或 $\boldsymbol{l}$ 中的第 1 个标签所对应的概率值开始累积。由上述规则可以得到以下初始化方法和递推公式。

（1）初始化方法。

$$\begin{aligned}\alpha_1(1) &= y_b^1\\ \alpha_1(2) &= y_{l_1}^1\\ \alpha_1(s) &= 0, \quad \forall s>2\end{aligned}$$

（2）递推公式。

$$\alpha_t(s)=\begin{cases}\bar{\alpha}_t(s)y_{\boldsymbol{l}'_s}^t, & \boldsymbol{l}'_s=b \text{ 或者} \boldsymbol{l}'_{s-2}=\boldsymbol{l}'_s\\ (\bar{\alpha}_t(s)+\alpha_{t-1}(s-2))y_{\boldsymbol{l}'_s}^t, & \text{其他}\end{cases} \tag{8.9}$$

其中，$b$ 表示空白字符；$\boldsymbol{l}_1$ 表示原始标签序列 $\boldsymbol{l}$ 的第 1 个标签；$\boldsymbol{l}'_s$ 表示新标签序列 $\boldsymbol{l}'$ 的第 $s$ 个标签。

$$\bar{\alpha}_t(s) \triangleq \alpha_{t-1}(s) + \alpha_{t-1}(s-1) \tag{8.10}$$

注意：当 $s < |\boldsymbol{l}'| - 2(T-t) - 1$ 时，因为剩余时间步并不足以完成完整的序列计算 (图 8.2(b) 未连接的圆圈)，所以令此时的 $\alpha_t(s) = 0$；$\forall s < 1, \alpha_t(s) = 0$。

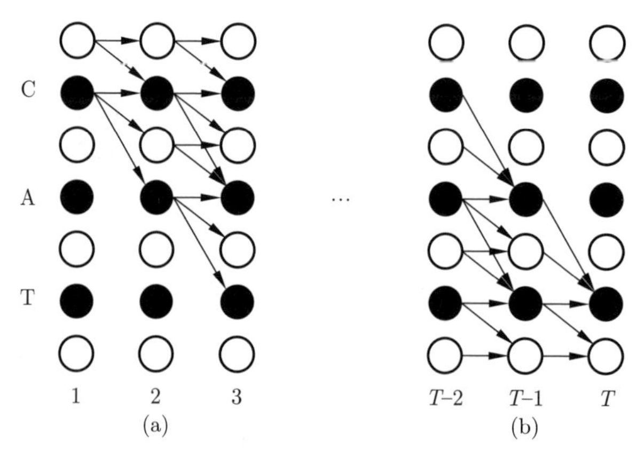


图 8.2 前向后向算法示意图

注：黑色圆圈表示标签，白色圆圈表示 blank。箭头表示允许概率转移。前向变量沿箭头方向迭代更新，后向变量沿箭头的反方向迭代更新[239]。

最后，$P(\boldsymbol{l} \mid \boldsymbol{x})$ 可以用式 (8.11) 来计算。

$$P(\boldsymbol{l} \mid \boldsymbol{x}) = \alpha_T(|\boldsymbol{l}'|) + \alpha_T(|\boldsymbol{l}'| - 1) \tag{8.11}$$

2）后向算法

后向变量 $\beta_t(s)$ 定义为从第 $t$ 时刻开始到最后时刻，与子标签序列 $\boldsymbol{l}_{s:|\boldsymbol{l}|}$ 相对应的所有 CTC 路径的概率之和，即

$$\beta_t(s) \triangleq \sum_{\substack{\boldsymbol{\pi} \in (L')^T \\ \mathcal{B}(\boldsymbol{\pi}_{t:T} = \boldsymbol{l}_{s:|\boldsymbol{l}|})}} \prod_{t'=t}^{T} y^{t'}_{\pi_{t'}} \tag{8.12}$$

根据 $\beta_t(s)$ 的定义，显然有以下初始化方法和递推公式。

（1）初始化方法。

$$\beta_T(|\boldsymbol{l}'|) = y_b^T$$
$$\beta_T(|\boldsymbol{l}'|-1) = y_{\boldsymbol{l}_{|\boldsymbol{l}|}}^T$$
$$\beta_T(s) = 0, \quad \forall s < |\boldsymbol{l}'| - 1$$

（2）递推公式。

$$\beta_t(s) = \begin{cases} \bar{\beta}_t(s) y_{\boldsymbol{l}'_s}^t, & \boldsymbol{l}'_s = b \text{ 或者 } \boldsymbol{l}'_{s+2} = \boldsymbol{l}'_s \\ (\bar{\beta}_t(s) + \beta_{t+1}(s+2)) y_{\boldsymbol{l}'_s}^t, & \text{其他} \end{cases} \tag{8.13}$$

其中，

$$\bar{\beta}_t(s) \triangleq \beta_{t+1}(s) + \beta_{t+1}(s+1) \tag{8.14}$$

与前向算法类似，当 $s > 2t$ 时（图 8.2(a) 未连接的圆圈），或者 $s > |\boldsymbol{l}'|$ 时，因为没有足够的时间步来完成相应的序列，所以令相应的 $\beta_t(s) = 0$。

最后，$P(\boldsymbol{l} \mid \boldsymbol{x})$ 可以用式 (8.15) 来计算。

$$P(\boldsymbol{l} \mid \boldsymbol{x}) = \beta_1(1) + \beta_1(2) \tag{8.15}$$

3）最大似然训练

最大似然训练的目的是同时最大化训练集中所有正确分类的对数概率（log probabilities），这意味着最小化损失函数 (式(8.7))。为了使用梯度下降法训练网络，需要将式 (8.7) 对识别网络的输出求偏导数。由于训练语句是相互独立的，所以可以分别计算它们的偏导数为

$$\frac{\partial \ell_{(\boldsymbol{x},\boldsymbol{l})}}{\partial y_k^t} = -\frac{\partial \log(P(\boldsymbol{l} \mid \boldsymbol{x}))}{\partial y_k^t} \tag{8.16}$$

其中，$\ell_{(\boldsymbol{x},\boldsymbol{l})}$ 表示训练语句 $(\boldsymbol{x},\boldsymbol{l})$ 的训练损失。下面介绍式(8.16)的求解过程。

给定一个标签序列 $\boldsymbol{l}$，在给定的 $s$ 位置和 $t$ 时刻上，前向变量和后向变量的乘积是所有对应于 $\boldsymbol{l}$ 的 CTC 路径在 $t$ 时刻通过 $s$ 位置的概率。即从式(8.9)和式(8.13)可得

$$\alpha_t(s)\beta_t(s) = \sum_{\substack{\pi \in \mathcal{B}^{-1}(\boldsymbol{l}) \\ \pi_t = \boldsymbol{l}'_s}} y_{\boldsymbol{l}'_s}^t \prod_{t=1}^{T} y_{\pi_t}^t \tag{8.17}$$

代入式 (8.5) 后有

$$\frac{\alpha_t(s)\beta_t(s)}{y^t_{\boldsymbol{l}'_s}} = \sum_{\substack{\pi \in \mathcal{B}^{-1}(\boldsymbol{l}) \\ \pi_t = \boldsymbol{l}'_s}} P(\boldsymbol{\pi} \mid \boldsymbol{x}) \tag{8.18}$$

由式 (8.6) 可知，式 (8.18) 是在 $t$ 时刻通过 $\boldsymbol{l}'_s$ 的所有路径对应的总概率的一部分，因此可以通过将在 $t$ 时刻的所有 $s$ 对应的项求和以得到 $P(\boldsymbol{l} \mid \boldsymbol{x})$：

$$P(\boldsymbol{l} \mid \boldsymbol{x}) = \sum_{s=1}^{|\boldsymbol{l}'|} \frac{\alpha_t(s)\beta_t(s)}{y^t_{\boldsymbol{l}'_s}} \tag{8.19}$$

因为识别网络的输出是条件独立的，所以只需考虑在 $t$ 时刻经过 $k$ 的 CTC 路径就可以得到 $p(\boldsymbol{l} \mid \boldsymbol{x})$ 关于 $y^t_k$ 的偏导数。注意：因为某个标签可能在标签序列 $\boldsymbol{l}$ 中重复出现多次，所以定义标签 $k$ 出现的位置的集合为 $\text{lab}(\boldsymbol{l}, k) = \{s : \boldsymbol{l}_s = k\}$（有可能是空的）。对式 (8.19) 求导得

$$\frac{\partial P(\boldsymbol{l} \mid \boldsymbol{x})}{\partial y^t_k} = -\frac{1}{{y^t_k}^2} \sum_{s \in \text{lab}(\boldsymbol{l}, k)} \alpha_t(s)\beta_t(s) \tag{8.20}$$

因为

$$\frac{\partial \log(P(\boldsymbol{l} \mid \boldsymbol{x}))}{\partial y^t_k} = \frac{1}{P(\boldsymbol{l} \mid \boldsymbol{x})} \frac{\partial P(\boldsymbol{l} \mid \boldsymbol{x})}{\partial y^t_k} \tag{8.21}$$

将式 (8.11) 和式 (8.20) 代入式(8.16)就可以得到损失函数的导数。

#### 4. CTC 网络的解码

在测试阶段，给定输入序列 $\boldsymbol{x}$，分类器的输出就应该是与 $\boldsymbol{x}$ 最匹配的标签序列：

$$\hat{\boldsymbol{l}} = \underset{\boldsymbol{l} \in (\mathcal{L})^{\leqslant T}}{\arg\max}\, P(\boldsymbol{l} \mid \boldsymbol{x}) \tag{8.22}$$

其中，$(\mathcal{L})^{\leqslant T}$ 表示所有长度小于 $T$ 的标签序列组成的空间。借用 HMM 中的术语，称寻找这样的标签序列的任务为解码。不幸的是，目前还没有一个通用的、易于处理的算法用于 CTC 模型的解码。这里仅介绍一种可以在实际应用中取得较好效果的最佳路径解码（best path decoding）方法，其他解码算法见文献 [239]。

如图 8.1 所示，给定语音特征序列 $\boldsymbol{x} = (x_1, x_2, \cdots, x_T)$，识别模型输

出每帧的概率预测结果 $\boldsymbol{y}=(y_1,y_2,\cdots,y_T)$。最佳路径解码将每个时刻 $y_t$ 中概率最高的值所对应的标签输出，用于组成一个最优 CTC 路径，记为 $\boldsymbol{\pi}^*=\{\pi_1^*,\pi_2^*,\cdots,\pi_T^*\}$，然后将 $\boldsymbol{\pi}^*$ 进行约减，即可得到最优解码结果为

$$\hat{\boldsymbol{l}}\approx\mathcal{B}(\boldsymbol{\pi}^*) \tag{8.23}$$

最佳路径解码算法的计算复杂度低，但却不能保证该概率最高的 CTC 路径对应的标签序列就是最佳解码序列。

#### 5. 实验结果

表 8.1 给出了 CTC 网络以音素序列标注为识别目标在 TIMIT 数据集上的实验结果[239]。该 CTC 模型使用 26 维 MFCC 特征作为输入，用 BLSTM 对输入特征进行建模，标签集合是 61 个不同的音素和一个额外的 blank 标签。实验结果表明 CTC 网络的性能优于 HMM 和 HMM-RNN 混合算法。

**表 8.1 在 TIMIT 数据集上的标签识别错误率 (LER)**

| 语音识别系统名称 | LER/% |
|---|---|
| Context-independent HMM | 38.85 |
| Context-dependent HMM | 35.21 |
| BLSTM/HMM | 33.84±0.06 |
| Weighted error BLSTM/HMM | 31.57±0.06 |
| CTC (best path) | 31.47±0.21 |
| CTC (prefix search) | 30.51±0.19 |

注：符号 ± 后的数字表示 5 次独立实验结果的标准差，best search 表示最佳路径解码方法，prefix search 表示前缀搜索解码方法[239]。

事实上，以音素作为输出标签的 CTC 模型还不是真正的“端到端”模型，它在得到音素序列后还需要一个语言模型将音素转换为单词。对此，Graves 等在文献 [241] 中尝试用字母级别的标签代替音素标签对 CTC 进行训练，使模型直接输出字母序列，如图 8.3 所示。该图显示了 CTC 层的 Softmax 层输出的帧级别字符概率（不同颜色对应不同的标签，灰色虚线表示 blank 标签）以及相应的训练错误。目标字符序列是 HIS FRIENDS[241]。

为了得到最终的单词序列，该模型不仅要正确识别每帧特征对应的字母，而且还要将它们拼写成正确的单词。这对于英语这种单词构造并不严谨的语言

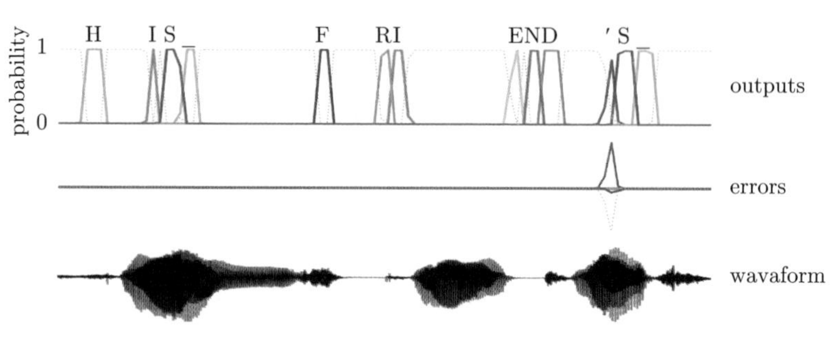


图 8.3 基于字符标签序列的网络输出示例 [241]

来说无疑非常困难，因此模型的输出结果往往会与真实标签有所偏差。Graves 等通过外接语言模型解决这一问题，在 WSJ 数据集上取得了当时最好的结果。文献 [242–243] 通过将单词作为输出标签来直接解决这一问题。该方法降低了拼写原因导致的单词错误率，但却大大增加了输出层的规模，同时也需要更多的训练数据。文献 [242] 通过添加 TDNN（time delay neural network）层缓解了输出层太大而导致的计算成本增加，在不外接外部语言模型的基础上，在大规模语料上取得了与传统模型相当甚至更好的结果。除了 RNN 之外，CNN 也被成功应用到了语音识别系统中。与其他结构相比，CNN 更适合利用人类语音信号在时间和频率上的局部相关性，并且具有利用信号平移不变性的能力。最早的 ASR 中只使用了很少的几个卷积层对特征进行预处理[244–245]，但太浅的卷积层并不足以捕获人类语音信号的所有信息，文献 [246–247] 使用足够深的残差卷积神经网络，不仅取得了更好的结果，而且加快了模型的收敛速度。

基于 CTC 的语音识别模型存在两个问题。一方面，它仅是一个声学模型，缺乏语言模型的建模能力；另一方面，它的输出有条件独立假设，不能对输出之间的依赖关系进行建模。文献 [248] 提出一种被称为 RNN-Tranducer（RNN-T）的端到端语音识别模型，它将一个类似 CTC 的网络与一个单独的 RNN 网络相结合。该单独 RNN 网络的作用与语言模型类似，用于预测在给定前序标签序列时，当前时刻标签集中的各个标签的概率，避免了 CTC 的输出缺乏语音模型建模的问题。RNN-T 不仅是一种声学模型和语言模型联合优化的模型，还通过这个单独 RNN 网络实现了对输出标签之间的依赖关系的建模。

### 8.3.2 注意力机制模型

#### 1. 模型介绍

基于注意力机制（listen-attention-spell，LAS）的模型直接预测目标标签序列而不需要类似 CTC 序列的中间标签序列，也不需要对预测输出做条件独立假设，是一种显著不同于 CTC 的方法，可以认为 LAS 是一种包含了语言模型建模的声学模型。假设 LAS 输入的原始语音特征序列 $\boldsymbol{x}=(\boldsymbol{x}_1,\boldsymbol{x}_2,\cdots,\boldsymbol{x}_T)$，输出的标签序列为 $\boldsymbol{y}=\{y_0,y_1,\cdots,y_U,y_{U+1}\}$，其中，$y_0=\langle\text{sos}\rangle$ 表示标签序列的起始状态；$y_{U+1}=\langle\text{eos}\rangle$ 表示标签序列的结束状态。下面介绍 $\boldsymbol{y}$ 的产生过程。

LAS 由 Encoder 和 Attention-decoder 两个模块组成。

1）Encoder 模块

Encoder 是声学特征编码器,其作用是将原始语音特征序列 $\boldsymbol{x}=(\boldsymbol{x}_1,\boldsymbol{x}_2,\cdots,\boldsymbol{x}_T)$ 转换为更高层（稠密）的隐藏状态序列 $\boldsymbol{h}=(\boldsymbol{h}_1,\boldsymbol{h}_2,\cdots,\boldsymbol{h}_L)$，其中 $L\leqslant T$。如图 8.4 所示，Encoder 一般采用具有金字塔结构的双向 LSTM 网络，这样就能将数百到数千帧长的特征序列减少到合适的长度，以加快收敛速度并降低计算复杂度。

2）Attention-decoder 模块

Attention-decoder 模块分为以下 3 个步骤。

（1）通过 RNN 计算 Attention-decoder 模块当前时刻的状态 $\boldsymbol{s}_u$：

$$\boldsymbol{s}_u=\text{RNN}(\boldsymbol{s}_{u-1},\boldsymbol{c}_{u-1},y_{u-1}) \tag{8.24}$$

其中，$\boldsymbol{s}_{u-1}$ 表示上个时刻的状态；$\boldsymbol{c}_{u-1}$ 表示上一时刻的上下文（context）状态；$y_{u-1}$ 表示上一时刻的预测输出。

（2）通过 AttentionContext() 函数生成上下文向量 $\boldsymbol{c}_u$。具体地，AttentionContext() 以隐状态序列 $\boldsymbol{h}$ 和 $\boldsymbol{s}_u$ 为输入，得到对 $\boldsymbol{h}$ 进行重加权的输出向量 $\boldsymbol{c}_u$：

$$\boldsymbol{c}_u=\text{AttentionContext}(\boldsymbol{s}_u,\boldsymbol{h}) \tag{8.25}$$

AttentionContext() 函数包括以下 3 个步骤。

① 计算状态向量 $\boldsymbol{s}_u$ 与 $\boldsymbol{h}$ 的关联关系：

$$e_{u,l}=\boldsymbol{w}^{\text{T}}\tanh(\boldsymbol{W}\boldsymbol{s}_u+\boldsymbol{V}\boldsymbol{h}_l+\boldsymbol{b}),\quad \forall l=1,2,\cdots,L \tag{8.26}$$

其中，$\boldsymbol{w},\boldsymbol{W},\boldsymbol{V},\boldsymbol{b}$ 都是需要训练的网络参数；$e_{u,l}$ 是一个标量。

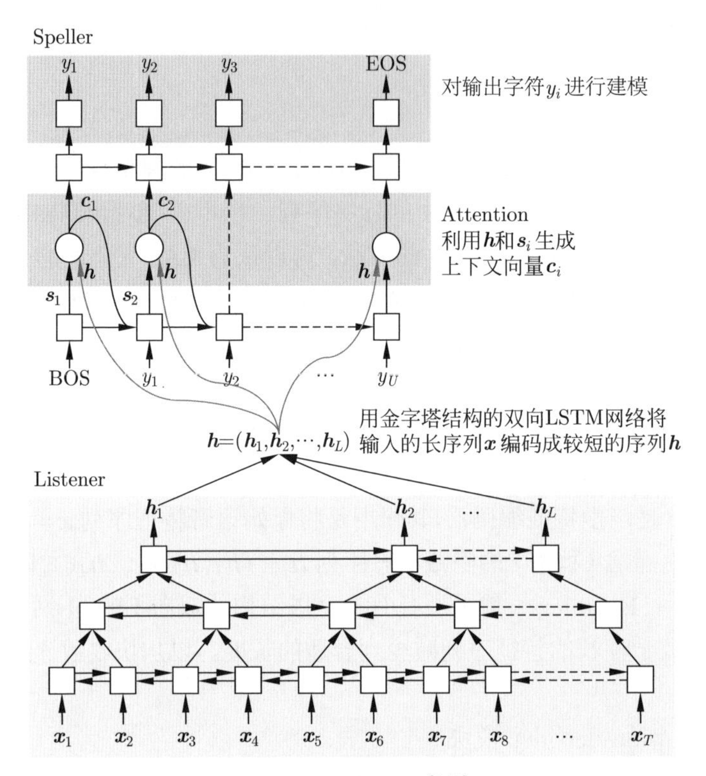


图 8.4 LAS 模型[249]

注：Listener 和 Speller 分别表示 Encoder 和 Attention-decoder 模块。Listener 是一个金字塔形的多层 BLSTM Encoder，它将输入特征序列 $\boldsymbol{x}$ 编码为隐藏层特征序列 $\boldsymbol{h}$；Speller 从 $\boldsymbol{h}$ 中产生预测的标签序列 $\boldsymbol{y}$ [249]。

② 对 $e_{u,l}$ 归一化，得到 $\boldsymbol{h}$ 的加权向量 $\boldsymbol{a}_u$：

$$a_{u,l}=\frac{\exp\left(e_{u,l}\right)}{\sum\limits_{l}\exp\left(e_{u,l}\right)},\quad \forall l=1,2,\cdots,L \tag{8.27}$$

③ 用 $\boldsymbol{a}_u$ 对 $\boldsymbol{h}$ 做加权求和，得到上下文向量 $\boldsymbol{c}_u$：

$$\boldsymbol{c}_u=\sum_{l=1}^{L}\boldsymbol{a}_{u,l}\boldsymbol{h}_l \tag{8.28}$$

（3）通过字符分布（character distribution）函数计算第 $u$ 时刻的输出字符的概率分布：

$$P(y_u \mid y_{0:u-1},\boldsymbol{x})=\text{CharacterDistribution}(\boldsymbol{s}_u,\boldsymbol{c}_u) \tag{8.29}$$

具体地，字符分布函数首先通过多层全连接网络将 $\boldsymbol{s}_u$ 和 $\boldsymbol{c}_u$ 转换为隐藏状态向量 $\boldsymbol{h}_u^{\text{dec}}$，然后对 $\boldsymbol{h}_u^{\text{dec}}$ 在字符集上做分类：

$$P(y_u \mid y_{0:u-1}, \boldsymbol{x}) = \text{softmax}(\boldsymbol{h}_u^{\text{dec}}) \tag{8.30}$$

当 Attention-decoder 模块生成 $\langle\text{EOS}\rangle$ 时，表示完成全部序列的生成。

LAS 模型的损失函数同样定义为真实标签序列 $\boldsymbol{y}^* = \{y_1^*, y_2^*, \cdots, y_U^*\}$ 的负对数似然概率，即

$$\mathcal{L}_{\text{Attention}} \triangleq -\log P(\boldsymbol{y}^* \mid \boldsymbol{x}) = -\sum_{u=1}^{U} \log P(y_u^* \mid y_{0:u-1}^*, \boldsymbol{x}) \tag{8.31}$$

在训练阶段，通过最小化 $\mathcal{L}_{\text{Attention}}$ 来训练模型。

2. 实验结果

文献 [240] 将 LAS 结构的模型用于语音识别领域，在 TIMIT 数据集上取得了与当时最先进的 DNN-HMM 模型近似的性能。文献 [250–251] 对 LAS 模型结构进行了改进，并将其与单独训练的语言模型融合以提高正确率。文献 [251] 通过将时间上相邻的帧汇聚在一起以减少隐状态序列的长度，并且将注意力限制在局部序列上，使较长序列的训练变得可行。

文献 [250] 通过采用金字塔结构的编码器来减少隐状态序列的长度。如图 8.5 所示，文献 [250] 提出将字母作为输出标签，通过注意力机制建立输入的语音特征序列和输出字母序列之间的对齐关系，用于解决集外词（out-of-vocabulary，OOV）的问题。如表 8.2 所示，文献 [250] 中的模型在 Google voice search task 的子集上表现出了可以与最先进的非端到端模型相比较的结果。

文献 [252] 探索了深层 CNN 对 LAS 模型的影响，并将 batch normalization、残差结构、convolutional LSTM、network-in-network 等新结构和技巧应用到了模型中，在不使用外部语言模型的情况下，在 WSJ 数据集上获得了 10.5% 的 WER，比之前已知的最好结果提高了 8.5%。文献 [249] 在多任务训练的框架下将 CTC 和 LAS 结合到一起，提升了模型的正确率和收敛速度。文献 [253] 使用 Transformer 结构替代了 Encoder-decoder 结构，摆脱了 RNN 网络并行运算难的问题，进一步提高了训练速度。

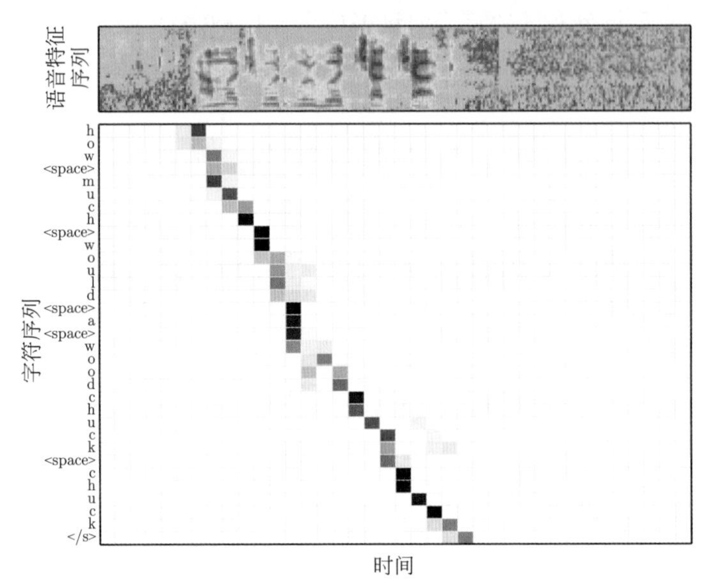


图 8.5 LAS 模型产生的字符输出与音频信号之间的对齐

注：示例语句为 how much would a woodchuck chuck。基于内容的注意力机制能够正确识别音频序列中第 1 个字符的开始位置，整个对齐过程不需要任何基于位置的先验信息[250]。

**表 8.2 LAS 和 CLDNN-HMM 在 Google voice search task 中的安静环境和嘈杂环境下的词错误率（WER/%）比较**

| 语音识别系统名称 | 安静环境下的 WER | 嘈杂环境下的 WER |
|---|---|---|
| CLDNN-HMM | 8.0 | 8.9 |
| LAS | 16.2 | 19.0 |
| LAS+LM Rescoring | 12.6 | 14.7 |
| LAS+Sampling | 14.1 | 16.5 |
| LAS+Sampling+LM Rescoring | 10.3 | 12.0 |

注：CLDNN-HMM 系统是当时最先进的语音识别系统；LAS 模型采用 beam search 解码方法，解码束的大小（beam size）为 32；LAS+LM Rescoring 表示 LAS 在解码过程中使用了独立的语言模型（language model，LM）；LAS+Sampling 表示在训练中使用了采样技巧（sampling trick）以减小训练和测试之间的差距；LAS+Sampling+LM Rescoring 是同时采用了 LAS+Sampling 与 LM Rescoring 的一种方法[250]。

## 8.4 语音识别的噪声鲁棒方法

近年来，基于深度学习的语音识别已经可以在近距离、安静的对话场景中达到实用水平，但是在噪声环境下的性能仍然相对较差。在过去 30 年里，学者们提出了很多噪声鲁棒的语音识别方法。这些方法大多在现有语音增强前端和语音识别后端算法的基础上，选择某种策略使得语音识别器对不同噪声环境具有鲁棒性。因为在本书的前面章节中已经详细描述了语音增强算法和常见的端到端语音识别后端算法，本节以介绍噪声鲁棒的策略为主，略去具体算法的介绍。

#### 1. 噪声无关训练

早期的鲁棒语音识别采用含噪语音进行模型训练。对于这种方法，当训练和测试的噪声环境不匹配时会引起性能的下降。受到语音增强算法的启发，近年来语音识别多采用大量噪声环境下录制的含噪语音共同参与训练，这种训练策略被称为噪声无关训练（或多条件训练）。它改善了语音识别器应对未知噪声环境的能力。因为这种方法本身不带降噪功能，所以当信噪比过低时，它面临性能瓶颈。

#### 2. 鲁棒声学特征法

鲁棒声学特征法将降噪的过程融入声学特征的设计中，通过人工设计的滤波器抽取对噪声不敏感的特征。已有的鲁棒声学特征包括过零峰值幅度 (zero crossing peak amplitude, ZCPA)、感知最小方差无畸变响应 (perceptual minimum variance distortionless response, PMVDR)、归一化功率倒谱系数 (power-normalized cepstral coefficients, PNCC)、不变积分特征 (invariant-integration features, IIF)、伽马通滤波器组倒谱系数（GFCC）等[254]。这些特征大多参照人类的听觉感知系统设计。虽然这些特征可能会在一些噪声环境下取得比 MFCC、f-bank 更好的性能，但是哪种特征会获得一致性更好的性能尚无定论。多通道声学特征包括双耳时间差、双耳相位差、双耳声压差等，详见第 5 章。更广义地说，麦克风阵列的设计也可以看作是一种鲁棒声学特征的抽取，但是它通常被业界划分为不同于声学特征设计的独立研究方向。

#### 3. 声学信号处理前端法

基于传统滤波器和自适应信号处理方法的语音信号处理前端和基于深度学习的鲁棒语音处理前端都是可以应用于语音识别的，本书在之前的章节中已有详细叙述，在此不再赘述。值得注意的是，并不是经过声学信号处理前端增强后的语音信号就一定能带来识别率的提升。大量研究表明，在测试阶段，如果前端造成了较大的语音信号畸变或者产生的增强语音显著不同于训练语料的数据分布，则语音识别正确率反而会下降。解决该问题的研究路线大致有以下两个。

第一个研究路线是语音增强前端和识别后端进行联合优化。它通常假设在联合优化前，增强前端和语音识别后端是独立训练的。联合优化的方法大致有3 种：① 保持语音识别后端不变，采用反向传播算法对声学前端进行微调，使增强前端适配识别后端；② 保持语音增强前端不变，将语音增强前端的输出作为声学模型的输入，对声学模型进行微调；③ 同时微调增强前端和识别后端。第 1 种和第 3 种方法不适用于非训练的增强前端（如维纳滤波）；第 2 种和第 3 种方法需要改变语音识别器，所以在工业实际使用时有较大难度。

第二个研究路线是将某种或多种语音增强前端输出的语音或声学特征作为语音识别器的训练数据，训练对不同增强前端产生的信号畸变都具有较强抵御能力的语音识别器[255–256]。实验结果表明，当训练语料足够大时，这种方法能够对不同增强前端都具有鲁棒性。

表 8.3 给出了多个鲁棒语音识别方法的词错误率比较。由表 8.3 可知，clean 语音识别模型对噪声很敏感，所以不是一种噪声鲁棒语音识别方法；noise-dependent 语音识别模型的结果表明，当训练与测试匹配时，识别结果很好，但是加入增强前端以后反而降低了训练与测试数据的匹配程度，造成了性能的下降；noise-mismatched 语音识别模型的结果表明，加入增强前端有助于改善训练与测试不匹配时的性能，但该性能同 noise-dependent 语音识别模型的结果相比，仍有较大差距；joint-training 语音识别模型的结果表明，联合训练的方法依赖于增强前端的匹配程度，当测试阶段的增强前端与联合训练的声学模型不匹配时，性能会大幅下降。最后，对比 noise-independent 语音识别模型和 distortion-independent 语音识别模型可知：① 大规模噪声无关训练是提升性能的好方法；② 加入增强前端有助于进一步提升性能；③ distortion-independent 语音识别模型是在所有训练策略里性能最好的方法，并且能有效应对训练和测试的增强前端不一致的场景。

除上述方法外，还有很多技巧和训练方法能够帮助识别系统提高性能。例如，通过对特征进行归一化处理来降低训练语音特征与测试语音特征之间的不匹配，具体包括倒谱均值归一化（cepstral mean normalization，CMN）、倒谱均值方差归一化（cepstral mean and variance normalization，CMVN）、直方图均衡化（histogram equalization，HEQ）等[257]。

表 8.3 噪声鲁棒语音识别方法的词错误率（**WER/%**）比较

| SNR | clean | | | | noise-dependent | | | | noise-mismatched | | | | noise-independent | | | | distortion-independent | | | | joint training | | | |
|---|---|---|---|---|---|---|---|---|---|---|---|---|---|---|---|---|---|---|---|---|---|---|---|---|
| | bab | | caf | | bab | | caf | | bab | | caf | | bab | | caf | | bab | | caf | | bab | | caf | |
| | w/o | w/ | w/o | w/ | w/o | w/ | w/o | w/ | w/o | w/ | w/o | w/ | w/o | w/ | w/o | w/ | w/o | w/ | w/o | w/ | w/o | w/ | w/o | w/ |
| 9dB | 11.92 | **3.08** | 12.83 | **3.53** | **3.62** | 4.35 | **4.28** | 5.04 | 6.31 | **5.01** | 4.95 | **4.05** | 4.89 | **4.00** | 4.97 | **4.04** | 4.18 | **3.10** | 3.81 | **3.29** | **4.50** | 9.02 | **6.46** | 9.19 |
| 6dB | 22.19 | **4.11** | 22.06 | **6.15** | **4.28** | 5.04 | **5.55** | 6.39 | 9.83 | **5.94** | 7.98 | **5.77** | 7.14 | **4.86** | 7.17 | **5.55** | 5.10 | **4.00** | 5.59 | **4.80** | **5.55** | 9.38 | **8.13** | 9.51 |
| 3dB | 38.26 | **6.67** | 38.88 | **9.15** | **5.12** | 6.31 | **8.11** | 8.93 | 17.07 | **7.85** | 14.16 | **8.59** | 10.59 | **6.65** | 11.06 | **8.09** | 7.17 | **5.23** | 8.85 | **7.08** | **7.32** | 10.63 | **10.65** | 11.60 |
| 0dB | 60.32 | **12.46** | 58.25 | **17.34** | **7.55** | 9.64 | **12.07** | 14.68 | 28.41 | **11.68** | 26.13 | **14.05** | 18.23 | **10.74** | 17.56 | **14.18** | 12.87 | **9.19** | 15.21 | **12.85** | **11.04** | 13.38 | 16.87 | **16.23** |
| -3dB | 82.44 | **23.24** | 79.15 | **32.51** | **12.55** | 18.03 | **21.93** | 27.72 | 46.16 | **21.39** | 48.48 | **26.43** | 31.89 | **19.71** | 31.14 | **26.64** | 24.30 | **17.13** | 27.82 | **24.58** | **18.92** | 21.86 | 28.49 | **26.15** |
| -6dB | 93.16 | **44.76** | 91.44 | **56.25** | **22.66** | 34.34 | **40.13** | 48.40 | 71.64 | **38.05** | 74.67 | **49.52** | 54.06 | **36.19** | 53.99 | **47.94** | 45.41 | **33.55** | 50.68 | **45.17** | **33.83** | 37.49 | 48.29 | **43.55** |
| avg | 51.4 | **15.7** | 50.4 | **20.8** | **9.3** | 13.0 | **15.3** | 18.5 | 29.9 | **15.0** | 29.4 | **18.1** | 21.1 | **13.7** | 21.0 | **17.7** | 16.5 | **12.0** | 19.4 | **16.3** | **13.5** | 17.0 | 19.8 | **19.4** |

注：表的第 1 行表示语音识别声学模型的训练方法。其中，clean 表示语音识别模型是在纯净语音上训练的；noise-dependent 表示模型是在含噪语料上训练的，且训练和测试噪声环境是匹配的；noise-mismatched 表示模型是在含噪语料上训练的，且训练和测试噪声环境是不匹配的；noise-independent 表示模型是噪声无关训练法得到的，distortion-independent 表示模型的训练语料是在某个语音增强器增强后的大规模含噪语料库上训练得到的；joint-training 表示模型的语音增强前端和识别后端是联合优化的。第 2 行表示测试噪声环境。其中，bab 表示 babble 噪声；caf 表示餐厅噪声。第 3 行表示识别系统在测试阶段是否采用了语音增强前端。其中，w/o 表示识别系统在测试阶段没有语音增强前端；w/表示识别系统在测试阶段有一个与训练阶段不同的增强前端[255]。

## 8.5 说话人自适应

语音识别专注于语音转写文本任务，其模型的训练通常是从很多说话人的语音录音中联合训练出来的，这使得其模型与说话人身份无关（speaker independent）。众所周知，模型的预测性能与训练和测试数据的匹配程度正相关。如果对说话人无关的语音识别模型做自适应（speaker adaptation，SA），使其成为与测试说话人的身份相关的模型，则可以减小模型与测试语句的不匹配程度，在一定程度上提升识别性能。

说话人自适应技术是语音识别系统的辅助技术，它随着语音识别技术的发展而发展。针对早期的 GMM-HMM 系统，代表性的说话人自适应算法有最大后验[258]（maximum a posteriori，MAP）和最大似然线性回归[259–260]（maximum likelihood linear regression，MLLR）。它们使用少量的有监督训练数据，学习 GMM 模型的线性变换。新一代的说话人自适应技术围绕基于深度学习的语音识别系统展开，具体可以分为两大类：说话人自适应训练（speaker adaptive training）和测试阶段自适应（test-only adaptation）。下面介绍这两类技术。

### 8.5.1 说话人自适应训练

说话人自适应训练旨在将说话人身份信息融入声学模型的训练过程。它大致可以分为以下 3 种方法。

（1）特征空间自适应（feature normalization）：特征空间自适应将与说话人身份相关的输入特征转换到与说话人身份无关的特征空间，然后在该空间训练模型。

（2）集成自适应训练（cluster adaptive training，CAT）：集成自适应训练首先通过多个模型建立与说话人身份无关的参数空间的基，然后使用某个训练说话人的语音数据估计其在这个参数空间中的插值向量，最后使用插值向量将基组合成自适应后的模型[261]。

（3）说话人感知训练（speaker aware training，SAT）：说话人感知训练是在训练阶段加入了说话人的身份信息。常见的方法是在已有的声学特征（如 MFCC）上添加 i-vector[262–263]、speaker code[264–265]、bottleneck feature[266] 等作为辅助特征。

### 1. 特征空间自适应

语音至少包括两部分信息：① 与说话人声纹无关的语音内容（或文本）信息；② 与说话人身份/声纹相关的信息，如年龄、性别、声道特性等。特征空间自适应的基本思想是使语音识别的训练和测试数据中尽可能不包含说话人的身份信息，只包含语音事件的信息，使语音识别模型集中识别语音内容。常见的特征空间自适应方法包括特征空间判别线性回归[267]（feature-space discriminative linear regression，fDLR）、声道长度归一化[268–269]（vocal tract length normalization，VTLN）算法。其中，VTLN 算法基于声道中共振峰的位置大致上随着人声道长度单调变化的事实，使用一个参数化的频率扭曲函数，实现不同说话人语音特征的归一化。该方法的优点是对每个说话人只需要优化一个自由参数，缺点是性能受到频率扭曲函数的限制。fDLR 采用下列线性变换将输入的说话人相关特征 $\boldsymbol{o}$ 映射为说话人无关的特征 $\boldsymbol{o}^*$：

$$\boldsymbol{o}^* = \boldsymbol{M}\boldsymbol{o} + \boldsymbol{c} \tag{8.32}$$

其中，$\{\boldsymbol{M}, \boldsymbol{c}\}$ 表示线性变换的参数。下面简述该参数的优化过程[270]：给定一个用于自适应训练的无标注数据集，fDLR 首先使用已训练的语音识别器生成这个无标注数据集的“伪标签”，然后以此伪标签为数据标注，最后使用反向传播算法将语音识别的神经网络与该线性变换联合优化。在联合优化过程中，语音识别的神经网络参数保持不变。

文献 [267] 将 VTLN、fDLR 等特征空间自适应算法用于基于上下文依赖关系的 DNN-HMM 语音识别（CD-DNN-HMM）。其性能对比详见表 8.4。由表 8.4 可知，采用 fDLR 算法训练的模型比 baseline 的词错误率相对降低 2%∼4%，采用 VTLN 算法训练的模型比 baseline 的词错误率相对降低 2%∼7%。

### 2. 集成自适应训练

集成自适应训练（cluster adaptive training，CAT）用多个 DNN 模型作为与说话人无关的参数空间的基，然后用一组特定说话人的插值向量将基组合成自适应后的模型。在训练阶段，基和训练数据中特定说话人的插值向量同时更新。在进行自适应时，只需要估计测试数据中特定说话人的插值向量即可。该方法的优点是在测试阶段需要估计的参数量小。下面详细介绍该方法。

集成自适应训练在普通的 DNN 结构中引入了一种特殊的 CAT 层。假设

**表 8.4 基于 GMM 的说话人自适应算法在浅层 DNN 和深层 DNN 上建模的效果，评价指标是词错误率（括号中的数字表示性能的相对变化率）[267]**

| 建模方法 | GMM 40 mix | CD-DNN | |
|---|---|---|---|
| | | 1 × 2k | 7 × 2k |
| PLP baseline | 28.7 | 24.1 | 17.0 |
| +HLDA 52→ 39 dim | 26.5 (−8%) | 24.2 (0%) | 17.1 (+1%) |
| +DT(GMM only) | 23.6 (−11%) | | |
| +VTLN from resp.model | 21.5 (−9%) | 22.5 (−7%) | 16.8 (−2%) |
| + {fMLLR,fDLR}×4 | + 20.4 (−5%) | 21.5 (−4%) | 16.4 (−2%) |
| VTLN from GMM + fMLLR ×4 from GMM | 21.5 (−9%) | 22.7 (−6%) | 17.1 (−0%) |
| | 20.4 (−5%) | 21.1 (−7%) | 16.3 (−5%) |

注：实验条件：训练集为 309 小时的 Switchboard-I，验证集为 NIST 2000 Hub5 eval set 中的 1831-segment SWB 数据集，测试集为 Hub5'00-SWB。baseline 的输入特征是 13 维的 PLP。

DNN 中有 $L$ 个 CAT 层和 $K$ 个非 CAT 层，如果用权重矩阵表示 DNN 模型的参数集合，则 CAT-DNN 的参数集可以表示为

$$\mathcal{M} = \left\{\left\{\boldsymbol{M}^{(l_1)}, \boldsymbol{M}^{(l_2)}, \cdots, \boldsymbol{M}^{(l_L)}\right\}, \left\{\boldsymbol{W}^{(k_1)}, \boldsymbol{W}^{(k_2)}, \cdots, \boldsymbol{W}^{(k_K)}\right\}\right\} \tag{8.33}$$

$$\boldsymbol{\lambda}^{(\mathrm{s}l)} = \begin{bmatrix}\lambda_1^{(\mathrm{s}l)} & \lambda_2^{(\mathrm{s}l)} & \cdots & \lambda_P^{(\mathrm{s}l)}\end{bmatrix}^{\mathrm{T}} \tag{8.34}$$

其中，$\boldsymbol{M}^{(l)} = \left\{\boldsymbol{W}_1^{(l)}, \boldsymbol{W}_2^{(l)}, \cdots, \boldsymbol{W}_P^{(l)}\right\}$ 表示第 $l$ 个 CAT 层的 $P$ 个权重矩阵基；$\boldsymbol{\lambda}^{(\mathrm{s}l)}$ 表示第 $l$ 个 CAT 层对应于说话人 s 的插值向量；$\boldsymbol{W}^{(k)}$ 表示第 $k$ 个非 CAT 层的权重矩阵。第 $l$ 个 CAT 层对应于说话人 s 的权重矩阵为 $\boldsymbol{W}^{(\mathrm{s}l)}$，它表示该层权重矩阵基的插值：

$$\boldsymbol{W}^{(\mathrm{s}l)} = \sum_{c=1}^{P} \lambda_c^{(\mathrm{s}l)} \boldsymbol{W}_c^{(l)} \tag{8.35}$$

实际使用时，如图 8.6 所示，在 CAT 层中还引入了一个插值系数为 1 的 $\boldsymbol{W}_{nc}^{(l)}$ 来表示说话人无关的权重矩阵。对此，该 CAT 层的权重矩阵基可以进一步表示为

$$\boldsymbol{M}^{(l)} = \left[\boldsymbol{W}_1^{(l)} \boldsymbol{W}_2^{(l)} \cdots \boldsymbol{W}_P^{(l)}, \boldsymbol{W}_{nc}^{(l)}\right] \tag{8.36}$$

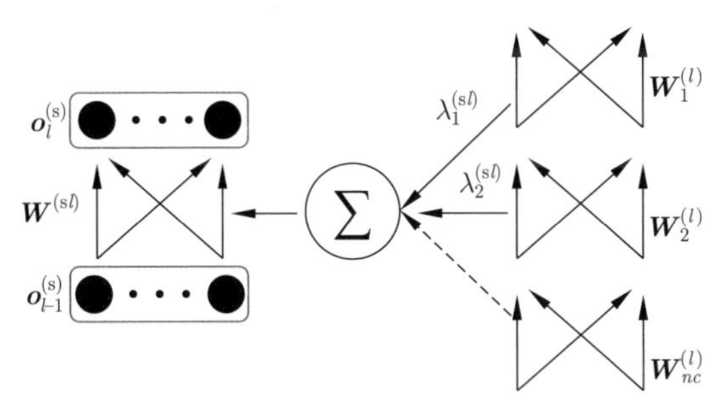


图 8.6 CAT-DNN 系统中 CAT 层的结构 [261]

相对应的插值向量则调整为

$$\boldsymbol{\lambda}^{(sl)}=\left[\lambda_1^{(sl)}\lambda_2^{(sl)}\cdots\lambda_P^{(sl)},1\right]^{\mathrm{T}} \tag{8.37}$$

给定第 $l$ 个 CAT 层对应说话人 s 的输入向量 $\boldsymbol{o}_{l-1}^{(s)}$，该层的输出 $\boldsymbol{o}_l^{(s)}$ 为

$$\boldsymbol{o}_l^{(s)}=\sigma\left(\boldsymbol{W}^{(sl)}\boldsymbol{o}_{l-1}^{(s)}+\boldsymbol{b}^{(l)}\right) \tag{8.38}$$

其中，$\boldsymbol{W}^{(sl)}$ 是通过式 (8.35) 构造的；$\boldsymbol{b}^{(l)}$ 是第 $l$ 层说话人的无关偏置向量。

CAT-DNN 网络在训练阶段，用所有说话人的训练数据更新权重矩阵基 $\boldsymbol{M}^{(l)}$，仅用说话人 s 的数据更新其对应的插值向量 $\boldsymbol{\lambda}^{(sl)}$。在测试阶段，CAT-DNN 用一段测试说话人的注册语音训练该测试说话人的插值向量以完成模型的自适应，在训练过程中保持其他网络参数不变。

### 3. 说话人感知训练

说话人感知训练（speaker aware training，SAT）在训练声学模型时使用额外训练的声纹识别模型抽取说话人身份信息作为辅助特征，在测试阶段不需要一个单独的自适应阶段。常见的辅助特征包括 $i$-vector[262–263]、speaker code[264–265]、bottleneck feature[266]。同 $i$-vector 相比，最新的 $x$-vector 声纹特征[205] 没有在语音识别的自适应问题中被广泛使用。这可能源于 $x$-vector 的分类损失目标函数潜在地剔除了对自适应任务有益的信道特性[271]。

文献 [261] 将集成自适应训练与说话人感知训练在 CD-DNN-HMM 语音识别系统上做了比较。实验结果如表 8.5 所示。由表 8.5 可知，说话人感知训练方法和集成自适应训练的性能接近。

表 8.5 语音识别自适应训练方法在两个测试数据集（swb 和 fsh）上的词错误率（WER）比较[261]

| 训 练 方 法 | swb/% | fsh/% |
| --- | --- | --- |
| 无自适应训练 | 15.8 | 19.9 |
| 集成自适应训练 | 14.6 | 17.8 |
| 基于 $i$-vector 的说话人感知训练自适应 | 14.8 | 18.3 |
| 基于 speaker code 的说话人感知训练自适应 | 14.3 | 17.5 |

注：其中，集成自适应方法的权重矩阵基的数量设置为 10。

### 8.5.2 测试阶段自适应

测试阶段自适应 (test-only adaptation) 是在测试阶段利用测试说话人数据更新说话人无关的语音识别模型的参数。它大致有两类方法：线性变换法和正则化方法。

（1）线性变换法：线性变换法是在说话人无关模型中添加一个线性变换层，用于降低测试说话人和说话人无关模型之间的不匹配。根据所添加线性层的位置不同，可分为线性输入网络[272–273]（linear input network，LIN)、线性隐藏网络[274]（linear hidden network，LHN)、线性输出网络[272]（linear output network，LON)。在此基础上，为了降低自适应时需要更新的参数量，诞生了奇异值瓶颈自适应[275]（SVD bottleneck adaptation，SVD-BA)、低秩加对角分解[276]（low-rank plus diagonal decomposition，LRPD）等方法。

（2）正则化方法：正则化方法。正则化方法在自适应数据有限的情况下，通过约束自适应后模型的参数[277] 或者输出概率分布[278]，防止自适应后的模型过于偏离自适应前的模型。

下面分别介绍这两类方法。

#### 1. 线性变换法

1）线性输入网络

线性输入网络（LIN）的基本思路是在输入特征 $\boldsymbol{x}$ 和网络的输入层之间加入一个线性变换层，如图 8.7 所示，将与说话人相关的声学特征 $\boldsymbol{x}$ 转换为与说话人无关的特征 $\boldsymbol{y}$：

$$\boldsymbol{y} = \boldsymbol{W}_{\mathrm{LIN}}\boldsymbol{x} + \boldsymbol{b}_{\mathrm{LIN}} \tag{8.39}$$

其中，$\boldsymbol{W}_{\mathrm{LIN}}$ 和 $\boldsymbol{b}_{\mathrm{LIN}}$ 分别表示 LIN 层的权重矩阵和偏置向量。在测试阶段进

行自适应时，首先将权重 $\boldsymbol{W}_{\mathrm{LIN}}$ 初始化为单位阵，将偏置 $\boldsymbol{b}_{\mathrm{LIN}}$ 初始化为 $\mathbf{0}$ 向量，然后在保持说话人无关声学模型部分的参数不变的条件下，通过反向传播算法更新 LIN 层的权重。

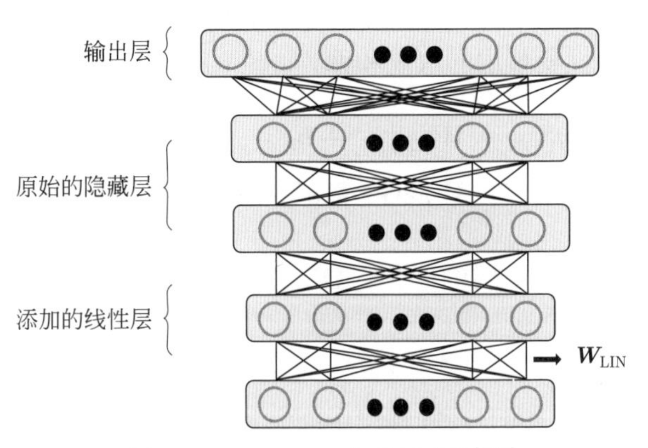


图 8.7 LIN-DNN 架构示意图[273]

2）线性输出网络

线性输出网络（LON）在最后一个隐藏层和输出层之间添加一个线性变换层，对网络输出进行自适应变换。与 LIN 不同的是，LON 可以将线性变换层放在 Softmax 层之前，也可以放在 Softmax 层之后。下面分别叙述这两种使用方法：假设与说话人无关的声学模型共有 $L$ 层，最后一个隐藏层的神经元数量为 $N_{L-1}$，Softmax 层的神经元数量为 $N_L$。

如果将线性变换层放在 Softmax 层之后，则该层的输入是 Softmax 层的输出，即

$$\boldsymbol{y}^L = \boldsymbol{W}^L\boldsymbol{y}^{L-1} + \boldsymbol{b}^L \tag{8.40}$$

其中，$\boldsymbol{y}^L \in \mathbb{R}^{N_L\times 1}$ 是 Softmax 层的输出；$\boldsymbol{y}^{L-1} \in \mathbb{R}^{N_{L-1}\times 1}$ 是最后一个隐藏层的输出；$\boldsymbol{W}^L$ 和 $\boldsymbol{b}^L$ 分别表示 Sotfmax 层的权重和偏置。则线性变换层的输出为

$$\begin{aligned}\boldsymbol{y}^L_{\mathrm{LON}} &= \boldsymbol{W}_{\mathrm{LON}}\boldsymbol{y}^L + \boldsymbol{b}_{\mathrm{LON}}\\ &= \boldsymbol{W}_{\mathrm{LON}}(\boldsymbol{W}^L\boldsymbol{y}^{L-1} + \boldsymbol{b}^L) + \boldsymbol{b}_{\mathrm{LON}}\end{aligned} \tag{8.41}$$

其中，$\boldsymbol{y}^L_{\mathrm{LON}} \in \mathbb{R}^{N_L\times 1}$ 是线性变换层的输出；$\boldsymbol{W}_{\mathrm{LON}} \in \mathbb{R}^{N_L\times N_L}$ 和 $\boldsymbol{b}_{\mathrm{LON}} \in \mathbb{R}^{N_L\times 1}$ 分别表示线性变换层的权重矩阵和偏置向量。

如果将线性变换层放在 Softmax 层之前，则该层的输出是 Softmax 层的输入，即

$$\boldsymbol{y}_{\mathrm{LON}}^{L-1}=\boldsymbol{W}_{\mathrm{LON}}\boldsymbol{y}^{L-1}+\boldsymbol{b}_{\mathrm{LON}} \tag{8.42}$$

其中，$\boldsymbol{y}_{\mathrm{LON}}^{L-1}\in\mathbb{R}^{N_{L-1}\times 1}$ 是线性变换层的输出；$\boldsymbol{W}^{\mathrm{LON}}\in\mathbb{R}^{N_{L-1}\times N_{L-1}}$ 和 $\boldsymbol{b}^{\mathrm{LON}}\in\mathbb{R}^{N_{L-1}\times 1}$ 分别是线性变换层的权重和偏置。Softmax 层的输出为

$$\begin{aligned}\boldsymbol{y}_{\mathrm{LON}}^{L}&=\boldsymbol{W}_{L}\boldsymbol{y}_{\mathrm{LON}}^{L-1}+\boldsymbol{b}_{L}\\&=\boldsymbol{W}_{L}(\boldsymbol{W}_{\mathrm{LON}}\boldsymbol{y}^{L-1}+\boldsymbol{b}_{\mathrm{LON}})+\boldsymbol{b}_{L}\end{aligned} \tag{8.43}$$

其中，$\boldsymbol{y}_{\mathrm{LON}}^{L}$ 是 Softmax 层的输出；$\boldsymbol{W}_{L}$ 和 $\boldsymbol{b}_{L}$ 分别是 Softmax 层的权重和偏置。

3）线性隐藏网络

线性隐藏网络（LHN）在隐藏层中间添加一个线性变换层，对上一个隐藏层的输出进行线性转换。与 LON 类似，LHN 可以放在某个隐藏层的激活函数之前，也可以放在该隐藏层的激活函数之后。

文献 [274] 对比了 LIN 和 LHN 的性能，详见表 8.6。由表 8.6 可知，在 WSJ0 数据集上，采用 LIN 自适应比无自适应的模型的词错误率相对降低

**表 8.6 LIN 和 LHN 在 WSJ0 数据集上的词错误率（WER）的实验结果比较[274]**

| 网络类型 | 自适应方法 | Bi-gram/% | Tri-gram/% |
|---|---|---|---|
| STD | 无自适应 | 10.5 | 8.4 |
| STD | LIN | 9.9 | 7.9 |
| STD | LIN+CT | 9.4 | 7.1 |
| STD | LHN+CT | 8.4 | 6.6 |
| STD | LIN+LHN+CT | 8.6 | 6.3 |
| IMP | 无自适应 | 8.5 | 6.5 |
| IMP | LIN | 7.2 | 5.6 |
| IMP | LIN+CT | 7.1 | 5.7 |
| IMP | LHN+CT | 7.0 | 5.6 |
| IMP | LIN+LHN+CT | 6.5 | 5.0 |

注：Net type 中的 STD 表示 Loquendo 语音识别模型；IMP 是输入的上下文窗口更大的 STD 模型；Bi-gram 和 Tri-gram 表示语音识别系统使用的语言模型类型；CT 表示保守训练 (conservative training, CT) 方法。

5.7%~6.0%，在此基础上，将 LIN、LHN 和保守训练结合起来还可以进一步降低词错误率。

### 2. 奇异值分解瓶颈自适应法

奇异值分解瓶颈自适应法（SVD-BA）旨在降低自适应时模型的空间复杂度。与线性变换法类似，SVD-BA 在与说话人无关的声学模型中添加线性变换层；但与线性变换法的不同之处在于，SVD-BA 添加的线性变换层是瓶颈层。

具体地，SVD-BA 首先对权重矩阵 $\boldsymbol{A}_{m\times n}$（如图 8.8(a)）进行了奇异值分解：

$$\boldsymbol{A}_{m\times n} \approx \boldsymbol{U}_{m\times k}\boldsymbol{\Sigma}_{k\times k}\boldsymbol{V}_{n\times k} = \boldsymbol{U}_{m\times k}\boldsymbol{N}_{k\times n} \tag{8.44}$$

其中，$\boldsymbol{\Sigma}_{k\times k}$ 是对角阵，其对角线元素是 $\boldsymbol{A}_{m\times n}$ 的 $k$ 个最大的奇异值。

然后，如图 8.8(b) 所示，SVD-BA 在矩阵 $\boldsymbol{U}_{m\times k}$ 与 $\boldsymbol{N}_{k\times n}$ 之间添加一个线性变换的瓶颈层 $\boldsymbol{S}_{k\times k}$。因为 $\boldsymbol{S}_{k\times k}$ 的参数量只有 $k^2$，远小于原始矩阵 $\boldsymbol{A}$ 的参数量 $m\times n$，所以相比于普通的线性转换法，SVD-BA 对每个说话人只需要更新和保存少量参数，显著降低了自适应层的空间复杂度。

文献 [275] 将 SVD-BA 用于 CD-DNN-HMM 系统。实验结果表明，同说话人无关模型相比，SVD-BA 可以显著降低 WER，且自适应过程中更新的参数量降低至 266KB。

表 8.7 SVD-BA 实验结果[275]

| 声学模型 | WER/% | 参数量 |
|---|---|---|
| 说话人无关模型 | 25.21 | 30MB |
| 经过 SVD 分解的低秩说话人无关模型 | 25.12 | 7.4MB |
| 有监督 SVD-BA，使用 5 句话作自适应 | 24.23 | 266KB |
| 有监督 SVD-BA，使用 100 句话作自适应 | 19.95 | 266KB |

### 3. 正则化方法

正则化方法主要解决在测试阶段的两个关键问题：① 在只有少量自适应数据可用的情况下如何防止过拟合问题；② 如何保证自适应前模型学习到的信息不被破坏。由此诞生了两类正则化方法：① 在自适应准则中添加 Kullback–Leibler 散度（Kullback–Leibler divergence，KLD）正则项[278] 对自适应后模型所产生的概率分布进行约束；② 在自适应准则中添加 $L_2$[277] 正则

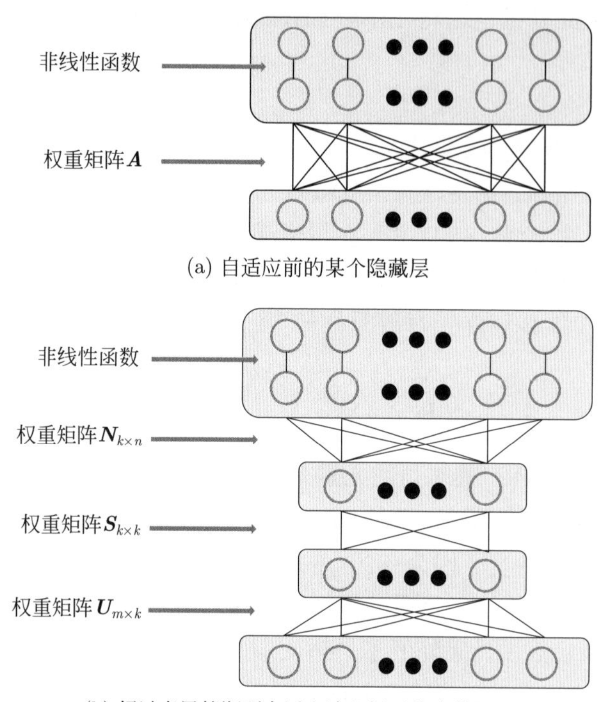

(a) 自适应前的某个隐藏层

(b) 经过奇异值瓶颈自适应法分解后的隐藏层

图 8.8 奇异值分解瓶颈自适应法[275]

项对自适应后模型参数进行约束。因为实际使用时，人们更关注模型的输出概率分布，所以下面仅介绍 KLD 正则项方法。KLD 正则项方法的基本思路是将自适应前后 DNN 的输出概率分布之间的 Kullback–Leibler 散度作为正则项，通过约束 DNN 的输出概率分布，防止自适应后 DNN 的输出概率分布与自适应前的输出概率分布之间差异过大。其详细过程如下。

假设自适应数据的输入特征序列为 $\boldsymbol{x}=(x_1,x_2,\cdots,x_N)$，通过已有的声学模型硬对齐（hard alignment）的输出标签序列为 $\boldsymbol{m}=(m_1,m_2,\cdots,m_N)$，声学模型的输出所包含的捆绑三音素状态（tied tri-phone states，senones）集合为 $\boldsymbol{y}=\{y_1,y_2,\cdots,y_S\}$，在进行模型自适应之前从自适应数据中得到的目标后验概率为 $\tilde{p}(\boldsymbol{y}|\boldsymbol{x})$，经过自适应以后的模型从自适应数据中得到的后验概率为 $p(\boldsymbol{y}|\boldsymbol{x})$。DNN 通常以负交叉熵最大化作为训练目标：

$$\overline{D}=\frac{1}{N}\sum_{t=1}^{N}D(x_t)=\frac{1}{N}\sum_{t=1}^{N}\sum_{s=1}^{S}\tilde{p}(y_s|x_t)\log p(y_s|x_t) \tag{8.45}$$

其中，$N$ 是输入自适应训练集中所有声学特征的总帧数；$S$ 是捆绑三音素状态的数量；$\tilde{p}\left(y_s|x_t\right)$ 表示第 $t$ 帧的特征 $x_t$ 属于 $y_s$ 的概率。一般情况下，采用硬对齐的方式获得输入序列每一帧 $x_t$ 对应的标签 $m_t$，对此有

$$\tilde{p}\left(y_s|x_t\right)=\delta(y_s=m_t)=\begin{cases}1, & y_s=m_t\\ 0, & \text{其他}\end{cases} \tag{8.46}$$

注意：$\overline{D}$ 表示自适应数据的训练损失。

如果用 $p^{\mathrm{SI}}\left(y_s|x_t\right)$ 表示自适应前说话人无关 DNN 输出的后验概率，则自适应前后 DNN 输出的后验概率之间的 Kullback-Leibler 散度为

$$\frac{1}{N}\sum_{t=1}^{N}\sum_{s=1}^{S}p^{\mathrm{SI}}\left(y_s|x_t\right)\left(\log p^{\mathrm{SI}}\left(y_s|x_t\right)-\log p\left(y_s|x_t\right)\right) \tag{8.47}$$

Kullback-Leibler 散度（KLD）描述了自适应后的模型与自适应前的模型的相似性。为了能使自适应前后的模型相似性较高，应该最小化式(8.47)。最小化式(8.47)等价于最大化式 (8.48)：

$$R_{\mathrm{KLD}}=\frac{1}{N}\sum_{t=1}^{N}\sum_{s=1}^{S}p^{\mathrm{SI}}\left(y_s|x_t\right)\log p\left(y_s|x_t\right) \tag{8.48}$$

将式(8.48)作为正则项加入式(8.45)中可得正则化的自适应准则：

$$\max\ \left((1-\rho)\overline{D}+\rho\frac{1}{N}\sum_{t=1}^{N}\sum_{y_s=1}^{S}p^{\mathrm{SI}}\left(y_s|x_t\right)\log p\left(y_s|x_t\right)\right) \tag{8.49}$$

其中，$\rho$ 是正则化权重，其取值和自适应数据集的大小有关。

如果自适应数据集越大，则 $\rho$ 可以取值越小；反之，则 $\rho$ 取值越大。$\rho=0$ 表示忽略了说话人无关模型学到的信息，仅将说话人无关模型当作模型的初始化；$\rho=1$ 表示忽略了从自适应数据中学到的信息。

文献 [278] 将 KLD 正则化自适应方法用于 CD-DNN-HMM，实验结果如图 8.9 所示。由图 8.9 可知，在 Xbox Voice Search 数据集上，KLD 正则化自适应方法比说话人无关模型的词错误率相对降低了 20.7%，比 fDLR 自适应训练方法[267] 的性能也更好。

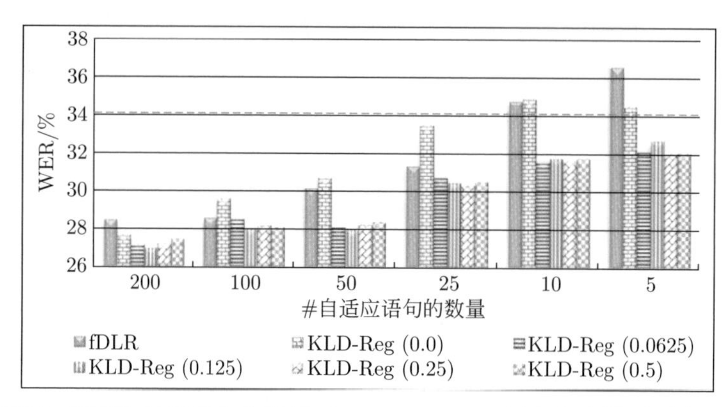


图 8.9 KLD 正则化自适应方法用于 CD-DNN-HMM 语音识别模型时在 Xbox voice search 数据集上的词错误率（WER）比较[278]

注：括号里的数字是正则化系数 $\rho$ 的取值，虚线表示说话人无关模型的词错误率。

文献 [279] 将 KLD 正则化自适应方法用于连接时序分类模型（CTC），在微软 short message dictation 任务上比说话人无关模型的词错误率相对降低了 12.5%。

文献 [280] 将 KLD 正则化自适应方法用于基于注意力机制的序列到序列模型（attention model），在微软 short message dictation 任务上比说话人无关模型的词错误率相对降低了 8.2%。

## 8.6 本章小结

本章介绍了端到端语音识别及鲁棒语音识别的基本概念和典型算法。在基本概念方面，首先将语音识别形式化描述为序列到序列的建模问题，然后介绍了语音识别的评价指标。在端到端语音识别算法方面，介绍了具有代表性的连接时序分类模型和注意力机制模型的编解码过程。在鲁棒语音识别方面，首先介绍了基于语音增强前端的语音识别模型用于噪声环境下的语音识别问题，然后介绍了说话人自适应训练和测试阶段的说话人自适应算法用于解决测试说话人的声纹与训练数据不匹配的问题。

# 参考文献


[1] DUCHI J, HAZAN E, SINGER Y. Adaptive subgradient methods for online learning and stochastic optimization[J]. Journal of Machine Learning Research, 2011, 12 (1): 2121–2159.

[2] IOFFE S, SZEGEDY C. Batch normalization: accelerating deep network training by reducing internal covariate shift[C]// The 32nd International Conference on Machine Learning. France: International Machine Learning Society, 2015: 448–456.

[3] BA J L, KIROS J R, HINTON G E. Layer normalization[R/OL]. (2016-07-21) [2021-02-15]. http://arxiv.org/abs/1607.06450.

[4] ULYANOV D, VEDALDI A, LEMPITSKY V. Instance normalization: the missing ingredient for fast stylization[R/OL]. (2017-11-06) [2021-02-15]. http://arxiv.org/abs/1607.08022.

[5] WU Y, HE K. Group Normalization[J]. International Journal of Computer Vision, 2020, 128(3): 742–755.

[6] LUO P, REN J, PENG Z, et al. Differentiable learning-to-normalize via switchable normalization[R/OL]. (2018-06-28) [2021-02-15]. http://arxiv.org/abs/1806.10779.

[7] WERBOS, P J. Backpropagation through time: what it does and how to do it[J]. Proceedings of the IEEE, 1990, 78(10): 1550–1560.

[8] PASCANU R, MIKOLOV T, BENGIO Y. On the difficulty of training Recurrent Neural Networks[C]// The 30th International Conference on Machine Learning. Atlanta: International Machine Learning Society, 2013: 1310–1318.

[9] WILLIAMS R J, ZIPSER D. A learning algorithm for continually running fully recurrent neural networks[J]. Neural Computation, 1989, 1(2):270–280.

[10] BENGIO Y, SIMARD P, et al. Learning long-term dependencies with gradient descent is difficult[J]. IEEE Transactions on Neural Networks, 1994, 5(2): 157–166.

[11] HOCHREITER S, SCHMIDHUBER J. Long short-term memory[J]. Neural Computation, 1997, 9(8): 1735–1780.

[12] JOS V D W, LASENBY J. The unreasonable effectiveness of the forget gate[R/OL]. (2018-04-13) [2021-02-15]. https://arxiv.org/abs/1804.04849.

[13] SCHUSTER M, PALIWAL K K. Bidirectional recurrent neural networks[J]. IEEE Transactions on Signal Processing, 1997, 45(11): 2673–2681.

[14] 张・阿斯顿，李沐，扎卡里・立顿，等. 动手学深度学习 [M]// 北京：人民邮电出版社, 2018 : 185–189.

[15] LECUN Y, BOSER B, DENKER J S, et al. Backpropagation applied to handwritten zip code recognition[J]. Neural Computation, 1989, 1(4): 541–551.

[16] LECUN Y, BOTTOU L, BENGIO Y, et al. Gradient-based learning applied to document recognition[J]. Proceedings of the IEEE, 1998, 86(11): 2278–2324.

[17] YU F, KOLTUN V. Multi-scale context aggregation by dilated convolutions[R/OL]. (2018-04-13) [2021-02-15]. https://arxiv.org/abs/1804.04849.

[18] OORD A V D, DIELEMAN S, ZEN H, et al. Wavenet: a generative model for raw audio[R/OL]. (2016-09-12) [2021-02-15]. https://arxiv.org/abs/1609.03499.

[19] HOWARD A G, ZHU M, CHEN B, et al. Mobilenets: efficient convolutional neural networks for mobile vision applications[R/OL]. (2017-04-17) [2021-02-15]. https://arxiv.org/abs/1704.04861.

[20] HE K, ZHANG X, REN S, et al. Deep residual learning for image recognition[C]// The IEEE Conference on Computer Vision and Pattern Recognition. Las Vegas: IEEE Computer Society, 2016: 770-778.

[21] BAI S, KOLTER J Z, KOLTUN V. An empirical evaluation of generic convolutional and recurrent networks for sequence modeling[R/OL]. (2018-03-04) [2021-02-15]. https://arxiv.org/abs/1803.01271.

[22] BAHDANAU D, CHO K, BENGIO Y. Neural machine translation by jointly learning to align and translate[R/OL]. (2014-09-01) [2021-02-15]. https://arxiv.org/abs/1409.0473.

[23] RAFFEL C, LUONG M-T, LIU P J, et al. Online and linear-time attention by enforcing monotonic alignments[C]// The 34th International Conference on Machine Learning. Sydney: International Machine Learning Society, 2015: 2837-2846.

[24] CHIU C C, RAFFEL C. Monotonic chunkwise attention[R/OL]. (2017-12-14) [2021-02-15]. https://arxiv.org/abs/1712.05382.

[25] MIAO H, CHENG G, ZHANG P, et al. Online hybrid ctc/attention end-to-end automatic speech recognition architecture[J]. IEEE/ACM Transactions on Audio, Speech, and Language Processing, 2020, 28(1): 1452–1465.

[26] VASWANI A, SHAZEER N, PARMAR N, et al. Attention is all you need[C]// Advances in Neural Information Processing Systems. Long Beach: Curran Associates, Inc., 2017: 5998–6008.

[27] GOODFELLOW I J, POUGET-ABADIE J, MIRZA M, et al. Generative adversarial nets[C]// Advances in Neural Information Processing Systems. Montréal: Curran Associates, Inc., 2014: 2672–2680.

[28] RADFORD A, METZ L, CHINTALA S. Unsupervised representation learning with deep convolutional generative adversarial networks[C]// Proceedings of 4th International Conference on Learning Representations. San Juan：ICLR, 2016: 1–16.

[29] MAO X, LI Q, XIE H, et al. Least squares generative adversarial networks[C]// The 2017 IEEE International Conference on Computer Vision. Venice: IEEE Computer Society, 2017: 2813–2821.

[30] ZHU J Y, PARK T, ISOLA P, et al. Unpaired image-to-image translation using cycle-consistent adversarial networks[C]// IEEE International Conference on Computer Vision. Venice: IEEE Computer Society, 2017: 2242-2251.

[31] GRAF S, HERBIG T, BUCK M, et al. Features for voice activity detection: a comparative analysis[J]. EURASIP Journal on Advances in Signal Processing, 2015, 2015(1): 91–106.

[32] SOHN J, KIM N S, SUNG W. A statistical model-based voice activity detection[J]. IEEE Signal Processing Letters, 1999, 6(1): 1–3.

[33] GAZOR S, ZHANG W. A soft voice activity detector based on a Laplacian-Gaussian model[J]. IEEE Transactions on Speech and Audio Processing, 2003, 11(5): 498–505.

[34] CHANG J H, KIM N S. Voice activity detection based on complex Laplacian model[J]. Electronics Letters, 2003, 39(7): 632–634.

[35] SHIN J W, CHANG J-H, KIM N S. Statistical modeling of speech signals based on generalized gamma distribution[J]. IEEE Signal Processing Letters, 2005, 12(3): 258–261.

[36] SHIN J W, CHANG J-H, YUN H S, et al. Voice activity detection based on generalized gamma distribution[C]// IEEE International Conference on Acoustics, Speech, and Signal Processing. Philadelphia: IEEE Signal Processing Society, 2005: I-781.

[37] CHANG J H, KIM N S, MITRA S K. Voice activity detection based on multiple statistical models[J]. IEEE Transactions on Signal Processing, 2006, 54(6): 1965–1976.

[38] RAMÍREZ J, SEGURA J C, BENÍTEZ C, et al. Statistical voice activity detection using a multiple observation likelihood ratio test[J]. IEEE Signal Processing Letters, 2005, 12(10): 689–692.

[39] RAMÍREZ J, SEGURA J, GÓRRIZ J, et al. Improved voice activity detection using contextual multiple hypothesis testing for robust speech recognition[J]. IEEE Transactions on Audio, Speech, and Language Processing, 2007, 15(8): 2177–2189.

[40] KIM D, JANG K W, CHANG J. A new statistical voice activity detection based on UMP test[J]. IEEE Signal Processing Letters, 2007, 14(11): 891–894.

[41] SHIN J W, KWON H J, JIN S H, et al. Voice activity detection based on conditional MAP criterion[J]. IEEE Signal Processing Letters, 2008, 15(8): 257–260.

[42] KIM S K, CHANG J H. Voice activity detection based on conditional MAP criterion incorporating the spectral gradient[J]. Signal Processing, 2012, 92(7): 1699–1705.

[43] KANG S I, JO Q H, CHANG J H. Discriminative weight training for a statistical model-based voice activity detection[J]. IEEE Signal Processing Letters, 2008, 15(1): 170–173.

[44] YU T, HANSEN J H L. Discriminative training for multiple observation likelihood ratiobased voice activity detection[J]. IEEE Signal Processing Letters, 2010, 17(11): 897–900.

[45] OTHMAN H, ABOULNASR T. A semi-continuous state-transition probability HMM-based voice activity detector[J]. EURASIP Journal on Audio, Speech, and Music Processing, 2007, 2007(1): 2–8.

[46] COURNAPEAU D, WATANABE S, NAKAMURA A, et al. Online unsupervised classification with model comparison in the variational Bayes framework for voice activity detection[J]. IEEE Journal on Selected Topics in Signal Processing, 2010, 4(6): 1071–1083.

[47] YING D, YAN Y, DANG J, et al. Voice activity detection based on an unsupervised learning framework[J]. IEEE Transactions on Audio, Speech, and Language Processing, 2011, 19(8): 2624–2644.

[48] SHEN Z, WEI J, LU W, et al. Voice activity detection based on sequential Gaussian mixture model with maximum likelihood criterion[C]// The 10th International Symposium on Chinese Spoken Language Processing. Tianjin: ISCA, 2016: 1–5.

[49] WU J, ZHANG X L. Maximum margin clustering based statistical VAD with multiple observation compound feature[J]. IEEE Signal Processing Letters, 2011, 18(5): 283–286.

[50] MOUSAZADEH S, COHEN I. Voice activity detection in presence of transient noise using spectral clustering[J]. IEEE Transactions on Audio, Speech, and Language Processing, 2013, 21(6): 1261–1271.

[51] ZHANG X L, WU J. Deep belief networks based voice activity detection[J]. IEEE Transactions on Audio, Speech, and Language Processing, 2013, 21(4): 697–710.

[52] ZHANG X L, WU J. Denoising deep neural networks based voice activity detection[C]// IEEE International Conference on Acoustic, Speech, and Signal Processing. Vancouver: IEEE Signal Processing Society, 2013: 853–857.

[53] HUGHES T, MIERLE K. Recurrent neural networks for voice activity detection[C]// IEEE International Conference on Acoustic, Speech, and Signal Processing. Vancouver: IEEE Signal Processing Society, 2013: 7378–7382.

[54] THOMAS S, GANAPATHY S, SAON G, et al. Analyzing convolutional neural networks for speech activity detection in mismatched acoustic conditions[C]// IEEE International Conference on Acoustic, Speech, and Signal Processing. Florence: IEEE Signal Processing Society, 2014: 2519–2523.

[55] ZHANG X L, WANG D L. Boosted deep neural networks and multi-resolution cochleagram features for voice activity detection[C]// Interspeech. Singapore: ISCA, 2014: 1534–1538.

[56] ZHANG X L, WANG D. Boosting contextual information for deep neural network based voice activity detection[J]. IEEE/ACM Transactions on Audio, Speech, and Language Processing, 2016, 24(2): 252–264.

[57] ZHANG X L. Unsupervised domain adaptation for deep neural network based voice activity detection[C]// IEEE International Conference on Acoustic, Speech, and Signal Processing. Florence: IEEE Signal Processing Society, 2014: 6864–6868.

[58] WANG Q, DU J, BAO X, et al. A universal VAD based on jointly trained deep neural networks[C]// Interspeech. Dresden: ISCA, 2015: 2282–2286.

[59] SODOYER D, RIVET B, GIRIN L, et al. An analysis of visual speech information applied to voice activity detection[C]// IEEE International Conference on Acoustic, Speech, and Signal Processing. Toulouse: IEEE Signal Processing Society, 2006: 601–604.

[60] TAKEUCHI S, HASHIBA T, TAMURA S, et al. Voice activity detection based on fusion of audio and visual information[C]// International Conference on Audio-Visual Speech Processing. Norwich: ISCA, 2009: 151–154.

[61] DAHL G E, YU D, DENG L, et al. Context-dependent pre-trained deep neural networks for large-vocabulary speech recognition[J]. IEEE Transactions on Audio Speech & Language Processing, 2011, 20(1): 30–42.

[62] RUBIO J E, ISHIZUKA K, SAWADA H, et al. Two-microphone voice activity detection based on the homogeneity of the direction of arrival estimates[C]// IEEE International Conference on Acoustic, Speech, and Signal Processing. Honolulu: IEEE Signal Processing Society, 2007: 385–388.

[63] ERHAN D, BENGIO Y, COURVILLE A, et al. Why does unsupervised pre-training help deep learning?[J]. Journal of Machine Learning Research, 2010, 11(1): 625–660.

[64] CARREIRA-PERPINAN M A, HINTON G E. On contrastive divergence learning[C]// The 10th Workshop on Artificial Intelligence and Statistics. Bridgetown: International Machine Learning Society, 2005: 1–8.

[65] ZHANG X L. Multilayer bootstrap networks[J]. Neural Networks, 2018, 103(8): 29–43.

[66] WU J, ZHANG X L. Efficient multiple kernel support vector machine based voice activity detection[J]. IEEE Signal Processing Letters, 2011, 18(8): 466–469.

[67] EYBEN F, WENINGER F, SQUARTINI S, et al. Real-life voice activity detection with LSTM recurrent neural networks and an application to hollywood movies[C]// IEEE International Conference on Acoustic, Speech, and Signal Processing. Vancouver: IEEE Signal Processing Society, 2013: 483–487.

[68] SAON G, THOMAS S, SOLTAU H, et al. The IBM speech activity detection system for the DARPA RATS program[C]// Interspeech. Lyon: ISCA, 2013: 3497–3501.

[69] THOMAS S, SAON G, VAN SEGBROECK M, et al. Improvements to the IBM speech activity detection system for the DARPA RATS program[C]// IEEE International Conference on Acoustic, Speech, and Signal Processing. South Brisbane: IEEE Signal Processing Society, 2015: 4500–4504.

[70] KANG T G, LEE K H, KANG W H, et al. DNN-based voice activity detection with local feature shift technique[C]// Signal and Information Processing Association Annual Summit and Conference. Jeju: APSIPA, 2016: 1–4.

[71] HWANG I, PARK H M, CHANG J H. Ensemble of deep neural networks using acoustic environment classification for statistical model-based voice activity detection[J]. Computer Speech & Language, 2016, 38(1): 1–12.

[72] BENYASSINE A, SHLOMOT E, SU H Y, et al. ITU-T Recommendation G. 729 Annex B: a silence compression scheme for use with G. 729 optimized for V. 70 digital simultaneous voice and data applications[J]. IEEE Communication Magazine, 1997, 35(9): 64–73.

[73] RAMÍREZ J, SEGURA J C, BENITEZ C, et al. Efficient voice activity detection algorithms using long-term speech information[J]. Speech Communication, 2004, 42(3-4): 271–287.

[74] FAN Z C, BAI Z, ZHANG X L, et al. AUC optimization for deep learning based voice activity detection[C]// IEEE International Conference on Acoustic, Speech, and Signal Processing. Brighton: IEEE Signal Processing Society, 2019: 6760–6764.

[75] TIA/EIA/IS-127. Enhanced variable rate codec, speech service option 3 for wideband spectrum digital systems[R/OL]. (2010-10-01) [2021-02-15]. https://www.3gpp2.org/Public_html/Specs/C.S0014-D_v3.0_EVRC.pdf.

[76] WANG D L, BROWN G J. Computational auditory scene analysis: principles, algorithms and applications[M]. Piscataway: Wiley-IEEE Press, 2006.

[77] WILLIAMSON D S, WANG D L. Time-frequency masking in the complex domain for speech dereverberation and Denoising[J]. IEEE/ACM Transactions on Audio, Speech, and Language Processing, 2017, 25(7):1492–1501.

[78] WANG D, CHEN J. Supervised speech separation based on deep learning: an overview[J]. IEEE/ACM Transactions on Audio, Speech, and Language Processing, 2018, 26(10): 1702–1726.

[79] LOIZOU P C. Speech enhancement: theory and practice[M]. Boca Raton: CRC Press, 2013.

[80] ROUAT J. Computational auditory scene analysis: principles, algorithms, and applications (Wang, D L and Brown, G J, eds.; 2006)[book review][J]. IEEE Transactions on Neural Networks, 2008, 19(1): 199–199.

[81] EPHRAIM Y, MALAH D. Speech enhancement using a minimum-mean square error short-time spectral amplitude estimator[J]. IEEE Transactions on Acoustics, Speech, and Signal Processing, 1984, 32(6): 1109–1121.

[82] BOLL S. Suppression of acoustic noise in speech using spectral subtraction[J]. IEEE Transactions on Acoustics, Speech, and Signal Processing, 1979, 27(2): 113–120.

[83] WANG D L, BROWN G. Computational auditory scene analysis: principles, algorithms, and applications[M]. Piscataway: Wiley-IEEE Press, 2006.

[84] HU G, WANG D L. A Tandem algorithm for pitch estimation and voiced speech segregation[J]. IEEE Transactions on Audio Speech and Language Processing, 2010, 18(8): 2067–2079.

[85] LYON R. A computational model of binaural localization and separation[C]// IEEE International Conference on Acoustic, Speech, and Signal Processing. Boston: IEEE Signal Processing Society, 1983: 1148–1151.

[86] WANG D. Time-frequency masking for speech separation and its potential for hearing aid design[J]. Trends in Amplification, 2008, 12(4): 332–353.

[87] WANG E B D, BROWN G J, DARWIN C. Computational auditory scene analysis: principles, algorithms and applications[J]. Journal of the Acoustical Society of America, 2008, 124(1): 13–201.

[88] AVENDANO C. Study on the dereverberation of speech based on temporal envelope filtering[C]// The 4th International Conference on Spoken Language Processing. Philadelphia: ISCA, 1996: 889–892.

[89] HAZRATI O, LEE J, LOIZOU P C. Blind binary masking for reverberation suppression in cochlear implants[J]. Journal of the Acoustical Society of America, 2013, 133(3): 1607–1614.

[90] NAYLOR P A, GAUBITCH N D. Speech dereverberation[J]. Noise Control Engineering Journal, 2005, 59(2): 211–218.

[91] CHEN J, WANG D. DNN based mask estimation for supervised speech separation[M]// Berlin: Springer, 2018: 207–235.

[92] WANG Y, WANG D L. Boosting classification based speech separation using temporal dynamics[C]// Interspeech. Portland: ISCA, 2012: 1528–1531.

[93] HAN K, WANG Y, WANG D L. Learning spectral mapping for speech dereverberation[C]// IEEE International Conference on Acoustic, Speech, and Signal Processing. Florence: IEEE Signal Processing Society, 2014: 4628–4632.

[94] WANG Y, WANG D L. Towards scaling up classification-based speech separation[J]. IEEE Transactions on Audio, Speech, and Language Processing, 2013, 21(7): 1381–1390.

[95] HEALY E W, YOHO S E, WANG Y, et al. An algorithm to improve speech recognition in noise for hearing-impaired listeners[J]. Journal of the Acoustical Society of America, 2013, 134(4): 3029–3038.

[96] MCGOVERN S. Room impulse response generator[R/OL]. (2013-01-02) [2021-02-15]. https://ww2.mathworks.cn/matlabcentral/fileexchange/5116-room-impulse-response-generator?requestedDomain=zh.

[97] HU G, WANG D L. Monaural speech segregation based on pitch tracking and amplitude modulation[J]. IEEE Transactions on Neural Networks, 2004, 15(5): 1135–1150.

[98] VINCENT E, GRIBONVAL R, FÉVOTTE C. Performance measurement in blind audio source separation[J]. IEEE Transactions on Audio, Speech, and Language Processing, 2006, 14(4): 1462–1469.

[99] Roux J L, Wisdom S, Erdogan H, et al. SDR? Half-baked or well done?[C]// IEEE International Conference on Acoustic, Speech, and Signal Processing. Brighton: IEEE Signal Processing Society, 2019: 626–630.

[100] RIX A W, BEERENDS J G, HOLLIER M P, et al. Perceptual evaluation of speech quality (PESQ)—a new method for speech quality assessment of telephone networks and codecs[C]// IEEE International Conference on Acoustic, Speech, and Signal Processing. Salt Lake City: IEEE Signal Processing Society, 2001: 749–752.

[101] TAAL C H, HENDRIKS R C, HEUSDENS R, et al. An algorithm for intelligibility prediction of time–frequency weighted noisy speech[J]. IEEE Transactions on Audio, Speech, and Language Processing, 2011, 19(7): 2125–2136.

[102] KIM G, LU Y, HU Y, et al. An algorithm that improves speech intelligibility in noise for normal-hearing listeners[J]. Journal of the Acoustic Society of America, 2009, 126(3): 1486–1494.

[103] JENSEN J, TAAL C H. An algorithm for predicting the intelligibility of speech masked by modulated noise maskers[J]. IEEE/ACM Transactions on Audio, Speech, and Language Processing, 2016, 24(11): 2009–2022.

[104] CHEN J, WANG Y, YOHO S E, et al. Large-scale training to increase speech intelligibility for hearing-impaired listeners in novel noises[J]. Journal of the Acoustical Society of America, 2016, 139(5): 2604–2612.

[105] KRESSNER A A, MAY T, ROZELL C J. Outcome measures based on classification performance fail to predict the intelligibility of binary-masked speech[J]. Journal of the Acoustical Society of America, 2016, 139(6): 3033–3036.

[106] WANG Y, NARAYANAN A, WANG D L. On training targets for supervised speech separation[J]. IEEE/ACM Transactions on Audio, Speech, and Language Processing, 2014, 22(12): 1849–1858.

[107] BREGMAN A. Auditory scene analysis: the perceptual organization of sound[M]. Brighton: The MIT Press, 1990.

[108] MOORE B C. An introduction to the psychology of hearing[M]. Leiden: Brill, 2012.

[109] BRUNGART D S, CHANG P S, SIMPSON B D, et al. Isolating the energetic component of speech-on-speech masking with ideal time-frequency segregation[J]. Journal of the Acoustical Society of America, 2006, 120(6): 4007–4018.

[110] ANZALONE M C, CALANDRUCCIO L, DOHERTY K A, et al. Determination of the potential benefit of time-frequency gain manipulation[J]. Ear and Hearing, 2006, 27(5): 480–492.

[111] WANG D L, KJEMS U, PEDERSEN M S, et al. Speech intelligibility in background noise with ideal binary time-frequency masking[J]. Journal of the Acoustical Society of America, 2009, 125(4): 2336–2347.

[112] LIGHTBURN L, BROOKES M. SOBM—a binary mask for noisy speech that optimises an objective intelligibility metric[C]// IEEE International Conference on

Acoustic, Speech, and Signal Processing. South Brisbane: IEEE Signal Processing Society, 2015: 5078–5082.

[113] BAO F, ABDULLA W H. A new ratio mask representation for casa-based speech enhancement[J]. IEEE/ACM Transactions on Audio, Speech, and Language Processing, 2018, 27(1): 7–19.

[114] NAIK G R, WANG W. Blind source separation[M]. Berlin: Springer, 2014.

[115] WILLIAMSON D S, WANG Y, WANG D. Complex ratio masking for monaural speech separation[J]. IEEE/ACM Transactions on Audio, Speech, and Language Processing, 2016, 24(3): 483–492.

[116] LEE Y, WANG C, WANG S, et al. Fully complex deep neural network for phase-incorporating monaural source separation[C]// IEEE International Conference on Acoustic, Speech, and Signal Processing. New Orleans: IEEE Signal Processing Society, 2017: 281–285.

[117] WILLIAMSON D S, WANG D L. Time-frequency masking in the complex domain for speech dereverberation and denoising[J]. IEEE/ACM Transactions on Audio, Speech and Language Processing, 2017, 25(7): 1492–1501.

[118] XU Y, DU J, DAI L R, et al. An experimental study on speech enhancement based on deep neural networks[J]. IEEE Signal Processing Letters, 2013, 21(1): 65–68.

[119] ERDOGAN H, HERSHEY J R, WATANABE S, et al. Phase-sensitive and recognition boosted speech separation using deep recurrent neural networks[C]// IEEE International Conference on Acoustic, Speech, and Signal Processing. South Brisbane: IEEE Signal Processing Society, 2015: 708–712.

[120] XU Y, DU J, DAI L R, et al. A regression approach to speech enhancement based on deep neural networks[J]. IEEE/ACM Transactions on Audio, Speech, and Language Processing, 2014, 23(1): 7–19.

[121] HUANG P S, KIM M, HASEGAWA-JOHNSON M, et al. Deep learning for monaural speech separation[C]// IEEE International Conference on Acoustic, Speech, and Signal Processing. Florence: IEEE Signal Processing Society, 2014: 1562–1566.

[122] NARAYANAN A, WANG D. Ideal ratio mask estimation using deep neural networks for robust speech recognition[C]// IEEE International Conference on Acoustic, Speech, and Signal Processing. Vancouver: IEEE Signal Processing Society, 2013: 7092–7096.

[123] LU X, TSAO Y, MATSUDA S, et al. Speech enhancement based on deep denoising autoencoder[C]// Interspeech. Lyon: ISCA, 2013: 436–440.

[124] WANG Y, WANG D. Cocktail party processing via structured prediction[C]// Advances in Neural Information Processing Systems. Montreal: International Machine Learning Society, 2014: 224–232.

[125] HAN K, WANG Y, WANG D, et al. Learning spectral mapping for speech dereverberation and denoising[J]. IEEE/ACM Transactions on Audio, Speech, and Language Processing, 2015, 23(6): 982–992.

[126] WU M, WANG D. A two-stage algorithm for one-microphone reverberant speech enhancement[J]. IEEE Transactions on Audio, Speech, and Language Processing, 2006, 14(3): 774–784.

[127] ROMAN N, WOODRUFF J. Speech intelligibility in reverberation with ideal binary masking: effects of early reflections and signal-to-noise ratio threshold[J]. Journal of the Acoustical Society of America, 2013, 133(3): 1707–1717.

[128] YOSHIOKA T, NAKATANI T. Generalization of multi-channel linear prediction methods for blind MIMO impulse response shortening[J]. IEEE Transactions on Audio, Speech, and Language Processing, 2012, 20(10): 2707–2720.

[129] ZHAO Y, WANG Z Q, WANG D. A two-stage algorithm for noisy and reverberant speech enhancement[C]// IEEE International Conference on Acoustic, Speech, and Signal Processing. New Orleans: IEEE Signal Processing Society, 2017: 5580–5584.

[130] LONG J, SHELHAMER E, DARRELL T. Fully Convolutional networks for semantic segmentation[C]// IEEE Conference on Computer Vision and Pattern Recognition. Boston: IEEE Computer Society, 2015: 3431–3440.

[131] FU S W, YU T, LU X, et al. Raw waveform-based speech enhancement by fully convolutional networks[C]// Asia-Pacific Signal and Information Processing Association Annual Summit and Conference. Kuala Lumpur: APSIPA, 2017: 6–12.

[132] LEA C, FLYNN M D, VIDAL R, et al. Temporal convolutional networks for action segmentation and detection[C]// IEEE Conference on Computer Vision and Pattern Recognition. Honolulu: IEEE Computer Society, 2017: 1003–1012.

[133] YU F, KOLTUN V. Multi-scale context aggregation by dilated convolutions[R/OL]. (2015-11-23) [2021-02-15]. https://arxiv.org/abs/1511.07122.

[134] VAN DEN OORD A, DIELEMAN S, ZEN H, et al. WaveNet: a generative model for raw audio[R/OL]. (2016-09-12) [2021-02-15]. https://arxiv.org/abs/1609.03499.

[135] RETHAGE D, PONS J, SERRA X. A wavenet for speech denoising[C]// IEEE International Conference on Acoustic, Speech, and Signal Processing. Calgary: IEEE Signal Processing Society, 2018: 5069–5073.

[136] LUO Y, MESGARANI N. TaSNet: Time-domain audio separation network for real-time, single-channel speech separation[C]// IEEE International Conference on Acoustic, Speech, and Signal Processing. Calgary: IEEE Signal Processing Society, 2018: 696–700.

[137] PASCUAL S, BONAFONTE A, SERRÀ J. SEGAN: speech enhancement generative adversarial network[R/OL]. (2016-09-12) [2021-02-15]. https://arxiv.org/abs/1703.09452.

[138] STOLLER D, EWERT S, DIXON S. Wave-U-Net: a multi-scale neural network for end-to-end audio source separation[C]// 19th International Society for Music Information Retrieval Conference. Suzhou: ISMIR, 2018: 334–340.

[139] PANDEY A, WANG D. A new framework for supervised speech enhancement in the time domain[C]// Interspeech. Hyderabad: ISCA, 2018: 1136–1140.

[140] PANDEY A, WANG D. TCNN: Temporal convolutional neural network for real-time speech enhancement in the time domain[C]// IEEE International Conference on Acoustic, Speech, and Signal Processing. Brighton: IEEE Signal Processing Society, 2019: 6875–6879.

[141] RONNEBERGER O, FISCHER P, BROX T. U-Net: convolutional networks for biomedical image segmentation[C]// Medical Image Computing and Computer-Assisted Intervention. Cham: Springer International Publishing, 2015: 234–241.

[142] PANDEY A, WANG D. A new framework for CNN-based speech enhancement in the time domain[J]. IEEE/ACM Transactions on Audio, Speech, and Language Processing, 2019, 27(7): 1179–1188.

[143] LUO Y, MESGARANI N. Conv-TasNet: surpassing ideal time-frequency magnitude masking for speech separation[J]. IEEE/ACM Transactions on Audio, Speech, and Language Processing, 2019, 27(8): 1256–1266.

[144] LUO Y, CHEN Z, YOSHIOKA T. Dual-Path RNN: Efficient long sequence modeling for time-domain single-channel speech separation[C]// IEEE International Conference on Acoustic, Speech, and Signal Processing. Brighton: IEEE Signal Processing Society, 2020: 46–50.

[145] HEITKAEMPER J, JAKOBEIT D, BOEDDEKER C, et al. DemystifyingTasNet: a dissecting approach[C]// IEEE International Conference on Acoustic, Speech, and Signal Processing. Brighton: IEEE Signal Processing Society, 2020: 6359–6363.

[146] BENESTY J, CHEN J, HUANG Y. Microphone array signal processing: Vol 1[M]. Berlin: Springer Science & Business Media, 2008.

[147] CAPON J. High-resolution frequency-wavenumber spectrum analysis[J]. Proceedings of the IEEE, 1969, 57(8): 1408–1418.

[148] FROST O L. An algorithm for linearly constrained adaptive array processing[J]. Proceedings of the IEEE, 1972, 60(8): 926–935.

[149] BUCKLEY K, GRIFFITHS L. An adaptive generalized sidelobe canceller with derivative constraints[J]. IEEE Transactions on Antennas and Propagation, 1986, 34(3): 311–319.

[150] SIMMER K U, BITZER J, MARRO C. Post-filtering techniques[M]// Berlin: Springer, 2001: 39–60.

[151] JIANG Y, WANG D, LIU R, et al. Binaural classification for reverberant speech segregation using deep neural networks[J]. IEEE/ACM Transactions on Audio, Speech and Language Processing, 2014, 22(12): 2112–2121.

[152] WOODRUFF J, WANG D. Binaural detection, localization, and segregation in reverberant environments based on joint pitch and azimuth cues[J]. IEEE Transactions on Audio, Speech, and Language Processing, 2012, 21(4): 806–815.

[153] ROMAN N, WANG D, BROWN G J. Speech segregation based on sound localization[J]. The Journal of the Acoustical Society of America, 2003, 114(4): 2236–2252.

[154] MANDEL M I, WEISS R J, ELLIS D P W. Model-based expectation-maximization source separation and localization[J]. IEEE Transactions on Audio, Speech, and Language Processing, 2010, 18(2): 2236–2252.

[155] RICKARD S. The DUET blind source separation algorithm[M]. Berlin: Springer, 2007.

[156] ARAKI S, HAYASHI T, DELCROIX M, et al. Exploring multi-channel features for denoising-autoencoder-based speech enhancement[C]// IEEE International Conference on Acoustic, Speech, and Signal Processing. South Brisbane: IEEE Signal Processing Society, 2015 : 116-120.

[157] YU Y, WANG W, HAN P. Localization based stereo speech source separation using probabilistic time-frequency masking and deep neural networks[J]. EURASIP Journal on Audio, Speech, and Music Processing, 2016, 2016(1): 7–25.

[158] FAN N, DU J, DAI L-R. A regression approach to binaural speech segregation via deep neural network[C]// The 10th International Symposium on Chinese Spoken Language Processing. Tianjin: ISCA, 2016 : 1–5.

[159] ZHANG X, WANG D. Deep learning based binaural speech separation in reverberant environments[J]. IEEE/ACM Transactions on Audio, Speech, and Language Processing, 2017, 25(5): 1075–1084.

[160] HEYMANN J, DRUDE L, HAEB-UMBACH R. Neural network based spectral mask estimation for acoustic beamforming[C]// IEEE International Conference on Acoustic, Speech, and Signal Processing. Shanghai: IEEE Signal Processing Society, 2016 : 196–200.

[161] HEYMANN J, DRUDE L, HAEB-UMBACH R. Wide residual BLSTM network with discriminative speaker adaptation for robust speech recognition[C]// CHiME 2016 workshop. Beijing: Virtual, 2016: 79-83.

[162] ERDOGAN H, HERSHEY J R, WATANABE S, et al. Improved mvdr beam forming using single-channel mask prediction networks[C]// Interspeech. San Francesco: ISCA, 2016: 1981–1985.

[163] ZHANG X, WANG Z Q, WANG D. A speech enhancement algorithm by iterating single-and multi-microphone processing and its application to robust ASR[C]// IEEE International Conference on Acoustic, Speech, and Signal Processing. New Orleans: IEEE Signal Processing Society, 2017: 276–280.

[164] PFEIFENBERGER L, ZÖHRER M, PERNKOPF F. DNN-based speech mask estimation for eigenvector beamforming[C]// IEEE International Conference on Acoustic, Speech, and Signal Processing. New Orleans: IEEE Signal Processing Society, 201: 66–70.

[165] HIGUCHI T, ITO N, YOSHIOKA T, et al. Robust MVDR beamforming using time-frequency masks for online/offline ASR in noise[C]// IEEE International Conference on Acoustic, Speech, and Signal Processing. Shanghai: IEEE Signal Processing Society, 2016: 5210–5214.

[166] MENG Z, WATANABE S, HERSHEY J R, et al. Deep long short-term memory adaptive beamforming networks for multichannel robust speech recognition[C]// IEEE International Conference on Acoustic, Speech, and Signal Processing. New Orleans: IEEE Signal Processing Society, 2017: 271–275.

[167] NAKATANI T, ITO N, HIGUCHI T, et al. Integrating DNN-based and spatial clustering-based mask estimation for robust MVDR beamforming[C]// IEEE International Conference on Acoustic, Speech, and Signal Processing. New Orleans: IEEE Signal Processing Society, 2017: 286–290.

[168] WANG Z Q, WANG D. All-neural multi-channel speech enhancement[C]// Interspeech. Hyderabad, India: ISCA, 2018: 3234–3238.

[169] XIAO X, ZHAO S, JONES D L, et al. On time-frequency mask estimation for MVDR beamforming with application in robust speech recognition[C]// IEEE International Conference on Acoustic, Speech, and Signal Processing. New Orleans: IEEE Signal Processing Society, 2017: 3246–3250.

[170] TU Y H, DU J, SUN L, et al. LSTM-based iterative mask estimation and post-processing for multi-channel speech enhancement[C]// Asia-Pacific Signal and Information Processing Association Annual Summit and Conference. Kuala Lumpur: APSIPA, 2017: 488–491.

[171] HIGUCHI T, KINOSHITA K, ITO N, et al. Frame-by-frame closed-form update for mask-based adaptive MVDR beamforming[C]// IEEE International Conference on Acoustic, Speech, and Signal Processing. Calgary: IEEE Signal Processing Society, 2018: 531–535.

[172] ZHOU Y, QIAN Y. Robust mask estimation by integrating neural network-based and clustering-based approaches for adaptive acoustic beamforming[C]// IEEE International Conference on Acoustic, Speech, and Signal Processing. Calgary: IEEE Signal Processing Society, 2018: 536–540.

[173] ZHANG X L. Deep ad-hoc beamforming[J]. Computer Speech and Language, 2018, 68(101201): 1–18.

[174] HEUSDENS R, ZHANG G, HENDRIKS R C, et al. Distributed MVDR beamforming for (wireless) microphone networks using message passing[C]// International Workshop on Acoustic Signal Enhancement. Aachen: IEEE Signal Processing Society, 2012: 1–4.

[175] ZENG Y, HENDRIKS R C. Distributed delay and sum beamformer for speech enhancement via randomized gossip[J]. IEEE/ACM Transactions on Audio, Speech, and Language Processing, 2013, 22(1): 260–273.

[176] O'CONNOR M, KLEIJN W B, ABHAYAPALA T. Distributed sparse MVDR beamforming using the bi-alternating direction method of multipliers[C]// IEEE International Conference on Acoustic, Speech, and Signal Processing. Shanghai: IEEE Signal Processing Society, 2016: 106–110.

[177] O'CONNOR M, KLEIJN W B. Diffusion-based distributed MVDR beamformer[C]// IEEE International Conference on Acoustic, Speech, and Signal Processing. Florence: IEEE Signal Processing Society, 2014: 810–814.

[178] TAVAKOLI V M, JENSEN J R, CHRISTENSEN M G, et al. A framework for speech enhancement with ad hoc microphone arrays[J]. IEEE/ACM Transactions on Audio, Speech and Language Processing, 2016, 24(6): 1038–1051.

[179] JAYAPRAKASAM S, RAHIM S K A, LEOW C Y. Distributed and collaborative beamforming in wireless sensor networks: classifications, trends, and research directions[J]. IEEE Communications Surveys & Tutorials, 2017, 19(4): 2092–2116.

[180] TAVAKOLI V M, JENSEN J R, HEUSDENS R, et al. Distributed max-SINR speech enhancement with ad hoc microphone arrays[C]// IEEE International Conference on Acoustic, Speech, and Signal Processing. New Orleans: IEEE Signal Processing Society, 2017: 151–155.

[181] ZHANG J, CHEPURI S P, HENDRIKS R C, et al. Microphone subset selection for MVDR beamformer based noise reduction[J]. IEEE/ACM Transactions on Audio, Speech, and Language Processing, 2017, 26(3): 550–563.

[182] KOUTROUVELIS A I, SHERSON T W, HEUSDENS R, et al. A low-cost robust distributed linearly constrained beamformer for wireless acoustic sensor networks with arbitrary topology[J]. IEEE/ACM Transactions on Audio, Speech and Language Processing, 2018, 26(8): 1434–1448.

[183] HINTON G, DENG L, YU D, et al. Deep neural networks for acoustic modeling in speech recognition[J]. IEEE Signal Processing Magazine, 2012, 29(6): 82–97.

[184] CHERRY E C. Some experiments on the recognition of speech with one and with two ears[J]. The Journal of Acoustic Society of America, 1953, 26(5): 975–979.

[185] RIX A W, BEERENDS J G, HOLLIER M P, et al. Perceptual evaluation of speech quality (pesq): a new method for speech quality assessment of telephone networks and codecs[C]// IEEE International Conference on Acoustic, Speech, and Signal Processing. Orlando: IEEE Signal Processing Society, 2001: 749–752.

[186] HUANG P S, KIM M, HASEGAWA-JOHNSON M, et al. Joint optimization of masks and deep recurrent neural networks for monaural source separation[J]. IEEE/ACM Transactions on Audio, Speech, and Language Processing, 2015, 23(12): 2136–2147.

[187] ZHANG X L, WANG D. A deep ensemble learning method for monaural speech separation[J]. IEEE/ACM Transactions on Audio, Speech, and Language Processing, 2016, 24(5): 967–977.

[188] ZMOLÍKOVÁ K, DELCROIX M, KINOSHITA K, et al. SpeakerBeam: speaker aware neural network for target speaker extraction in speech mixtures[J]. IEEE Journal of Selected Topics in Signal Processing, 2019, 13(4): 800–814.

[189] COOKE M. Modelling auditory processing and organisation[D]. Sheffield: University of Sheffield, 1991.

[190] ELLIS D P W, VERCOE B L. Prediction-driven computational auditory scene analysis[D]. Cambridge: Massachusetts Institute of Technology, 1996.

[191] HERSHEY J R, CHEN Z, LE ROUX J, et al. Deep clustering: discriminative embeddings for segmentation and separation[C]// IEEE International Conference on Acoustic, Speech, and Signal Processing. Shanghai: IEEE Signal Processing Society, 2016: 31–35.

[192] YU D, KOLB K M, TAN Z H, et al. Permutation invariant training of deep models for speaker-independent multi-talker speech separation[C]// IEEE International Conference on Acoustic, Speech, and Signal Processing. New Orleans: IEEE Signal Processing Society, 2017: 241–245.

[193] KOLBÆK M, YU D, TAN Z H, et al. Multitalker speech separation with utterance-level permutation invariant training of deep recurrent neural networks[J].

IEEE/ACM Transactions on Audio, Speech, and Language Processing, 2017, 25(10): 1901–1913.

[194] LUO Y, MESGARANI N. Tasnet: time-domain audio separation network for real-time, single-channel speech separation[C]// IEEE International Conference on Acoustic, Speech, and Signal Processing. Calgary: IEEE Signal Processing Society, 2018: 696–700.

[195] STOLLER D, EWERT S, DIXON S. Wave-u-net: A multi-scale neural network for end-to-end audio source separation[R/OL]. (2018-06-08) [2021-02-15]. https://arxiv.org/abs/1806.03185.

[196] LUO Y, MESGARANI N. Conv-tasnet: surpassing ideal time-frequency magnitude masking for speech separation[J]. IEEE/ACM Transactions on Audio, Speech, and Language Processing, 2019, 27(8): 1256–1266.

[197] LEA C, FLYNN M D, VIDAL R, et al. Temporal convolutional networks for action segmentation and detection[C]// IEEE Conference on Computer Vision and Pattern Recognition. Salt Lake City: IEEE Computer Society, 2017: 156–165.

[198] VAN LEEUWEN D A, BRUMMER N. An introduction to application-independent evaluation of speaker recognition systems[C]// Speaker Classification I Lecture Notes in Computer Science. Berlin: Spinger 2007: 330–353.

[199] BAI Z, ZHANG X L, CHEN J. Speaker verification by partial AUC optimization with Mahalanobis distance metric learning[J]. IEEE/ACM Transactions on Audio, Speech, and Language Processing, 2020, 28(5): 1533–1548.

[200] MCLAREN M, FERRER L, CASTAN D, et al. The Speakers in the wild (SITW) speaker recognition database[C]// Interspeech. San Francesco: ISCA, 2016: 818–822.

[201] NAGRANI A, CHUNG J S, ZISSERMAN A. VoxCeleb: a large-scale speaker identification dataset[C]// Interspeech. Stockholm: ISCA, 2017: 1487–1491.

[202] CHUNG J S, NAGRANI A, ZISSERMAN A. VoxCeleb2: deep speaker recognition[C]// Interspeech. Hyderabad: ISCA, 2018: 1086–1090.

[203] HEIGOLD G, MORENO I, BENGIO S, et al. End-to-end text-dependent speaker verification[C]// IEEE International Conference on Acoustic, Speech, and Signal Processing. Shanghai: IEEE Signal Processing Society, 2016: 5115–5119.

[204] SNYDER D, GARCIA-ROMERO D, POVEY D, et al. Deep neural network embeddings for text-independent speaker verification[C]// Interspeech. Stockholm: ISCA, 2017: 999–1003.

[205] SNYDER D, GARCIA-ROMERO D, SELL G, et al. X-vectors: robust DNN embeddings for speaker recognition[C]// IEEE International Conference on Acoustic,

Speech, and Signal Processing. Calgary: IEEE Signal Processing Society, 2018: 5329–5333.

[206] GARCIA-ROMERO D, ESPY-WILSON C Y. Analysis of i-vector length normalization in speaker recognition systems[C]// Interspeech. Florence: dblp, 2011: 249–252.

[207] SNYDER D, GHAHREMANI P, POVEY D, et al. Deep neural network- based speaker embeddings for end-to-end speaker verification[C]// IEEE Spoken Language Technology Workshop. San Diego: IEEE Signal Processing Society, 2016: 165–170.

[208] WAN L, WANG Q, PAPIR A, et al. Generalized end-to-end loss for speaker verification[C]// IEEE International Conference on Acoustic, Speech, and Signal Processing. Calgary: IEEE Signal Processing Society, 2018: 4879–4883.

[209] ZHANG S-X, CHEN Z, ZHAO Y, et al. End-to-end attention based text-dependent speaker verification[C]// IEEE Spoken Language Technology Workshop. San Diego: IEEE Signal Processing Society, 2016: 171–178.

[210] LI C, MA X, JIANG B, et al. Deep speaker: an end-to-end neural speaker embedding system[R/OL]. (2017-05-05) [2021-02-15]. https://arxiv.org/abs/1705.02304.

[211] BAI Z, ZHANG X L, CHEN J. Partial AUC optimization based deep speaker embeddings with class-center learning for text-independent speaker verification[C]// IEEE International Conference on Acoustic, Speech, and Signal Processing. Barcelona: IEEE Signal Processing Society, 202: 6819–6823.

[212] WANG J, WANG K C, LAW M T, et al. Centroid-based deep metric learning for speaker recognition[C]// IEEE International Conference on Acoustic, Speech, and Signal Processing. Brighton: IEEE Signal Processing Society, 2019: 3652–3656.

[213] ANAND P, SINGH A K, SRIVASTAVA S, et al. Few shot speaker recognition using deep neural networks[R/OL]. (2019-04-17) [2021-02-15]. https://arxiv.org/abs/1904.08775.

[214] CHUNG J S, HUH J, MUN S, et al. In defence of metric learning for speaker recognition[R/OL]. (2020-03-26) [2021-02-15]. https://arxiv.org/abs/2003.11982.

[215] KYE S M, JUNG Y, LEE H B, et al. Meta-learning for short utterance speaker recognition with imbalance length pairs[R/OL]. (2020-04-06) [2021-02-15]. https://arxiv.org/abs/2004.02863.

[216] MARTIN A F, PRZYBOCKI M A. Speaker recognition in a multi-speaker environment[C]// Interspeech. Aalborg: ISCA, 2001: 787–790

[217] GUPTA V. Speaker change point detection using deep neural nets[C]// IEEE International Conference on Acoustic, Speech, and Signal Processing. South Brisbane: IEEE Signal Processing Society, 2015: 4420–4424.

[218] GARCIA-ROMERO D, SNYDER D, SELL G, et al. Speaker diarization using deep neural network embeddings[C]// IEEE International Conference on Acoustic, Speech, and Signal Processing. New Orleans: IEEE Signal Processing Society, 2017: 4930–4934.

[219] SELL G, GARCIA-ROMERO D. Speaker diarization with PLDA i-vector scoring and unsupervised calibration[C]// IEEE Spoken Language Technology Workshop. South Lake Tahoe: IEEE Signal Processing Society, 2014: 413–417.

[220] SHUM S, DEHAK N, CHUANGSUWANICH E, et al. Exploiting intra-conversation variability for speaker diarization[C]// Interspeech. Florence: ISCA, 2011: 249–252.

[221] ZAJÍC Z, HRÚZ M, MÜLLER L. Speaker diarization using convolutional neural network for statistics accumulation refinement[C]// Interspeech. Stockholm: ISCA, 2017: 3562–3566.

[222] SHUM S H, DEHAK N, DEHAK R, et al. Unsupervised methods for speaker diarization: an integrated and iterative approach[J]. IEEE Transactions on Audio, Speech, and Language Processing, 2013, 21(10): 2015–2028.

[223] SENOUSSAOUI M, KENNY P, STAFYLAKIS T, et al. A study of the cosine distance-based mean shift for telephone speech diarization[J]. IEEE/ACM Transactions on Audio, Speech, and Language Processing, 2013, 22(1): 217–227.

[224] WANG Q, DOWNEY C, WAN L, et al. Speaker diarization with LSTM[C]// IEEE International Conference on Acoustic, Speech, and Signal Processing. Calgary: IEEE Signal Processing Society, 2018: 5239–5243.

[225] LIN Q, YIN R, LI M, et al. LSTM based similarity measurement with spectral clustering for speaker diarization[R/OL]. (2019-07-23) [2021-02-15]. https://arxiv.org/abs/1907.10393.

[226] ZHANG X L. Universal background sparse coding and multilayer bootstrap network for speaker clustering[C]// Interspeech. San Francisco: ISCA, 2016: 1858–1862.

[227] ZHANG A, WANG Q, ZHU Z, et al. Fully supervised speaker diarization[C]// IEEE International Conference on Acoustic, Speech, and Signal Processing. Brighton: IEEE Signal Processing Society, 2019: 6301–6305.

[228] NG A, Jordan M, WEISS Y. On spectral clustering: analysis and an algorithm[C]// Advances in Neural Information Processing Systems. Denver: International Machine Learning Society, 2001: 849–856.

[229] FUJITA Y, KANDA N, HORIGUCHI S, et al. End-to-end neural speaker diarization with permutation-free objectives[R/OL]. (2019-09-12) [2021-02-15]. https://arxiv.org/abs/1909.05952.

[230] TAHERIAN H, WANG Z-Q, CHANG J, et al. Robust speaker recognition based on single-channel and multi-channel speech enhancement[J]. IEEE/ACM Transactions on Audio, Speech, and Language Processing, 2020, 28(4): 1293–1302.

[231] ARONOWITZ H. Inter dataset variability compensation for speaker recognition[C]// IEEE International Conference on Acoustic, Speech, and Signal Processing. Florence: IEEE Signal Processing Society, 2014: 4002–4006.

[232] KANAGASUNDARAM A, DEAN D, SRIDHARAN S. Improving out-domain PLDA speaker verification using unsupervised inter-dataset variability compensation approach[C]// IEEE International Conference on Acoustic, Speech, and Signal Processing. South Brisbane: IEEE Signal Processing Society, 2015: 4654–4658.

[233] WANG Q, RAO W, SUN S, et al. Unsupervised domain adaptation via domain adversarial training for speaker recognition[C]// IEEE International Conference on Acoustic, Speech, and Signal Processing. Calgary: IEEE Signal Processing Society, 2018: 4889–4893.

[234] GANIN Y, USTINOVA E, AJAKAN H, et al. Domain-adversarial training of neural networks[J]. The Journal of Machine Learning Research, 2016, 17(1): 2096–2030.

[235] XIA W, HUANG J, HANSEN J H. Cross-lingual text-independent speaker verification using unsupervised adversarial discriminative domain adaptation[C]// IEEE International Conference on Acoustic, Speech, and Signal Processing. Brighton: IEEE Signal Processing Society, 2019: 5816–5820.

[236] BAI Z, ZHANG XL. Speaker recognition based on deep learning: an overview[J]. Neural Networks, 2021, 140(1): 65–99.

[237] FURUI S. Speaker-independent isolated word recognition using dynamic features of speech spectrum[J]. IEEE Transactions on Acoustics, Speech, and Signal Processing, 1986, 34(1): 52–59.

[238] YOUNG S. Large vocabulary continuous speech recognition: a review[J]. IEEE Signal Processing Magazine, 1996, 13(5): 45–57.

[239] GRAVES A, FERNáNDEZ S, GOMEZ F J, et al. Connectionist temporal classification: labelling unsegmented sequence data with recurrent neural networks[C]// International Conference on Machine Learning. Pittsburgh: International Machine Learning Society, 2006: 369–376.

[240] CHOROWSKI J, BAHDANAU D, CHO K, et al. End-to-end continuous speech recognition using attention-based recurrent NN: First results[C]// NIPS 2014 Workshop. Montreal: International Machine Learning Society, 2014: 1–9.

[241] GRAVES A, JAITLY N. Towards end-to-end speech recognition with recurrent neural networks[C]// International Conference on Machine Learning. Beijing: International Machine Learning Society, 2014: 1764–1772.

[242] SOLTAU H, LIAO H, SAK H. Reducing the computational complexity for whole word models[C]// IEEE Automatic Speech Recognition and Understanding Workshop. Okinawa: IEEE Signal Processing Society, 2017: 63–68.

[243] AUDHKHASI K, RAMABHADRAN B, SAON G, et al. Direct Acoustics-to-word models for english conversational speech recognition[C]// Interspeech. Stockholm: ISCA, 2017: 959–963.

[244] SONG W, CAI J. End-to-end deep neural network for automatic speech recognition[R/OL]. (2015-06-22) [2021-02-15]. https://cs224d.stanford.edu/reports/SongWilliam.pdf.

[245] AMODEI D, ANANTHANARAYANAN S, ANUBHAI R, et al. Deep speech 2: end-to-end speech recognition in English and Mandarin[C]// International Conference on Machine Learning. New York City: International Machine Learning Society, 2016: 173–182.

[246] ZHANG Z, SUN Z, LIU J, et al. Deep recurrent convolutional neural network: Improving performance for speech recognition[R/OL]. (2015-06-22) [2021-02-15]. https://arxiv.org/abs/1611.07174.

[247] WANG Y, DENG X, PU S, et al. Residual convolutional CTC networks for automatic speech recognition[R/OL]. (2017-02-24) [2021-02-15]. https://arxiv.org/abs/1702.07793.

[248] GRAVES A. Sequence transduction with recurrent neural networks[J]. Computer Science, 2012, 58(3): 235–242.

[249] WATANABE S, HORI T, KIM S, et al. Hybrid CTC/attention architecture for end-to-end speech recognition[J]. IEEE Journal of Selected Topics in Signal Processing, 2017, 11(8): 1240–1253.

[250] CHAN W, JAITLY N, LE Q, et al. Listen, attend and spell: a neural network for large vocabulary conversational speech recognition[C]// IEEE International Conference on Acoustic, Speech, and Signal Processing. Shanghai: IEEE Signal Processing Society, 2016: 4960–4964.

[251] BAHDANAU D, CHOROWSKI J, SERDYUK D, et al. End-to-end attention-based large vocabulary speech recognition[C]// IEEE International Conference on Acoustic, Speech, and Signal Processing. Shanghai: IEEE Signal Processing Society, 2016: 4945–4949.

[252] YU Z, CHAN W, JAITLY N. Very deep convolutional networks for end-to-end speech recognition[C]// IEEE International Conference on Acoustic, Speech, and Signal Processing. New Orleans: IEEE Signal Processing Society, 2017: 4845–4849.

[253] ZHOU S, DONG L, XU S, et al. Syllable-based sequence-to-sequence speech recognition with the transformer in Mandarin Chinese[C]// Interspeech. Hyderabad: ISCA, 2018: 791–795.

[254] HAN K, HE Y, BAGCHI D, et al. Deep neural network based spectral feature mapping for robust speech recognition[C]// Interspeech. Dresden: ISCA, 2015: 2484–2488.

[255] WANG P, TAN K, OTHERS. Bridging the gap between monaural speech enhancement and recognition with distortion-independent acoustic modeling[J]. IEEE/ACM Transactions on Audio, Speech, and Language Processing, 2019, 28(6): 39–48.

[256] TAN K, WANG D. Improving robustness of deep learning based monaural speech enhancement against processing artifacts[C]// IEEE International Conference on Acoustic, Speech, and Signal Processing. Barcelona: IEEE Signal Processing Society, 2020: 6914–6918.

[257] LI J, DENG L, GONG Y, et al. An overview of noise-robust automatic speech recognition[J]. IEEE/ACM Transactions on Audio, Speech and Language Processing, 2014, 22(4): 745–777.

[258] GAUVAIN J L, LEE C H. Maximum a posteriori estimation for multivariate Gaussian mixture observations of Markov chains[J]. IEEE Transactions on Speech and Audio Processing, 1994, 2(2): 291–298.

[259] LEGGETTER C J, WOODLAND P C. Maximum likelihood linear regression for speaker adaptation of continuous density hidden Markov models[J]. Computer speech & language, 1995, 9(2): 171–185.

[260] DIGALAKIS V V, RTISCHEV D, NEUMEYER L G. Speaker adaptation using constrained estimation of Gaussian mixtures[J]. IEEE Transactions on Speech and Audio Processing, 1995, 3(5): 357–366.

[261] TAN T, QIAN Y, YU K. Cluster adaptive training for deep neural network based acoustic model[J]. IEEE/ACM Transactions on Audio, Speech and Language Processing, 2016, 24(3): 459–468.

[262] SAON G, SOLTAU H, NAHAMOO D, et al. Speaker adaptation of neural network acoustic models using i-vectors[C]// IEEE Workshop on Automatic Speech Recognition and Understanding. Olomouc: IEEE Signal Processing Society, 2013: 55–59.

[263] GUPTA V, KENNY P, OUELLET P, et al. I-vector-based speaker adaptation of deep neural networks for French broadcast audio transcription[C]// IEEE International Conference on Acoustic, Speech, and Signal Processing. Florence: IEEE Signal Processing Society, 2014: 6334–6338.

[264] ABDEL-HAMID O, JIANG H. Fast speaker adaptation of hybrid NN/HMM model for speech recognition based on discriminative learning of speaker code[C]// IEEE International Conference on Acoustic, Speech, and Signal Processing. Vancouver: IEEE Signal Processing Society, 2013: 7942–7946.

[265] XUE S, ABDEL-HAMID O, JIANG H, et al. Fast adaptation of deep neural network based on discriminant codes for speech recognition[J]. IEEE/ACM Transactions on Audio, Speech, and Language Processing, 2014, 22(12): 1713–1725.

[266] KUNDU S, MANTENA G, QIAN Y, et al. Joint acoustic factor learning for robust deep neural network based automatic speech recognition[C]// IEEE International Conference on Acoustic, Speech, and Signal Processing. Shanghai: IEEE Signal Processing Society, 2016: 5025–5029.

[267] SEIDE F, LI G, CHEN X, et al. Feature engineering in context-dependent deep neural networks for conversational speech transcription[C]// IEEE Workshop on Automatic Speech Recognition and Understanding. Waikoloa: IEEE Signal Processing Society, 2011: 24–29.

[268] ZHAN P, WAIBEL A. Vocal tract length normalization for large vocabulary continuous speech recognition[R/OL]. (1997-05-02) [2021-02-15]. https://www.lti.cs.cmu.edu/sites/default/files/CMU-LTI-97-150-T.pdf.

[269] LEE L, ROSE R C. Speaker normalization using efficient frequency warping procedures[C]// IEEE International Conference on Acoustic, Speech, and Signal Processing. Atlanta: IEEE Signal Processing Society, 1996: 353–356.

[270] ABRASH V, FRANCO H, SANKAR A, et al. Connectionist speaker normalization and adaptation[C]// Eurospeech. Madrid: ISCA, 1995: 1–4.

[271] BELL P, FAINBERG J, KLEJCH O, et al. Adaptation algorithms for speech recognition: an overview[R/OL]. (2020-08-14) [2021-02-15]. https://arxiv.org/abs/2008.06580.

[272] LI B, SIM K C. Comparison of discriminative input and output transformations for speaker adaptation in the hybrid NN/HMM systems[C]// Interspeech. Makuhari: ISCA, 2010: 526–529.

[273] XIAO Y, ZHANG Z, CAI S, et al. A initial attempt on task-specific adaptation for deep neural network-based large vocabulary continuous speech recognition[C]// Interspeech. Portland: ISCA, 2012: 2574–2577.

[274] GEMELLO R, MANA F, SCANZIO S, et al. Adaptation of hybrid ANN/HMM models using linear hidden transformations and conservative training[C]// IEEE International Conference on Acoustic, Speech, and Signal Processing. Toulouse: IEEE Signal Processing Society, 2006: 1189–1192.

[275] XUE J, LI J, YU D, et al. Singular value decomposition based low-footprint speaker adaptation and personalization for deep neural network[C]// IEEE International Conference on Acoustic, Speech, and Signal Processing. Florence: IEEE Signal Processing Society, 2014: 6359–6363.

[276] ZHAO Y, LI J, GONG Y. Low-rank plus diagonal adaptation for deep neural networks[C]// IEEE International Conference on Acoustic, Speech, and Signal Processing. Shanghai: IEEE Signal Processing Society, 2016: 5005–5009.

[277] LI X, BILMES J. Regularized adaptation of discriminative classifiers[C]// IEEE International Conference on Acoustic, Speech, and Signal Processing. Toulouse: IEEE Signal Processing Society, 2006: 237–240.

[278] YU D, YAO K, SU H, et al. KL-divergence regularized deep neural network adaptation for improved large vocabulary speech recognition[C]// IEEE International Conference on Acoustic, Speech, and Signal Processing. Vancouver: IEEE Signal Processing Society, 2013: 7893–7897.

[279] LI K, LI J, ZHAO Y, et al. Speaker adaptation for end-to-end CTC models[C]// IEEE Spoken Language Technology Workshop. Athens: IEEE Signal Processing Society, 2018: 542–549.

[280] MENG Z, GAUR Y, LI J, et al. Speaker adaptation for attention-based end-to-end speech recognition[R/OL]. (2019-11-09) [2021-02-15]. https://arxiv.org/abs/1911.03762.